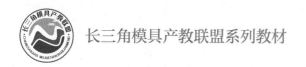

长三角模具产教联盟系列教材

MOULD
Manufacturing Technology

模具制造技术

任建平　褚建忠　郑贝贝　◎主编

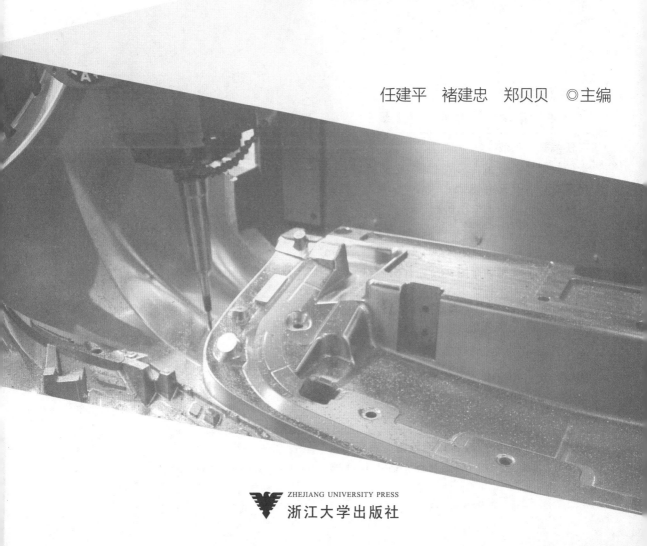

ZHEJIANG UNIVERSITY PRESS
浙江大学出版社

图书在版编目(CIP)数据

模具制造技术/任建平等主编. —
杭州：浙江大学出版社，2021.6
ISBN 978-7-308-21401-8

Ⅰ. ①模… Ⅱ. ①任… Ⅲ. ①模具—制造—高
等职业教育—教材 Ⅳ. ①TG76

中国版本图书馆 CIP 数据核字(2021)第 097588 号

模具制造技术

任建平　褚建忠　郑贝贝　主编

责任编辑　王波
责任校对　吴昌雷
封面设计　春天书装
出版发行　浙江大学出版社
(杭州市天目山路 148 号　邮政编码 310007)
(网址:http://www.zjupress.com)
排　　版　杭州朝曦图文设计有限公司
印　　刷　浙江省邮电印刷股份有限公司
开　　本　787mm×1092mm　1/16
印　　张　17
字　　数　403 千
版 印 次　2021 年 6 月第 1 版　2021 年 6 月第 1 次印刷
书　　号　ISBN 978-7-308-21401-8
定　　价　48.00 元

浙江大学出版社市场运营中心联系方式:0571—88925591;http://zjdxcbs.tmall.com

长三角模具产教联盟系列教材编委会

（高职高专）

（以下排名以姓氏笔画为序）

编委会总顾问：李大兴

主　　任：刘德普（长三角模具产教联盟秘书长）

副主任：王正才（宁波职业技术学院）

　　　　王桂英（安徽机电职业技术学院）

　　　　朱　流（台州学院）

　　　　杜继涛（上海第二工业大学）

　　　　吴百中（温州职业技术学院）

　　　　何昌德（台州科技职业学院）

　　　　张信群（滁州职业技术学院）

　　　　陆建军（常州机电职业技术学院）

　　　　郭伟刚（杭州职业技术学院）

委　　员：王微、王科荣、吕永锋、任建平、刘辉、刘敬祺、孙凌杰、
　　　　李克杰、张留伟、张跃飞、金华军、郑道友、赵从容、
　　　　赵战锋、赵锡锋、胡烈、姚震、徐兵、徐振宇、崔学广、
　　　　董一嘉、褚建忠、谭邦俊

参与编写的联盟企业：宁波合力模具科技股份有限公司
　　　　　　　　　　浙江赛豪实业有限公司
　　　　　　　　　　浙江凯华模具有限公司

浙江星泰模具有限公司

浙江美多模具有限公司

亿森(上海)模具有限公司

合肥大道模具有限公司

无锡曙光模具有限公司

滨海模塑集团有限公司

浙江黄岩冲模有限公司

　　本书依据工程类高职高专教育的特点、模具设计与制造专业的培养目标和教学基本要求,同时兼顾非模具专业的选修课要求而编写。

　　本书共8章,分别为模具加工基础知识、模具成型表面的机械加工、塑料模具加工基础知识、冲压模具加工基础知识、模具典型零件加工、模具装配工艺、塑料模具及冲压模具装配、现代模具制造技术。

　　本书在阐述机械加工共性的同时,重点介绍了模具制造技术的特性,以便使学生在掌握机械制造常规方法的基础上,掌握正确选择模具制造技术的方法。本书主要以冲压模具和塑料注塑模具的制造技术为研究对象。

　　本书在阐述传统的模具制造技术的同时,着重详述了数控技术、电火花技术、电火花线切割和快速成型技术等现代模具制造技术,使学生熟悉现代通用的模具制造技术。

　　本书的创新点主要有两个:一是编写了各项最新的模具制造技术;二是邀请了模具企业(塑料模具企业和冲压模具企业)从事模具制造工艺的技术人员对多项企业模具制造案例进行了模具制造工艺的编写。企业案例部分包含了常规塑料模具、热流道塑料模具以及汽车覆盖件冲压模具的制造工艺以及模具零件的热处理工艺。

　　本书由任建平、褚建忠、郑贝贝担任主编。

　　感谢浙江大学出版社对本书编写和出版给予的大力支持,感谢为本书提供参考著作的各位编者。

　　由于编者水平有限,错误和不妥之处在所难免,敬请各位读者不吝批评指正。

编者
2021 年 4 月

CONTENTS 目　录

1

第1章　模具加工基础知识

1.1　模具钳工加工基础知识

1.1.1　钳加工的基本环境及加工设备认知

1.1.1.1　模具钳工的基本要求

模具生产的产品质量,与模具的精度直接相关。模具的结构,尤其是型芯、型腔,通常都是比较复杂的。一套模具,除必要的机械加工或采用某些特种工艺加工(如电火花加工、电解加工、激光加工等)外,余下的很大工作量主要靠钳工来完成。尤其是一些复杂型腔的最终精修光整,模具装配时的调整、对中等,都要靠钳工手工完成。

1.模具钳工要具备的素质

(1)熟悉模具的结构和工作原理。

(2)了解模具零件、标准件的技术要求和制造工艺。

(3)掌握模具零件的钳工加工方法和模具装配方法。

(4)掌握常用模具的调整方法和维修方法。

2.安全工作注意事项

由于模具钳工的工作场地很复杂,因此对安全技术及操作要求也很严格。模具钳工工作应遵守以下规定:

(1)作业场地要经常保持整齐清洁,搞好环境卫生;使用的工具和加工的零件、毛坯和原材料等放置要有次序,并且整齐稳固,以保证操作中的安全和方便。

(2)操作用的机床、工具要经常检查(如钻床、砂轮机、手电钻和锉刀等),发现损坏要及时停止使用,待修好再用。

(3)在钳工工作中,例如,錾削、锯割、钻孔以及在砂轮机上修磨工具等,都会产生很多切屑。清除切屑时要用刷子,不要用手去清除,更不要用嘴去吹,以免切屑飞进眼里造成不必要的伤害。

(4)使用电器设备时,必须使用防护用具(如防护眼镜、胶皮手套及防护胶鞋等),若发现防护用具失效,应及时修补更换。

1.1.1.2　钳工加工设备认知

1.模具钳工常用设备

(1)钳台和虎钳

钳台是钳工工作专用台,如图 1-1 所示,用来安装虎钳、放置工具及零件等。钳台离地面高度为 800~900mm,台面可覆盖铁皮或橡胶。

虎钳安装在钳台上,可分为固定式和活动式,如图 1-2 所示,用来夹持工件。虎钳应牢固安装在钳台上,夹持工件时用力应适中,一般要尽双手的力扳紧手柄,绝不能将虎钳手柄加长来增大加紧力。夹持精密工件时要用软钳口(一般用紫铜或黄铜皮);夹持软性或过大的工件时,不能用力过大,以防工件变形;夹持过长或过大的工件时,要另用支架支撑,以免使虎钳承受过大的压力。

图 1-1　钳台

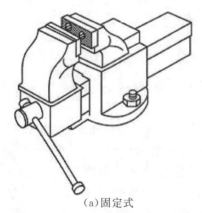

　　　(a)固定式　　　　　　　　　　　　(b)活动式

图 1-2　虎钳

(2)砂轮机

砂轮机用来刃磨钻头、錾子及其他工具,如图 1-3 所示。

使用者必须站在砂轮机侧面,不可正面对砂轮。开启电源,等砂轮运转正常后,再进行使用。搁架与砂轮应随时保持小于 3mm 的距离,否则容易发生事故,同时也不便于侧面刃磨。

(3)钻床

钻床可分为台式钻床、立式钻床、摇臂钻床和手电钻。

图 1-3　砂轮机

①台式钻床

台式钻床简称台钻,是一种小型钻床,如图 1-4 所示,通常钻削直径在 13mm 以下孔的设备,由于转速高,效率高,使用方便,因此,是模具工人经常使用的设备之一。

②立式钻床

立式钻床简称立钻,如图 1-5 所示。立钻是钻床中使用较为普遍的一种。具有不同的型号,用来加工各种不同尺寸的孔。

③摇臂钻床

在加工较大模具的多孔时,使用立钻就不合适了,因为立钻的主轴中心位置不能做前后、左右移动。当钻完一个孔再钻另一个孔时,必须移动模具,使钻孔的位置对正中心,才能继续钻孔,而搬移大的或重的模具比较困难,在这种情况下,使用摇臂钻床就比较方便。

摇臂钻床如图 1-6 所示。

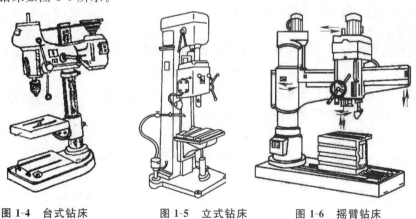

图 1-4　台式钻床　　　　图 1-5　立式钻床　　　　图 1-6　摇臂钻床

④手电钻

手电钻用来钻削 12mm 以下的孔,通常用在不便于使用固定式钻床钻孔的情况下。

1.1.2 模具制造工艺规程设计

1.1.2.1 模具制造特点

模具生产制造技术,几乎集中了机械加工的精华。即使是机电组合加工,也离不开钳工手工技巧的操作。

模具是工业生产的主要装备之一。一套模具制出后,通过它可以生产出数十万件制品或零件,但对于模具本身的制造,它的生产规模只能是单件生产,其生产工艺特征主要表现为:

(1)模具零件的毛坯制造一般采用木模、手工造型、砂型铸造或自由锻造加工而成,其毛坯精度较低,加工余量较大。

(2)模具零件除采用一般普通机床,如车床、万能铣床、内外圆磨床、平面磨床加工外,还需要采用高效、精密的专用加工设备和机床来加工,如仿型刨床、电火花穿孔机床、线切割加工机床、成型磨削机床、电解加工机床等。

(3)模具零件的加工,一般多采用通用夹具。

(4)一般模具广泛采用配合加工方法,对于精密模具应考虑工作部分的互换性。

(5)模具生产专业厂一般都实现了零部件和工艺技术及其管理的标准化、通用化、系列化,把单件生产转化为批量生产。

1.1.2.2 模具的生产过程

模具的生产过程,主要包括:模具的设计,模具制造工艺规程的制定,模具原材料的运输和保存,生产的准备工作,模具毛坯制造,模具零部件的加工和热处理,模具的装配、试模与调整及模具的检验与包装的功能。

1.制定工艺规程

工艺规程是指按模具设计图样,由工艺人员规定出整个模具或零部件制造工艺过程和操作方法。模具加工工艺规程常采用工艺过程卡片形式。工艺过程卡片是以工序为单位,简要说明模具或零部件加工及装配过程的一种工艺文件。它是生产部门及车间进行技术准备、组织生产、指导生产的依据。

2.组织生产零部件

按零部件生产工艺规程或工艺卡片组织零部件的生产。利用机械加工、电加工及其他工艺方法,制造出符合设计图样要求的零部件。

3.模具装配

按规定的技术要求,将加工合格的零部件进行配合与连接,装配成符合模具设计图样结构总图要求的模具。

4.试模与调整

将装配好的模具进行试模。边试边调整、校正,直到生产出合格的制品零件为止。

1.1.2.3　模具加工工艺的选择

1. 模具加工方法

模具加工方法见表1-1。

表1-1　模具加工方法

	制模方法	使用模具	所需技术	加工精度
铸造方法	用锌合金制造	冷冲、塑料、橡胶	铸造	一般
	用低熔点合金	冷冲、塑料	铸造	一般
	用铍(青)铜方法	塑料	铸造	一般
	用合成树脂	冷冲	铸造	一般
切削加工	一般机床	冷冲、塑料、压铸、锻造	熟练技术	一般
	精密机床		熟练技术	精
	仿形铣	冷冲、其他	操作	精
	仿形刨	全部	操作	精
	靠模机床	全部	操作	一般
	数控机床	冷冲、其他	操作	精
		全部	操作	精
特种加工	冷挤	塑料、橡胶	阴阳模	精
	超声波加工	冷冲、其他	刀具	精
	电火花加工	全部	电极	精
	线切割加工	全部	—	精
	电解加工	冲压、其他	电极	精
	电解磨削	冷冲	成型模型	精
	电铸加工	冷冲	成型模型	精
	腐蚀加工	塑料、玻璃	图样模型	一般

2. 冷冲模零件制造工艺方法

冷冲模零件制造工艺方法见表1-2。

表1-2　冷冲模零件制造工艺方法

序号	工艺方法	工艺说明	优缺点
1	手工锉削、压印法	先按图样加工好凸(凹)模,淬硬后以此作为样冲反压凹(凸)模,边压边锉削,使其成型	方法陈旧,周期较长,需较高的钳工及热处理技术,对工艺装配要求低,适用于一般设备缺乏的小型工厂模具加工
2	成型磨削	利用专用成型磨床,如M8950或在平面磨床上装置成型磨削夹具,进行凸凹模外形加工	加工精度高,解决了零件淬火后易变形的影响。但工艺计算富余,需要制造许多高精度磨削卡具
3	电火花加工	利用火花通过电极对模具进行穿孔加工,为线切割加工做准备	与成型磨削配合加工出电极和凸模后,对凹模进行穿孔,其加工精度高,解决了热处理变形及开裂问题,是目前广泛采用的加工工艺

序号	工艺方法		工艺说明	优缺点
4	线切割加工工艺	靠模线电极切割	利用靠模样板控制电极丝的运动来切割型孔	方法直观,工艺易掌握,废品少;但需制样板,其工艺复杂性增加。零件的加工精度取决于样板的精度
		光电跟踪线切割	利用光电头跟踪放大到一定比例的零件图样,通过电器装置及机械装置达到仿形加工	操作简便,可以加工任意几何形状的模具孔。但调整困难,易产生误差
		数字程序控制线切割	根据被加工图样,编好程序,打好纸带输入计算机,由计算机控制加工	综合了各种加工方法的优点,其加工精度高、废品少,可以加工各种形状的零件

3.型腔模加工工艺

型腔模加工工艺见表1-3。

表 1-3　型腔模加工工艺

序号	加工工艺	工艺说明	优缺点
1	钳工修磨加工	根据图样采用车、铣粗加工后,由钳工修磨抛光成型	劳动强度大、加工精度低,质量不易保证
2	冷挤压型腔	温室下,利用加工淬硬的冲头对金属挤压成型	冲头可多次使用,比较经济,其表面作淬硬化后,提高了模具的寿命;粗糙度值低,无须再加工,需要大吨位挤压设备
3	电镀成型	利用电镀的原理使其成型	可以加工形状复杂、精度高的小型塑压模型腔。但工艺时间长,耗电量大
4	电火花加工型腔	利用电火花放电腐蚀金属,对型腔加工成型	对操作工人技术等级要求低,易操作,减少了工时。型体采用整体结构还可以简化设计,是目前正在推广的加工工艺

4.模具零件加工工序的选择

模具零件的加工工序除按表1-1加工工艺方法划分外,还可按可达到的加工精度分为粗加工工序、精加工工序及光整加工工序,见表1-4。

表 1-4　模具零件加工工序的选择

工序名称	加工特点	用途
粗加工工序	从工件上切去大部分工件余量,使其形状和尺寸接近成品要求的工序,如粗车、粗镗、粗铣、粗刨及钻孔等。 加工精度不低于 IT11,表面粗糙度 $R_a > 6.3\mu m$	主要应用于要求不高或非表面配合的最终加工,也可作为精加工前的预加工
精加工工序	从经过粗加工的表面上切去较小的加工余量,使工件达到较高精度及表面质量的工件。常用的方法有精车、精镗、铰孔、模孔、磨平面及成型面、电加工等	主要应用于模具工作零件,如凸、凹模的成型磨削及型腔模的定模芯、动模芯等零件的电加工
光整加工工序	从经过精加工的工件表面上切去很少的加工余量,得到很高的加工精度及很小的表面粗糙度值的加工工序	主要用于导柱、导套的研磨及成型模腔的抛光

5.模具成型零件的加工工序安排

模具成型零件加工工序安排一般为:

(1)毛坯加工。

(2)画线。

(3)坯料加工,采用普通机床进行基准面或六面体加工。

(4)精密画线,编制数控程序,准备刀具与工装。

(5)型面与孔加工,包括钻孔、镗孔、成型铣削加工。

(6)表面处理。

(7)精密成型加工,包括精密电位圆孔及型孔坐标磨削、成型磨削、电火花成型加工、电火花线切割加工及电解加工等。

(8)钳工光整加工及整形。

1.1.2.4　模具制造工艺过程的基本要求

模具制造工艺过程应满足以下基本要求:

(1)要保证模具的质量

模具在制造加工中,按工艺规程所生产出的模具,应能达到模具设计图样所规定的全部精度和表面质量的要求,并能批量生产出合格的制品零件来。

(2)要保证制造周期

在制造模具时,应力求缩短制造周期,为此应力求缩短成型加工工艺路线,制定合理的加工工艺,编制科学的工艺标准,经济合理地使用设备,力求变单件生产为多件生产,采用和推行"成组加工工艺"。

(3)模具的成本要低廉

为了降低模具成本,要合理利用材料,缩短模具制造周期,努力提高模具使用寿命。

(4)要不断提高加工工艺水平

制造模具要根据现有条件,尽量采用新工艺、新技术、新材料,以提高模具生产效率,降低成本,使模具生产有较高的技术经济效益和水平。

(5)要保证良好的劳动条件

模具钳工应在不超过国家标准规定的噪声、有害气体、粉尘、高温及低温条件下工作。

1.2　数控加工及特种加工基础知识

1.2.1　数控加工基本知识

1.2.1.1　数控加工概述

1. 数控与数控机床

数字控制(Numerical Control,NC)是用数字化信号对机床的运动及其加工过程进行控制的一种方法,是一种自动控制技术。数控机床就是采用了数控技术的机床,或者说是装备了数控系统的机床。只需编写好数控程序,机床就能够把零件加工出来。

2. 数控加工

数控加工是指在数控机床上进行零件加工的一种工艺方法。

数控加工与普通加工方法的区别在于控制方式。在普通机床上进行加工时,机床动作的先后顺序和各运动部件的位移都由人工直接控制。在数控机床上加工时,所有这些都由预先按规定形式编排并输入到数控机床控制系统的数控程序来控制。因此,实现数控加工的关键是数控编程。编制的程序不同就能加工出不同的产品,因此它非常适合于多品种、小批量生产方式。

3. 数控加工工艺设计

工艺设计是对工件进行数控加工的前期工艺准备工作,它必须在程序编制工作以前完成,因为只有工艺设计方案确定以后,程序编制工作才有依据。工艺设计是否优化,往往是决定数控加工成本多少和数控加工质量好坏的主要因素之一,所以编程人员一定要先做好工艺设计,再考虑编程。工艺设计主要有以下内容:

(1)零件的数控加工内容的选择;

(2)零件图纸的数控加工工艺性分析;

(3)数控加工的工艺路线设计;

(4)数控加工的工序设计;

(5)数控加工专用技术文件的编写。

1.2.1.2　数控机床的工作原理与分类

1. 数控机床的工作原理

数控机床加工零件时,首先要根据加工零件的图样与工艺方案,按规定的代码和程序格式编写零件的加工程序单,这是数控机床的工作指令。通过控制介质将加工程序输入到数控装置,由数控装置将其译码、寄存和运算之后,向机床各个被控量发出信号,控制机床主运动的变速、起停、进给运动及方向、速度和位移量,以及刀具选择交换,工件夹紧松开和冷却润滑液的开、关等动作，使刀具与工件及其他辅助装置严格地按照加工程序规定的顺序、轨迹和参数进行工作，从而加工出符合要求的零件。

2. 数控机床的组成

数控机床主要由控制介质、数控装置、伺服系统和机床本体等四部分组成，如图 1-7 所示。

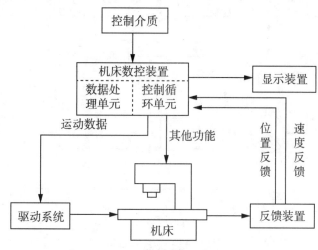

图 1-7　数控机床的组成

（1）控制介质

控制介质是用于记载各种加工信息（如零件加工工艺过程、工艺参数和位移数据等）的媒体，经输入装置将加工信息送给数控装置。常用的控制介质有 U 盘等便捷式移动存储器，还可以用手动方式（MDI 方式）或者用与上一级计算机通信的方式将加工程序输入 CNC 装置。

（2）数控装置

数控装置是数控机床的核心，它的功能是接收输入装置输入的加工信息，经过数控装置的系统软件或逻辑电路进行译码、运算和逻辑处理之后，发出相应的脉冲送给伺服系统，通过伺服系统控制机床的各个运动部件按规定要求动作。

（3）伺服系统

伺服系统由伺服驱动电动机和伺服驱动装置组成，它是数控系统的执行部分。机床上的执行部件和机械传动部件组成数控机床的进给伺服系统和主轴伺服系统，根据数控装置的指令，前者控制机床各轴的切削进给运动，后者控制机床主轴的旋转运动。伺服系统有开环、闭环和半闭环之分，如图 1-8 所示。在闭环和半闭环伺服系统中，还需配有检测装置，用于进行位置检测和速度检测。

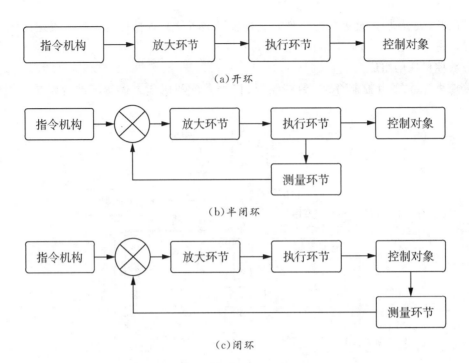

（a）开环

（b）半闭环

（c）闭环

图 1-8　开环、闭环和半闭环

（4）机床本体

数控机床的本体包括：主运动部件、进给运动部件（如工作台）、刀架及传动部件和床身立柱等支撑部件，此外还有冷却、润滑、转位、夹紧等辅助装置。对加工中心类的数控机床，还有存放刀具的刀库、交换刀具的机械手等部件。

3.数控机床的分类

国内外数控机床的种类有数千种，如何分类尚无统一规定。常见的分类方法有：按机械运动的轨迹可分为点位控制系统、直线控制系统和轮廓控制系统；按伺服系统的类型可分为开环控制系统、闭环控制系统和半闭环控制系统；按控制坐标轴数可分为两坐标数控机床、三坐标数控机床和多坐标数控机床；按数控功能水平可分为高档数控机床、中档数控机床和低档数控机床。

从用户角度考虑，按机床加工方式或能完成的主要加工工序来分类更为合适。按照数控机床的加工方式，可以分成以下几类：

（1）金属切削类数控机床，有数控车床、数控铣床、数控钻床、数控镗床、数控磨床、数控齿轮加工机床和加工中心等。

（2）金属成型类数控机床，有数控折弯机、数控弯管机、数控冲床、数控旋压机等。

（3）特种加工类数控机床，有数控电火花线切割机床、数控电火花成型机床及数控激光切割焊接机等。

1.2.1.3 数控加工的特点与应用

1.数控加工的特点

（1）加工精度高

数控机床是精密机械和自动化技术的综合，所以机床的传动精度与机床的结构设计都考虑到要有很高的刚度和热稳定性，它的传动机构采用了减小误差的措施，并由数控装置补偿，所以数控机床有较高的加工精度。数控机床的定位精度可达±0.005mm，重复定位精度为±0.002mm。而且数控机床的自动加工方式还可以避免人为的操作误差，使零件尺寸一致，质量稳定，加工零件形状愈复杂，这种特点就愈显著。

（2）自动化程度高和生产率高

数控加工是按事先编好的程序自动完成零件加工任务的，操作者除了安放控制介质及操作键盘、装卸零件、关键工序的中间测量以及观察机床的运动情况外，不需要进行繁重的重复性手工操作，因此自动化程度很高，管理方便。同时，由于数控加工能有效减少加工零件所需的机动时间和辅助时间，因而加工生产率比普通机床高很多。

（3）适应性强

当改变加工零件时，只需更换加工程序，就可改变加工工件的品种，这就为复杂结构的单件、小批量生产以及试制新产品提供了极大的便利，特别是普通机床很难加工或无法加工的精密复杂型面。

（4）有利于生产管理现代化

用数控机床加工零件，能准确地计算零件的加工工时，并能有效地简化检验和工夹具、半成品的管理工作，这些都有利于使生产管理现代化。

（5）减轻劳动强度，改善劳动条件

操作者不需繁重而又重复的手工操作，劳动强度和紧张程度大大降低；另外，工作环境整洁，劳动条件也相应改善。

（6）成本高

数控加工不仅初始投入资金大（数控设备及计算机系统），而且复杂零件的编程工作量也大，从而增加了它的生产成本。

2.数控加工的应用

从数控加工的一系列特点可以看出，数控加工有一般机械加工所不具备的许多优点，所以其应用范围也在不断地扩大。它特别适合加工多品种、中小批量以及结构形状复杂、加工精度要求高的零件；特别是需频繁变化加工方式的模具零件，越来越多地侧重于数控加工技术。数控加工目前并不能完全代替普通机床，也还不能以最经济的方式解决机械加工中的所有问题。

3.数控加工技术的发展

数控加工技术是综合运用了微电子、计算机、自动控制、自动检测和精密机械等多学科的最新技术成果而发展起来的，它的诞生和发展标志着机械制造业进入了一个数字化的新时代，为了满足社会经济发展和科技发展的需要，它正朝着高精度、高速度、高可靠性、多功能、智能化及开放性等方向发展。

1.2.2 模具数控加工及数控工艺设计

数控加工技术在模具制造中的应用越来越广泛,而数控工艺和编程的优劣将直接影响模具加工的效率和质量。工艺分析不合理,会造成工艺设计不合理,影响编程工作,甚至造成数控加工出错,导致模具报废。合理的工艺分析,可获得事半功倍的效果。

1.2.2.1 适于数控加工的模具零件结构

1.选择合适的工艺基准

由于数控加工多采用工序集中的原则,因此要尽可能采用合适的定位基准。一般可选模具零件上精度高的孔作为定位基准孔。如果零件上没有基准孔,也可设置专门的工艺孔作为定位基准,如在毛坯上增加工艺凸台或在后续工序要切除的余量上设置定位基准孔。

2.加工部位的可接近性

对于模具零件上一些刀具难以接近的部位(如钻孔、铣槽),应关注刀具的夹持部分是否与零件相碰。如发现上述情况,可使用加长柄刀具或小直径专用夹头。

3.外轮廓的切入切出方向

在数控铣床上铣削模具零件的内外轮廓时,刀具的切入点和切出点选择在零件轮廓几何零件的交点处,并根据零件的结构特征选择合适的切入和切出方向。如铣削外轮廓表面时要沿外部曲线延长线的切向切入或切出,以免在切入处产生刀具刻痕;而铣削内轮廓表面(如封闭轮廓)时,只能沿轮廓曲线法向切入或切出,但应避免造成刀具干涉问题。

4.零件内槽半径 R 不宜过小

零件内槽转角处圆角半径 R 的大小决定了刀具直径 D 的大小,而刀具的直径尺寸又受零件内槽侧壁高度 H(H 为内槽侧壁最大高度)的影响,这种影响则关系到加工工艺性的优劣。如图 1-9 所示,当 $R \leqslant 0.2H$ 时,表示该部位的工艺性不好,而当 $R > 0.2H$ 时,则其工艺性好。因为转角处圆角半径较大时,可使用直径较大的铣刀,一般取铣刀半径为 $(0.8 \sim 0.9)R$。铣刀半径大,刚性好,进给次数相应少,从而加工表面质量提高。

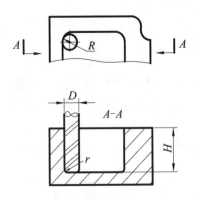

图 1-9 零件内槽圆角半径不宜过小

5.在铣削零件内槽底面时,底面与侧壁间的圆角半径 r 不宜过大

铣刀与铣削平面接触的最大直径 $d = D - 2r$(D 为铣刀直径)。如图 1-10 所示,当 D 为一定值时,槽底圆角半径 r 越大,铣刀端刃铣削平面的面积越小,加工表面的能力就越差,铣刀易磨损,其寿命也越短,生产效率就越低。当 r 大到一定程度时,甚至必须使用专用的球头铣刀才能加工,因此在设计图上应尽量避免这种结构。

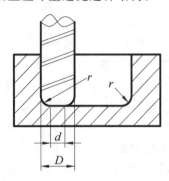

图 1-10　内槽底面与倒壁间的圆角半径不宜过大

6.特殊结构的处理

对于薄壁复杂型腔等特殊结构的模具零件,应根据具体情况采取有效的工艺手段。对于一些薄壁零件,例如厚度尺寸要求较高的大面积薄壁(板)零件,由于数控加工时的切削力和薄壁零件的弹性变形容易造成明显的切削振动,影响厚度尺寸公差和表面粗糙度,甚至使切削无法正常进行,此时应改进装夹方式,采用粗精分开加工及对称去除余量等加工方法。

对于一些型腔表面复杂、不规则,精度要求高,且材料硬度高、韧性大的模具零件,可优先考虑采用数控电火花成型加工。这种加工方法电极与零件不接触,没有机械加工的切削力,尤其适宜加工刚度低的模具型腔及进行细微加工。

对于模具上一些特殊的型面,如角度面、异形槽等,为保证加工质量与提高生产效率,可采用专门设计的成型刀加工。

1.2.2.2　编程原点及定位基准的选择

1.编程原点的选择

编程原点通常作为坐标的起始点和终止点,它的正确选择将直接影响到模具零件的加工精度和坐标尺寸计算的难易程度。在选择编程原点时应注意以下原则:

(1)编程原点尽可能与图样的尺寸基准(设计基准与工艺基准)相重合,例如以孔定位的零件,应以孔的中心作为编程原点。对于一些形状不规则的零件,可在其基准面(或线)上选择编程原点。当加工路线呈封闭形式时,应在精度要求较高的表面选择编程原点(或加工起始点)。

(2)编程原点的选择应有利于编程和使数值计算简便。

(3)编程原点所引起的加工误差应最小。

(4)编程原点应易找出,且测量位置较方便。

2.定位基准的选择

数控加工中应采用统一的定位基准,否则会因零件的多次安装而引起较大的误差。零件结构上最好有合适的可作为统一定位基准的孔或面。若没有合适的,可在工件上增设工艺凸台或工艺孔。若确实难以在零件上加工出统一的定位基准要素,可选择经过精加工的组合表面作为统一的定位基准,以减少多次装夹所产生的误差。

1.2.2.3　刀具的选择及走刀

1.刀具的选择

合理选择刀具是数控加工工艺分析的重要内容之一。模具型腔或凸模成型表面,多使用模具铣刀进行加工。模具铣刀可分为圆锥铣刀(圆锥半角为 3°、5°、7°、10°)、圆柱形球头铣刀和圆锥形球头铣刀,它们的圆周与球头(或端面)上均有切削刃,可作径向和轴向切削。立体型面和变斜角轮廓外形加工,一般多采用球头铣刀、环形铣刀、鼓形铣刀、圆锥立铣刀等。但加工较为平坦的曲面时,若使用球头铣刀顶端刃切削,切削条件较差,效率低;若采用环形铣刀,加工质量和效率明显提高。

在数控编程中,刀具部分的几何参数可用两个选项来设定。第一个选项用来确定刀体类型,包括圆柱形和圆锥形刀具;第二个选项用来确定刀头类型,包括平头、球形和圆角。

定义刀具几何形状的参数包括如下几项:

(1)刀锥角度用于定义圆锥刀具的刀具轴线与刀具斜侧刃的夹角,用角度表示。当角度为零时,就表示圆柱铣刀。

(2)刀具半径对圆柱铣刀而言,指刀具圆柱形工作截面的半径;对圆锥铣刀而言,指圆锥刀体部分与刀头相接处的圆的半径。

(3)圆角半径对具有球头或圆角头的刀具来说,它是指球的半径或圆角半径。

(4)刀具高度用来表示刀具切削部分的高度值。

在生成刀具运动轨迹的编程中,刀具选择合理与否,关系到零件的加工精度、效率及刀具的使用寿命。一般来说,金属模具粗加工时,采用 ϕ50mm 以上的平头刀或球头刀进行加工;半精加工时,采用 ϕ30mm 以上的平头刀或球头刀进行加工;精加工应选择刀具半径小于被加工曲面的最小凹向曲率半径的球头刀进行加工。

2.加工路线的确定

确定加工路线时,要在保证被加工零件获得良好的加工精度和表面质量的前提下,力求计算容易,走刀路线短,空刀时间少。

(1)平面轮廓的加工路线

平面轮廓零件的表面多由直线和圆弧或各种曲线构成,常用两坐标联动的三坐标铣床加工,编程较简单。图 1-11 所示为直线和圆弧构成的平面轮廓。零件轮廓为 *ABCDE*,采用半径为 *r* 的圆柱铣刀进行周向加工,虚线为刀具中心的运动轨迹。当机床具备 G41、G42 功能,可跨象限编程时,可按轮廓划分程序段;如果机床不具备跨象限编程能力,需按象限划分圆弧程序段(程序段数会增加)。

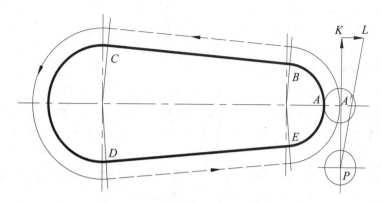

图 1-11　平面轮廓的铣削

在铣削平面轮廓时,为保证加工能光滑过渡,应增加切入外延 PA'、切出外延 $A'K$、让刀 KL 以及返回 LP 等程序段,这样可以减少接刀痕迹,保证轮廓的表面质量。相反,若铣刀沿法向直接切入零件,就会在零件外形上留下明显的刀痕。

同时,加工中要尽量避免进给中途停顿。因为加工过程中零件、刀具、夹具、机床工艺系统在弹性变形状态下平衡,若进给停顿则切削力会减小,切削力的突变就会使零件表面产生变形,在零件表面上留下凹痕。

铣削加工中不同的走刀路线往往会给加工编程带来不同的影响,图 1-12 所示为加工内槽的 3 种走刀路线。所谓内槽是指以封闭曲线为边界的平底凹坑。这种内槽用平底立铣刀加工,刀具圆角半径应符合内槽的图纸要求。图 1-12(a) 和图 1-12(b) 分别表示用行切法和环切法加工内槽。两种走刀路线的共同点是都能切净内腔中的全部面积,不留死角,不伤轮廓,同时能尽量减少重复走刀的搭接量。但是,行切法会在每两次走刀的起点与终点间留下残留高度,而达不到所要求的表面粗糙度。通常先用行切法,最后环切一刀,光整轮廓表面,能获得较好的效果,如图 1-12(c) 所示。从数值计算的角度看,环切法的刀位点计算稍微复杂,需要逐次向外扩展轮廓线。若从走刀路线的长短比较,行切法略优于环切法,但在加工小面积内槽时,环切的程序要短些。

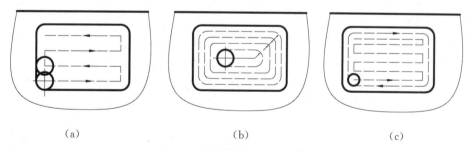

| （a） | （b） | （c） |

图 1-12　铣削内槽的 3 种走刀路线

(2)曲面轮廓的加工路线

曲面加工中常用球头铣刀、环形刀、鼓形刀、锥形刀和盘铣刀等,切削时根据曲面的具体情况选择刀具的几何形状。通常根据曲面形状、刀具形状以及精度要求,采用不同的铣削方法,如用 2.5 轴、3 轴、4 轴、5 轴等插补联动加工来完成立体曲面的加工。

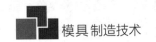

对于三维曲面零件,根据曲面形状、精度要求、刀具形状等情况,通常采用两种方法加工:一种是两坐标联动的三坐标加工,即 2.5 轴加工,此方法常用来加工不太复杂的空间曲面零件;另一种是三坐标联动加工,这种方法要求所用机床的数控系统必须具备 3 轴联动的功能,常用来加工比较复杂的空间曲面零件。

三维曲面的行切法(又叫行距法)加工,是用球头铣刀一行一行地加工曲面,每加工完一行后,铣刀要沿一个坐标方向移动一个行距(见图 1-13),直至将整个曲面加工出为止。在用三坐标联动加工时,球头铣刀沿着曲面一行一行连续切削,最后获得整张曲面(见图 1-13(a));当用两坐标联动的三坐标加工时,相当于以平行于某一坐标平面的一组平面将被加工曲面切成许多薄片,切削一行就相当于加工一个平面曲线轮廓,每加工完一行后,铣刀沿某一坐标方向就移动一个行距,直至加工好整个曲面(见图 1-13(b))。

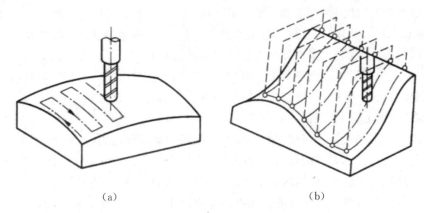

(a)   (b)

图 1-13　曲面的行切法加工

应用行切法的加工结果如图 1-14 所示。图 1-14(a)表示 2.5 轴加工产生金属残留高度 H;图 1-14(b)表示在三坐标联动加工时,铣刀沿切削方向采用直线插补的加工结果。

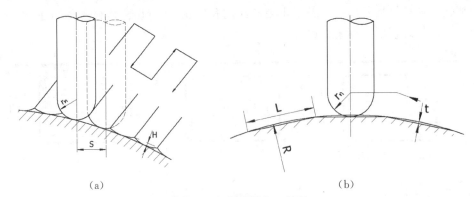

(a)   (b)

图 1-14　行切法的加工结果

四坐标、五坐标加工用于比较复杂、要求较高的曲面加工,其工艺处理的基本步骤和原则与三坐标曲面加工有许多类似之处,但计算上更为复杂,一般都采用自动编程方法。

1.2.2.4　走刀速度、进给速度

在数控编程中,有五种进给速度可供选择,即切削进给速度、跨越进给速度、接近工件表

面进给速度、退刀和空刀进给速度以及主轴转速。

（1）切削进给速度。切削进给速度应根据所采用机床的功率、刀具材料和尺寸,被加工零件的切削加工性能和加工余量的大小综合地确定。一般原则是:工件表面的加工余量大、硬度高,则切削进给速度低;反之,则切削进给速度高。切削进给速度可由操作者根据被加工工件表面的具体情况进行调整,以获得最佳切削状态。

（2）跨越进给速度。跨越进给速度是指在曲面区域加工中,刀具从一切削行运动到下一切削行之间所具有的运动速度,该速度一般与切削进给速度相同。

（3）接近工件表面进给速度。为了使刀具安全、可靠地接近工件表面,接近工件的进给速度不宜太高,一般为切削进给速度的 1/5。

（4）退刀和空刀进给速度。为了缩短非切削加工时间,降低生产成本,退刀和空刀进给速度应选择机床所允许的最大进给速度。

（5）主轴转速。主轴转速应根据所采用机床的功率、刀具材料和尺寸、被加工零件的切削加工性能和加工余量来综合确定。对于大余量的钢类或铸铁类零件的表面加工,主轴转速不能选得太高,否则容易损坏刀具或使刀具磨损过度;对小余量的钢类或铸铁类零件的表面精加工,在刀具能正常使用的前提下,尽量加快主轴的转速,以获得高质量的加工表面。

1.2.3　模具高速切削技术

什么是高速加工? 所谓高速加工是指高转速、大进给、小切削的加工工艺。高速加工并不仅仅是使用更高的主轴转速和更快的机床进给来加工原来的刀路。高速加工是小切削恒定负荷,快速走刀。高速加工需要使用非常高的刀具切削线速度,来自主轴转速和刀具尺寸。高速加工需要特殊的加工工序和加工方法。高速加工可直接加工淬火材料。最后,高速加工可充分发挥机床和刀具的切削效率。

1.2.3.1　高速加工的优点

（1）得到光滑的表面质量;

（2）加工效率高,缩短生产周期;

（3）有利于使用较小的刀具加工;

（4）实现了高硬度材料、脆性材料和薄壁材料的加工;

（5）自动化程度高。

1.2.3.2　高速切削技术在模具生产中的特点

在模具加工制造过程中,一般主要以普通机加工和数控铣及电火花加工为主。数控铣加工模具型腔一般都是在热处理前进行粗加工、半精加工和精加工,加工未到位处再加以电火花加工,然后打磨抛光,费时又费力,加工效率不高(靠加班加点完成任务)。随着产品更新换代速度的加快,对模具的生产效率和制造品质提出了越来越高的要求,要缩短制造周期并降低成本,必须广泛采用先进切削加工技术。而代表先进制造技术的高速切削技术的出现,满足了现代模具加工的要求与特点,模具产品精度质量高,工时短,刀具、材料成本消耗低,安全高效,如图 1-15 所示。

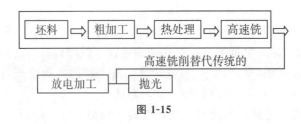

图 1-15

（1）它实现了高效率、高质量曲面加工；

（2）省略两个工序（电火花加工、光整加工），节省了 30%～50% 的时间。

高速切削技术可加工淬硬钢，而且可得到很高的表面质量，表面粗糙度低于 $R_a0.6\mu m$，取得以铣代磨的加工效果，不仅节省了大量的时间，还提高了加工表面质量。采用高速切削，不仅机床转速高、进给快，而且粗精加工可以一次完成，极大地提高了生产效率，模具的制造周期大大缩短。高速切削加工模具既不需要做电极，也不需要后续研磨与抛光，还容易实现加工过程自动化，提高了模具的开发速度。

1.2.3.3 高速切削技术的应用

高速切削技术制造模具，切削效率高，可明显缩短机动加工时间，加工精度高，表面质量好，因此可大大缩短机械后加工、人工后加工和取样检验辅助工时等许多优点。今后，电火花成型加工应该主要针对一些尖角、窄槽、深小孔和过于复杂的型腔表面的精密加工。高速切削加工在发达国家的模具制造业中已经处于主流地位，据统计，目前有 85% 左右的模具电火花成型加工工序已被高速加工所取代。但是由于高速切削的一次性设备投资比较大，在国内，高速切削与电火花加工还会在较长时间内并存。

模具的高速切削中对高速切削机床有下列技术要求：

（1）主轴转速高（12000 转/分以上），功率大。

（2）机床的刚度好。

（3）主轴转动和工作台直线运动都要有极高的加速度。

由于高速切削时产生的切削热和刀具的磨损比普通速度切削高很多，因此，高速刀具的配置十分重要，主要表现为：

（1）刀具材料应硬度高、强度高、耐磨性好，韧度高、抗冲击能力强，热稳定和化学稳定性好。

（2）必须精心选择刀具结构和精度、切削刃的几何参数，刀具与机床的连接方式广泛采用锥部与主轴端面同时接触的 HSK 空心刀柄，锥度为 1：10，以确保高速运转刀具的安全和轴向加工精度。

（3）型腔的粗加工、半精加工和精加工一般采用球头铣刀，其直径应小于模具型腔曲面的最小曲率半径；而模具零件的平面的粗、精加工则可采用带转位刀片的端铣刀。

1.2.3.4 五轴模具加工技术

1. 五轴加工的概念

五轴加工是指在一台机床上至少有五个坐标轴（三个直线坐标和两个旋转坐标），而且可在计算机数控（CNC）系统的控制下同时协调运动进行加工，是集机床结构、数控系统和编程技术于一体的综合应用。

2.五轴加工技术的现状

五轴加工多用于零件形状复杂的行业,如航空航天、电力、船舶、高精密仪器、模具制造等。五轴加工的应用技术难度较大,国际上把五轴联动数控技术作为一个国家自动化水平的标志。曾经西方发达国家长期对我国实行五轴机床禁运,导致我国当前的五轴技术较发达国家仍然偏低。当前,从国内机床展览会上可以看到,国内的五轴数控机床产品纷纷亮相,打破了国际技术的垄断,同时国际机床巨头也蜂拥而来,不愿失去中国这个大有潜力可挖的市场。

3.五轴加工的优点

(1)刀具可以对工件呈任意的姿势进行加工;可以使加工刀具尽可能地短(见图1-16);可避免切削速度为零的现象,延长刀具寿命,降低成本。

(2)可以加工复杂的、以前只能通过浇注方法才能得到的零件(见图1-17)。

(3)可提高模具零件的加工精度、表面加工质量。

(4)可减少工件装夹次数,缩短加工时间。

(5)可减少放电区域、减少模具抛光;减少电极数量,减少加工设备,减少制作流程。

(6)对于较深的型腔加工,可应用前倾角、侧倾角,产生最佳加工程序。

图 1-16 加工刀具短

图 1-17 整体叶轮加工

4.五轴加工

五轴加工分五轴定位加工和五轴联动加工。

(1)五轴定位加工(3+2)。

五轴定位加工(3+2)如图1-18所示。其主要用于航天、机械、汽车、机车零件、五轴钻孔、五面体加工,具有所有三轴切削功能。

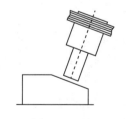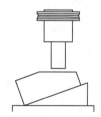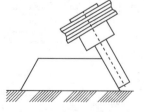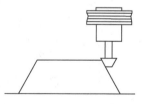
图 1-18 五轴定位加工(3+2)示意

(2)五轴联动加工

主要用于航天、汽车、机车零件、整体叶轮、叶片、手表、切削刀具;模具加工:鞋模、轮胎模、保特瓶模、汽车模。

1.2.4 电加工技术

1.2.4.1 电火花成型加工的基本知识

电火花加工是在一定介质中，通过工具电极和工件电极之间脉冲放电时的电腐蚀作用，对工件进行加工的一种工艺方法。它可以加工各种高硬度、高熔点、高强度、高纯度、高韧性材料，在模具制造中应用于型孔和型腔的加工。

1. 电火花加工的基本原理

电火花加工的原理是基于工具和工件(正、负电极)之间脉冲电火花放电时的电腐蚀现象来腐蚀多余的金属，以达到对工件的尺寸、形状及表面质量等预定的加工要求。电火花腐蚀的主要原因是：电火花放电时火花通道中瞬时产生大量的热，达到很高的温度，足以使任何金属材料局部熔化、气化而被腐蚀掉，形成放电凹坑。

要用电火花来加工型腔，必须通过图1-19所示的电火花加工系统来实现。工件1与工具电极4分别与脉冲电源2的两输出端相连接。自动进给调节装置3(此处为电动机及丝杆、螺母、导轨)使工具电极4和工件1间经常保持一个很小的放电间隙。当脉冲电压加到两极之间时，便在当时条件下相对某一间隙最小处或绝缘强度最低处击穿介质，在局部产生火花放电，瞬时高温使工具电极和工件表面都腐蚀掉一小部分金属，各自形成一个小凹坑，脉冲放电结束后，经过一段间隔时间(即脉冲间隔，约为 $10\sim1000\mu s$)，工作液恢复绝缘后，第二个脉冲电压又加到两极上，又会在当时极间距离相对最近或绝缘强度最弱处击穿放电，又腐蚀一个小凹坑。这样随着相当高的频率连续不断地重复放电，工具电极不断地向工件进给，就可以将工具电极的端面和横截面的形状复制在工件上，加工出所需的与工具电极形状阴阳相反的零件，整个加工表面将由无数个小凹坑所组成。

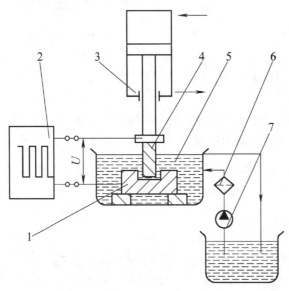

1—工件；2—脉冲电源；3—自动进给调节装置；4—工具电极；5—工作液；6—过滤器；7—泵。

图 1-19　电火花加工系统

2.电火花加工的主要特点

(1)脉冲放电产生的高温火花通道足以熔化任何材料,因此,所用的工具电极无须比工件材料硬。它便于加工用机械加工方法难于加工或无法加工的特殊材料,包括各种淬火钢、硬质合金、耐热合金等任何硬、脆、韧、软、高熔点的导电材料。在具备一定条件时,也可加工半导体和非导体材料。

(2)加工时工具电极与工件不接触,两者之间宏观作用力极小,不存在因切削力而产生的一系列设备和工艺问题。因此,可不受工件的几何形状的影响,有利于加工通常机械切削方法难以或无法加工的复杂形状工件和具有特殊工艺要求的工件,例如,薄壁、窄槽、各种型孔、立体曲面等。

(3)脉冲参数可以任意调节,在同一台机床上能连续进行粗、中、精加工。由于工具电极和工件具有仿形加工的特性,因而具有多种金属切削机床的功能。

(4)用电能进行加工,便于实现自动控制和加工自动化。但是,电火花加工的基本原理也常带来了这种工艺的局限性。例如,生产效率较低、工具电极有损耗、影响尺寸加工的精度等,这些还需要进一步研究提高。

3.电火花加工在模具制造中的应用

主要有以下几个方面:

(1)各种模具零件的型孔加工

如冲裁、复合模、连续模等各种冲模的凹模;凹凸模、固定板、卸料板等零件的型孔;拉丝模、拉深模等具有复杂型孔的零件等。

(2)复杂形状的型腔加工

如锻模、塑料模、压铸模、橡皮模等各种模具的型腔加工。

(3)小孔加工

对各种圆形、异形孔的加工(可达 0.15mm 直径),如线切割的穿丝孔、喷丝板的型孔等。

(4)电火花磨削

如对淬硬钢、硬质合金工件进行平面磨削、内外圆磨削、坐标孔磨削以及成型磨削等。

(5)强化金属表面

如对凸模和凹模进行电火花强化处理后,可提高耐用度。

(6)其他加工

如刻文字、花纹、电火花攻螺纹等。

1.2.4.2　电火花线切割加工基本知识

1.电火花数控线切割加工基本原理

如图 1-20 所示,电火花线切割时电极丝接脉冲电源的负极,工件接脉冲电源的正极。当来一个电脉冲时,在电极丝和工件之间产生一次火花放电,在放电通道中心温度瞬时可达 10000℃ 以上,高温使工件金属熔化,甚至有少量气化,高温也使电极和工件之间的工作液部分产生气化,这些气化后工作液和金属蒸气瞬间迅速热膨胀,并且有微爆炸的特点。这种热膨胀和局部微爆炸,抛出熔化和气化了的金属材料,而实现对工件材料进行电蚀切割加工。通常认为电极丝与工件之间的放电间隙 δ 在 0.01mm 左右,若电脉冲的电压高,放电间隙会大一些。线切割编程时,一般取 $\delta=0.01mm$。

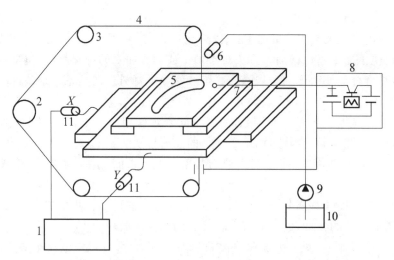

1—数控装置;2—贮丝筒;3—导轮;4—丝电极;5—工件;6—喷嘴;

7—绝缘板;8—脉冲发生器;9—油泵;10—油箱;11—步进电机。

图 1-20　电火花线切割加工原理

为了确保每来一个电脉冲在电极丝和工件之间产生的是电火花放电而不是电弧放电,必须创造必要的条件。首先必须使两个电脉冲之间有足够的间隔时间,使放电间隙中的介质消电离,即使放电通道中的带电粒子复合为中性粒子,恢复本次放电通道处间隙中介质的绝缘强度,以免总在同一处发生放电而导致电弧放电。一般脉冲间隔应为脉冲宽度的 4 倍以上。

为了保证火花放电时电极丝(一般用钼丝)不被烧断,必须向放电间隙注入大量的工作液,以使电极丝得到充分冷却。同时电极丝必须做高速轴向运动,以避免火花放电总在电极丝的局部位置而被烧断,电极丝速度约在 7~10m/s。这样有利于不断往放电间隙中带入新的工作液,同时也有利于把电蚀产物从间隙中带出来。

电火花切割加工时,为了获得比较好的表面粗糙度和高的尺寸精度,并保证钼丝(电极丝)不被烧断,应选择好相应的脉冲参数,并使工件和钼丝之间的放电必须是火花放电,而不是电弧放电。

2.电火花数控线切割加工的特点

(1)适合于难切削材料的加工。由于加工中材料的去除是靠放电时的电热作用实现的,材料的可加工性主要取决于材料的导电性及热学特性,如熔点、沸点(气化点)、比热容、热导率、电阻率等,而几乎与其力学性能(硬度、强度等)无关。

(2)可以加工特殊及复杂形状的零件。由于加工中钼丝和工件不直接接触,没有机械加工的切削力,因此适宜加工低刚度工件及微细加工。

(3)采用标准通用电极丝,市场购买,更换方便,大大降低了电极的设计与制造费用,缩短了生产准备时间,加工周期短,这对新产品的试制是很有意义的。

(4)电极丝比较细,可以加工微细异形孔、窄缝和复杂形状的工件。由于窄缝很窄,且只对工件材料进行"套件"加工,实际金属去除量很少,材料的利用率高,这对加工、节约贵重金属有重要意义。

（5）采用移动的长电极丝进行加工，使单位长度电极丝的损耗较少，从而对加工精度的影响比较小。

（6）自动化程度高，操作方便，加工周期短，成本低，较安全。但工件必须具导电性。

3.电火花数控线切割加工的适用范围

线切割加工为新产品试制、精密零件加工及模具制造开辟了一条新的工艺途径，主要适用于以下几个方面。

（1）加工模具

适用于加工各种形状的冲模。调整不同的间隙补偿量，只需一次编程就可以切割凸模、凸模固定板、凹模及卸料板等。模具配合间隙、加工精度通常都能达到要求。此外，还可加工挤压模、粉末冶金模、弯曲模、塑料模等通常带锥度的模具。

（2）加工零件

在试制新产品时用线切割在坯料上直接割出零件，如试制切割特殊微电机硅钢片定子和转子铁芯，由于不需要另行制造模具，可大大缩短制造周期、降低成本。另外，修改设计、变更加工程序比较方便，加工薄件时还可以多片叠起来加工。在零件制造方面，可用于加工品种多、数量少的零件、特殊难加工材料的零件、材料试验样件、各种型孔、特殊齿轮、凸轮、样板、成型刀具。同时还可以进行微细加工、异形槽和标准缺陷的加工等。

1.3　模具成型面研抛技术

抛光是模具制造过程中一道不可缺少的工序，是模具制造的关键步骤。模具抛光的重要性在于：

（1）型腔模的型腔和型芯的表面粗糙度直接影响制品的脱膜及制品表面粗糙度。

（2）模具型腔电加工后在表面形成脆性大、微裂多的脆硬层和放电痕迹，对模具的寿命影响大，必须通过抛光除去。

（3）机械加工表面的微观形貌呈规律起伏的峰谷，构成了大量微小的应力集中源，降低了表面的耐蚀性和疲劳强度，也必须通过抛光除去。

（4）模具制造成本中比例最大的是工时费用，一副制作精良的模具，抛光和研磨的工时往往占总制模工时的 15%～45%。

因此，为了提高制件质量，保证模具寿命，降低模具制造成本，必须充分重视模具的抛光和研磨工作。

抛光原理就是把表面微观不平度的峰点逐渐除去，使峰谷差值减少，而镜面抛光则要把表面抛光成像镜子一样光可照人。因此，大多数情况下，抛光工序不是对零件尺寸和形状进行修正，而只是降低零件表面的粗糙度值。影响模具表面抛光效果的因素很多，除模具材料的组织、力学性能、抛光前表面的加工状态和工人的经验等外，抛光工序所用的工具、磨料、研磨剂的合理选用、抛光工艺的选择等也都是十分重要的。

抛光可以分为物理抛光和化学或电化学抛光两大类。物理抛光是利用磨料的切削作用将峰点金属去除，而化学或电化学抛光则是利用化学或电化学作用将高点蚀去，也可将两者结合联合抛光。目前应用较多、工艺较为成熟的是物理抛光。

1.3.1 手工抛光和机械抛光

1.3.1.1 手工抛光

虽然目前各种抛光机械发展迅猛,但在模具制造中仍然大量采用手工抛光,主要的手工抛光方法如下。

1. 砂纸抛光

这是最为简便的抛光方法,一般采用各号金相砂纸,手持砂纸在模具型腔表面交叉运动进行抛光,根据表面粗糙度要求,由粗到细依次减小砂纸的砂粒大小。必须将前一道砂纸的磨痕完全消去,留下新的更细的磨痕情况下才能擦净表面,进行下一道砂纸的抛光。在对平面及凸面抛光时,可用一块像锉刀一样的木条,沿木条长度方向卷上砂纸,像锉削一样进行抛光,而回转表面则可在高速旋转下进行抛光。

2. 油石抛光

油石抛光可用在平面、槽和形状复杂而又没有适当研具的情况下。油石的截面形状有正方形、长方形、三角形、圆形、半圆形和刀形等,应根据被抛表面的形状选择,还可根据需要将油石修磨成特殊形状。油石在抛光前应浸在煤油里,抛光时手压要轻,要经常检查油石的"堵塞"情况。粗抛时可选用 $80\sim150$ 粒号陶瓷黏合剂的碳化硅油石,然后选用更高粒号的油石进行精抛光,与第一次油石打磨方向成 $45°$,直到前一道痕迹消失为止。油石抛光时必须要注意保持油石和被抛表面的清洁,油石和被抛表面不清洁会出现明显的划痕,使前功尽弃,因此每换一次粒度油石都要将被抛表面擦洗干净,油石在工作中也要随时清洗以防"堵塞"。

3. 研磨

研磨是在工件与研具之间放入磨料进行配研的加工。研磨分湿式和干式两种。湿式研磨是在研具与研磨零件之间放入研磨剂和研磨液的混合物进行研磨,干式研磨只放入磨料。模具都采用湿式研磨。

抛光之前的零件应满足以下要求:表面粗糙度小于 $Ra1.6\sim3.2\mu m$,余量小于 $0.1\sim0.12mm$。常用抛光工具有抛光机、毛呢布、布轮、油石、绸布、镊子。常用的抛光材料有抛光剂和抛光液。抛光剂有金刚砂、Cr_2O_3 膏。抛光液有煤油、机油与煤油和透平油的混合物、乙醇。抛光液在研磨中起调和磨料、冷却和润滑作用,以加速研磨过程。对抛光液要求有一定的黏度、良好的润滑和冷却作用,对工件无腐蚀并对操作者无害。

此外,研磨时也常用各种牌号的研磨膏,研磨膏在使用时要加煤油或汽油稀释。

抛光工艺路线及注意事项如下:

(1)用细锉刀粗加工表面,较硬的用油石加工,表面质量以不留刀纹为宜。

(2)用细砂布抛光(也叫砂光)。

(3)采用研磨膏、金刚砂抛光时,应该用毡布、毛呢蘸煤油再进行抛光,摩擦的速度比研磨要快。

(4)抛光剂应先粗后细。

(5)湿抛后用毛呢擦干,干抛后用细丝绸擦净。

磨料的种类很多,如表 1-5 所示。研磨磨料粒度的选择以及能达到的表面粗糙度如表

1-6 所示。这两个表同样适用于金相砂纸和油石。

表 1-5　常用磨料

磨料名称	说明	主要用途
金刚石粉	一般为人造金刚石	适用于各种场合
氧化铝粉	为六方晶系磨料的总称,可分为白色、红色、黄色、绿色、蓝色等,主要用于油石及砂布	适用于粗抛光
刚玉粉	在氧化铝粉中添加磁铁矿粉末的混合物	主要用于精抛光
碳化硅粉	碳化硅(绿色或黑色)	用于制造油石
蓝宝石粉	蓝宝石粉末加油膏	用于精抛光软质材料

表 1-6　研磨磨料粒度与对应的表面粗糙度

加工方法	磨料粒度	粗糙度/μm	加工方法	磨料粒度	粗糙度/μm
粗研磨	$100^{\#} \sim 120^{\#}$	0.80~0.16	精密件粗研	W10~W14	<0.10
	$150^{\#} \sim 280^{\#}$	0.20~0.40	精密件半精研	W5~W7	0.008~0.05
精研磨	W14~W40	0.05~0.20	精密件精研	W0.5~W5	

　　研具有手工研具、研磨平板、外圆筒研具和衬套研具等,可适应不同的形状。研具的材质常用的有铸铁、铜和低碳钢等,其硬度要低于研磨零件。

1.3.1.2　机械抛光

　　由于手工抛光需要熟练技工,劳动强度大,生产效率低,因此采用机械抛光来部分或全部替代手工抛光是发展的趋势。目前已有为数众多的各种机械抛光问世,可根据实际情况选用。机械抛光有电动、气动和超声波等类型,常用的几种机械抛光工具如下。

　　1.旋转式电动砂轮打磨机

　　此类打磨机主要用于粗加工各种型面、打毛刺、去焊疤等,是一种简单、粗糙的打磨工具。

　　2.手持自身旋转抛光机

　　此类抛光机通常用于中小模具的研抛加工。配有各种材质、形状和尺寸的砂轮用于修磨工序,同时配有各种尺寸的羊毛毡抛光工具对型腔进行抛光。

　　3.手持角式旋转抛光机

　　此类抛光机和直身式旋转抛光机的不同之处在于能改变主轴角度,使操作人员能在最适宜的位置进行抛光,而且能深入型腔研抛。

　　4.手持往复式抛光机

　　此类抛光机的特点在于研具不做旋转运动而做直线往复运动,因此特别适宜于狭槽平面和角度等处的抛光工作。

　　5.圆盘式抛光机

　　此类抛光机适用于大平面和大曲面等的抛光工作。

1.3.2　电解抛光与修磨

1.3.2.1　电解抛光

电解抛光是利用电化学阳极溶解的原理对金属表面进行抛光的一种表面加工方法。电解抛光如图 1-21 所示。图 1-21(a)中,件 6 为阳极,即要抛光的型腔,件 2 为阴极,即用铅金属制成的与型腔相似的工具电极。两者之间保持一定的电解间隙。当电解液中通以直流电后,随着阳极表面发生电化学溶解,在型腔表面上被一层溶化的阳极金属和电解液所组成的黏膜所覆盖,它的黏度很高,导电性能很低。由于型腔表面高低不平,在凹入的地方黏膜较厚,电阻较大,在凸出的部位黏膜较薄,电阻较小,如图 1-21(b)所示。因此,凸出部分的电流密度比凹入部分的大,溶解较快,经过一段时间以后,就逐渐将不平的金属表面蚀平。

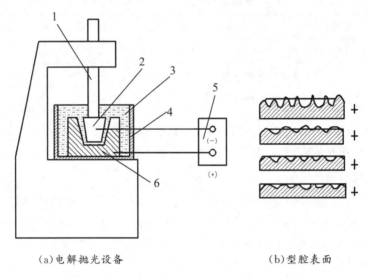

(a)电解抛光设备　　　　　　　　　　(b)型腔表面

1—主轴头;2—阴极;3—电解液;4—电解槽;5—电源;6—工件。

图 1-21　电解抛光示意图

电解抛光处理工件的表层,工件不会出现热应力。在抛光时抛光工具与模具无机械接触,因此不会出现机械载荷。因为处理只发生在模具表层,模具主体不会受到磨损。通过处理,模具表面的质地变得均匀。电解抛光能达到很高的尺寸精度、很高的成型精度和很好的表面质量。能去除前几道工序中进入模具外表面层的杂质。电解抛光的另外一个优势是可重复性和高度的自动化。钢材中的缺陷,如掺杂和孔隙,通过电解抛光会暴露出来。因此,材料一定要纯度高。很多类钢材,特别是通常的碳钢,电化学抛光不是最好的抛光方法。

电火花加工后的型腔表面通过电解抛光后,其表面粗糙度可由 $R_a 2.5 \sim 12.5 \mu m$ 提高到 $R_a 0.32 \sim 0.63 \mu m$。

1.3.2.2　电解修磨

电解修磨加工通过阳极溶解作用对金属进行腐蚀。以被加工的工件为阳极,修磨工具(即磨头)为阴极,两极由一低压直流电源供电,两极间通以电解液。为了防止两电极接触时形成短路,在工具磨头表面上敷上一层能起绝缘作用的金刚石磨粒,当电流及电解液在两极间流动时,工件(阳极)表面被溶解并生成很薄的氧化膜,这层氧化膜被移动着的工具磨头上的磨粒所刮除,使工件露出新的金属表面,并被进一步电解。这样,由于电解作用和刮除氧化膜作用的交替进行,达到去除氧化膜和提高表面质量的目的。图 1-22 所示为电解修磨的原理。

1.电解修磨的优点

(1)电解修磨是基于电化学腐蚀原理去除金属的。它不会使工件引起热变形或产生应力,工件硬度也不影响腐蚀速度。

(2)经电解修磨后的表面用油石及砂布能较容易地抛光到 $R_a0.4\mu m$ 以上。

(3)用电解修磨法去除硬化层时,模具表面粗糙度达 $R_a3.2\mu m$ 即可,相当于电火花中规准加工所得表面粗糙度。这时工具电极损耗小,表面波纹度也低。对于已产生的表面波纹,用电解修磨法也能基本除去,还可用来蚀除排气孔凸起铲除后留下的余痕。

(4)对型腔中用一般修磨工具难以精修的部位及形状,如图 1-23 所示的深槽、窄缝及不规则圆弧和棱角等,采用异形磨头能较准确地按原型腔进行修磨,这时效果更为显著。

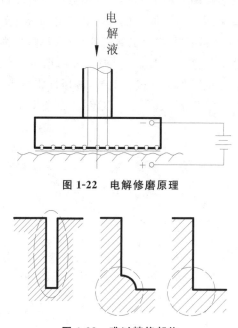

图 1-22　电解修磨原理

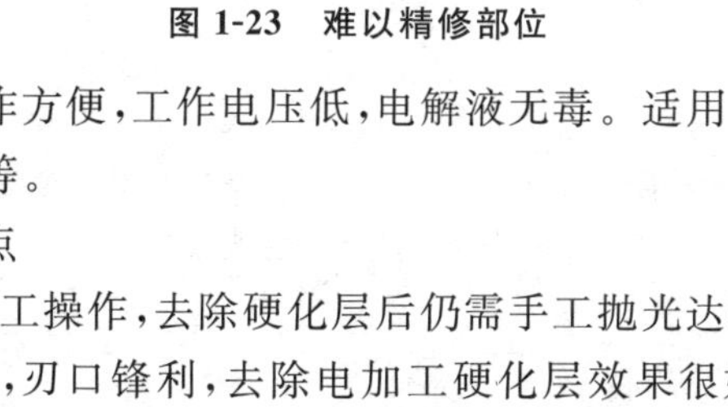

图 1-23　难以精修部位

(5)装置结构简单,操作方便,工作电压低,电解液无毒。适用于对尺寸要求不太严格的塑料模、压铸模、橡胶模具等。

2.电解修磨的一些缺点

(1)电解修磨主要是手工操作,去除硬化层后仍需手工抛光达到实用的表面质量。

(2)人造金刚石寿命高,刃口锋利,去除电加工硬化层效果很好,但易使表面产生划痕,对提高表面质量不利。

1.3.3 超声波抛光

高效、经济的超声波工具近来已被引入。它们操作简单,可用于很小表面和狭缝的超细抛光。用熔结金刚石锉粗抛表面,锉可以是异形的。然后,用铜棒或玻璃纤维棒进行精磨,无须施加任何压力。在木头上施加轻压力,可以通过精磨和抛光产生出高光泽抛光表面。

超声波机械加工是利用超声波的能量,通过机械装置对工件进行加工。

超声波是频率超过 20000Hz 的弹性波,其波长短,频率高,具有较强的束射性能,使能量高度集中。超声波抛光是利用超声波作为动力,推动细小的磨粒以极高的速度冲击工件表面,从工件上"刺"下无数的材料微粒,而达到抛光加工的目的(见图 1-24)。

利用换能器 1 将输入的超声频电振荡转换成机械振动,然后将超声机械振动传给变幅杆 2 加以放大,再传至固定在变幅杆端部的工具头 3 上,使工具头产生超声频率的振动。在工具头 3 与工件 5 之间加入悬浮液 4,并使工具头轻轻地压在工件上。由于工具头以超声频率振动,振幅为 $15\sim30\mu m$,振动功率为 $100\sim1000W$,液体分子及混在液体中的固体磨粒得到一极高的瞬时加速度,撞击和抛磨加工表面。将局部材料破坏成粉末,并从工件上打击下来。同时,工作液受工具头端部的超声振动的作用而产生高频、交变的液压正、负冲击波和空穴现象。正冲击波迫使工作液钻入被加工材料的微细裂缝,加强了机械破坏作用;负冲击波造成局部真空,形成液体空腔来破坏被加工材料,即所谓空穴作用。当液体空穴闭合时,又产生很强的冲击波,从而强化了加工过程。此外,液压冲击波也使磨料工作液在加工间隙中强迫循环,使变钝的磨粒翻滚更新,以利于从工件表面产生微量的碎裂和剥蚀,从而实现超声波抛光。

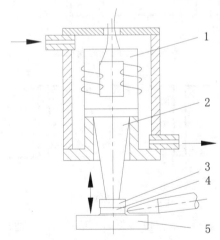

1—换能器;2—变幅螺杆;3—工具头;4—混有磨粒的悬浮液;5—工件。

图 1-24 超声波抛光加工

1. 超声波抛光的主要工艺特点

(1)一般粗规准加工后的抛光余量为 0.15mm 左右,经中、精规准电火花加工后的抛光余量为 $0.02\sim0.05$mm。

(2)加工精度可达 $0.01\sim0.05$mm。抛光前工件的表面粗糙度应不大于 $R_a1.25\sim$

$2.5\mu m$，经抛光后可达 $R_a 0.08 \sim 0.63\mu m$ 或更高。

（3）一般情况下，抛光处的表面粗糙度从 $R_a 5\mu m$ 减小到 $R_a 0.04\mu m$ 的抛光速度为 $10 \sim 15min/cm^2$。

（4）抛光工序分为粗抛和精抛两个阶段。精抛时为防止工件表面划伤，可用药棉或尼龙拭纸垫在工具端部，蘸以微粉（常用 Fe_2O_3）作磨料进行抛光。粗、中抛光用水作工作液，细、精抛光用煤油作工作液，亦可干抛。

2. 超声波抛光的适用范围

（1）适用于加工硬脆材料和不导电的非金属材料。

（2）工具对工件的作用力和热影响较小，不产生变形、烧伤和变质层，加工精度达 $0.01 \sim 0.02mm$，粗糙度达 $0.1 \sim 1\mu m$。

（3）可以抛光薄壁、薄片、窄缝和低刚度的零件。

（4）设备简单，使用维修方便，操作容易，成本较低。

（5）抛光头无转动，可以做成复杂形状，抛光复杂型腔。

3. 影响抛光效率的因素

（1）工具的振幅和频率

从原理上讲，增大振幅和频率会提高抛光的效率，但过大又会增加能量的消耗和降低变幅杆和工具的使用寿命，一般情况下振幅控制在 $0.01 \sim 0.1mm$，频率控制在 $16000 \sim 25000Hz$ 范围。

（2）工具对零件表面的静压力

抛光式工具对工件的进给力称为静压力。压力过大，磨料和工作液不能顺利更新和交换，降低生产效率。压力过小，降低磨粒对工具的撞击力和切削能力，同样降低效率。

（3）磨料的种类和粒度

高硬度材料的抛光选择碳化硼磨料；硬度不高的脆性材料采用碳化硅磨料。磨料的粒度于振幅有关：当振幅 $\geqslant 0.05mm$ 时，磨粒愈大加工效率愈高；当振幅 $< 0.05mm$ 时，磨粒愈小加工效率愈高。

（4）料液比

磨料混合剂中磨料和工作液的体积或质量之比称为料液比。料液比过大或过小都会使抛光效率降低。常用的料液比为 $0.5 \sim 1$。

4. 超声抛光时影响抛光表面质量的因素

抛光的质量指标主要是表面粗糙度，它与磨料粒度、工件材料的性质、工具的振幅等有关，通常是：粒度小，材料硬，超声振幅小，则表面粗糙度的改观就大。此外，煤油和机油比水质工作液效果要好。

1.4 模具热处理及表面处理技术

1.4.1 模具的热处理

1.4.1.1 模具钢的热处理

模具钢的热处理工艺是指模具钢在加热、冷却过程中，根据组织转变规律制定的具体热处理加热、保温和冷却的工艺参数。根据加热、冷却方式及获得组织和性能的不同，热处理工艺可分为常规热处理、表面热处理(表面淬火和化学热处理等)等。

根据热处理在零件生产工艺流程中的位置和作用，热处理又可分为预备热处理和最终热处理。模具钢的常规热处理主要包括退火、正火、淬火和回火。由于真空热处理技术具有防止加热氧化、不脱碳、真空除气、变形小及硬度均匀等特点，近年来得到广泛的推广应用。

1. 退火工艺

退火一般是指将模具钢加热到临界温度以上，保温一定时间，然后使其缓冷至室温，获得接近于平衡状态组织的热处理工艺。其组织为铁素体基体上分布着碳化物。退火的目的是消除钢中的应力，降低模具材料的硬度，使材料成分均匀，改善组织，为后续工序(机加工、冷加工成型、最终热处理等)做准备。

退火工艺根据加热温度不同可分为：

(1)完全退火

完全退火是将模具钢加热到临界温度 A_{c3} 以上 $20\sim30℃$，保温足够的时间，使其组织完全奥氏体化，然后缓慢冷却，以获得接近平衡状态组织的热处理工艺。其目的是降低硬度、均匀组织、消除内应力和热加工缺陷、改善切削加工性能和冷塑性变形性能，为后续热处理或冷加工做准备。

(2)不完全退火

不完全退火是将钢加热到 $A_{c1}\sim A_{c3}$(亚共析钢)或 $A_{c1}\sim A_{ccm}$(过共析钢)之间，保温一定时间后缓慢冷却，以获得接近于平衡组织的热处理工艺。不完全退火用于过共析钢和合金钢制作的模具。

(3)等温退火

将钢加热到临界温度以上，保温足够的时间，使其组织完全奥氏体化，然后在低于 A_{c1} 温度以下的适当温度进行保温，使奥氏体在此温度下进行等温转变，完成组织转变，然后从炉中取出空冷。等温退火的特点是可以缩短退火时间，最适合用于合金工具钢、高合金工具钢模具，有利于获得更为均匀的组织和性能。

(4)球化退火

球化退火是使钢中的碳化物球化，获得球状珠光体的一种热处理工艺，它实际上是不完全退火的一种。球化退火主要应用于共析钢、过共析钢和合金工具钢。其目的是降低硬度、改善切削加工性能，以及获得均匀的组织，改善热处理工艺性能，为以后的淬火做组织准备。图 1-25 所示为三种常用的球化退火工艺。

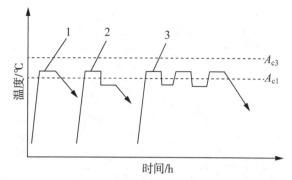

1—单次球化退火；2—等温球化退火；3—多次球化退火。
图 1-25　常用球化退火工艺

2.正火工艺

正火工艺是将钢加热到 A_{c3}（对于亚共析钢）或 A_{ccm}（对于过共析钢）以上适当的温度，保温一定时间，使之完全奥氏体化，然后在空气中冷却，得到珠光体类型组织的热处理工艺。

正火与完全退火相比，两者的加热温度基本相同，但正火的冷却速度较快，转变温度较低。冷却方式通常是将工件从炉中取出，放在空气中自然冷却，对于大件也可采用鼓风或喷雾等方法冷却。因此，对于亚共析钢来说，相同钢正火后组织中析出的铁素体数量较少，珠光体数量较多，且珠光体的片间距较小；对于过共析钢来说，正火可以抑制先共析网状渗碳体的析出。钢的强度、硬度和韧性也比较高。正火工艺规范如图 1-26 所示。

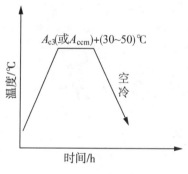

A_{c3}(或A_{ccm})+(30~50)℃

空冷

图 1-26　正火工艺

3.淬火与回火

淬火和回火是模具钢或模具零件强化的主要手段。将钢加热到临界点 A_{c1} 或 A_{c3} 以上一定温度，保温一定时间，然后以大于临界淬火速度的速度进行冷却，使过冷奥氏体转变为马氏体或贝氏体组织的热处理工艺称为淬火。回火是淬火工艺的后续工序，是将淬火后的钢加热到 A_{c1} 以下某一温度（根据回火后的组织和性能要求而定），充分保温后，以适当的速度进行冷却的热处理工艺。淬火工艺的关键是要控制加热速度、淬火温度、保温时间以及冷却速度。

（1）淬火温度的确定

淬火加热温度的选择应以得到均匀细小的奥氏体晶粒为原则，以便淬火后获得细小的马氏体组织。淬火加热温度主要根据钢的临界点来确定。表 1-7 为常用模具钢的相变点及

淬火加热温度。另外,淬火温度还应考虑模具的形状尺寸、原始组织等因素。

表 1-7　常用模具钢的相变点及淬火加热温度

牌号	A_{c1} 或 A_{c3}/℃	淬火温度/℃	牌号	A_{c1} 或 A_{c3}/℃	淬火温度/℃
45	780	820～850	9SiCr	770	860～880
T8A～T12A	730	770～800	Cr12MoV	810	1000～1050
40cr	780	830～860	3Cr2W8V	810	1050～1100
60Si2Mn	820	840～870	W6Mo5Cr4V2	810	1190～1230
GCr5	745	820～860	W18Cr4V	820	1260～1290

(2)淬火时间的确定

淬火加热时间通常将工件升温和保温所需的时间计算在一起,而统称为加热时间。影响加热时间的因素很多,如加热介质、钢的成分、炉温、工件的形状及尺寸、装炉方式及装炉量等。淬火加热时间参见有关热处理手册。

(3)淬火介质

为了使钢获得马氏体组织,淬火时冷却速度必须大于临界冷却速度。但是,冷却速度过大又会使工件内应力增加,产生变形或开裂。

工件淬火冷却时要使其得到合理的淬火冷却速度,必须选择适当的淬火介质。淬火介质种类很多,常用的淬火介质有水、NaCl(5%～10%)水溶液、NaOH(10%～50%)水溶液以及各种矿物油等。模具淬火可以在水、油或空气中进行。

(4)回火

回火是紧接淬火的一道热处理工艺,大多数淬火模具钢都要进行回火。目的是稳定组织,减小或消除淬火应力,提高钢的塑性和韧性,获得强度、硬度和塑性、韧性的适当配合,以满足不同模具的性能要求。

决定模具回火后的组织和性能最重要的因素是回火温度。回火可分为低温、中温和高温回火。

①低温回火。经低温回火后得到回火马氏体,具有很高的强度、硬度和耐磨性,同时显著降低了钢的淬火应力和脆性。冷冲压、冷镦、冷挤压模具,需要相当高的硬度和耐磨性,常采用低温回火。

②中温回火。中温回火后模具的内应力基本消除,具有高的弹性极限、较高的强度和硬度、良好的塑性和韧性。中温回火主要用于热锻模具。

③高温回火。压铸模和橡胶模要求较高的强度和韧性,常采用高温回火,回火时间一般不少于 1h。

4.真空热处理

在热处理时,被处理模具零件表面发生氧化、脱碳和增碳等效应,都会给模具使用寿命带来严重的影响。为了防止氧化、脱碳和增碳,利用真空作为理想的加热介质,制成真空热处理炉。零件在真空炉中加热后,将中性气体通入炉内的冷却室,在炉内利用气体进行淬火的为气冷真空处理炉,利用油进行淬火的为油冷真空处理炉。

近年来,真空热处理技术在我国发展较为迅速。它特别适合用于模具的热处理工艺。模具钢经过真空热处理后具有良好的表面状态,其表面不氧化、不脱碳,淬火变形小。而与大气下的淬火工艺相比,真空淬火后,模具表面硬度比较均匀,而且还略高一点。真空加热时,模具钢表面呈活性状态,不脱碳,不产生阻碍冷却的氧化膜。真空淬火后,钢的断裂韧度有所提高,模具寿命比常规工艺提高 40%～400%,甚至更高。模具真空淬火技术在我国已得到较广泛的应用。

(1)真空热处理的特点

①因为在真空中加热和冷却,氧的分压很低,零件表面氧化作用得到抑制,从而可得到光亮的处理表面。

②在大气中熔炼的金属和合金,由于吸气而使韧性下降,强度降低,在真空热处理时,可使吸收的气体释放,从而增加了强度和韧性,提高了模具的使用寿命。

③真空热处理淬火变形小。如 W6Mo5Cr4V2 钢凸模真空热处理后,在氮气中冷却,变形实测结果表明,只要留 0.08mm 磨削余量即可。冷作模具钢制成的凹模,变形量为盐浴淬火变形量的 $1/5～1/3$。

④由于在密封条件下处理,有无公害和保护环境等优点。

⑤真空中的传热只是发热体的辐射,并非以对流、传导来传热,因此零件背面部分的加热有时会不均匀。

(2)真空热处理设备

真空热处理技术的关键是采用合适的设备(真空退火炉、真空淬火炉、真空回火炉)。真空加热最早采用真空辐射加热,后来逐步发展为真空辐射加热、负压载气加热、低温阶段正压对流加热等。

①真空退火炉。真空退火炉的真空度为 $10^{-3}～10^{-2}\,\text{Pa}$,温度的升降应能自动控制。热处理工艺与非真空炉退火工艺基本相同。

②真空淬火炉。真空淬火分为油淬和气淬。油淬时,零件表面出现白亮层,其组织为大量的残余奥氏体,不能用 560℃ 左右的一般回火加以消除,需要更高的温度(700～800℃)才能消除。气淬的零件表面质量好,变形小,不需清洗,炉子结构也较简单。对于高合金或高速钢模具零件,应选用高压气淬炉。

③真空回火炉。对于热处理后不再进行机械加工的模具工作面,淬火后尽可能采用真空回火,特别是真空淬火的工件(模具),它可以提高与表面质量相关的力学性能,如疲劳性能、表面光亮度、耐腐蚀性等。

(3)真空热处理工艺

真空热处理工艺也是真空热处理技术的关键。

①清洗

通常用真空脱脂的方法。

②真空度

真空度是主要的工艺参数。在高温高真空下,模具钢中的合金元素容易蒸发,影响模具表面质量和性能。

③加热温度

真空热处理的加热温度为 1000～1100℃ 时,需要在大约 800℃ 进行预热。加热温度为 1200℃ 时,简单、小型模具可在 850℃ 进行一次预热,大型、复杂模具可采用两次预热。第一

次在 500～600℃;第二次在 850℃左右。

④保温时间

真空中的加热速度比盐浴处理的加热速度慢,主要是由于传热方式以辐射为主。一般加热时间是盐浴炉加热时间的 6 倍左右,是空气炉加热时间的 2 倍左右。另外,恒温时间也应长于盐浴炉加热。

⑤冷却

真空冷却分油淬和气淬。油淬应使用特制的真空淬火油,气淬又分为负压气淬和高压气淬等。负压气淬由于负压气体冷却能力低,只能对小件实施淬火;高压气淬则可对大件实施淬火,现在国际上(5～6)×10⁵Pa 的单室真空高压气冷技术已得到普遍应用。加热的保护性气体和冷却所用气体主要是氦气、氮气、氩气、氢气。其冷却能力从大到小的顺序依次是氢气、氦气、氮气和氩气,其冷却能力之比为 2.2:1.7:1:0.7。

氮气和氦气的混合气氛比单纯氦气的冷却能力高。60% 的氮气与 40% 的氦气的混合气氛相当于纯净氢气的冷却能力,这样不仅降低了价格,而且还达到了高的冷却能力。提高冷却能力的方法有冷却气体高压化、高速化,利用辐射冷却、优化工件放置方式等。

一些常用模具钢的真空热处理工艺见表 1-8。

表 1-8　一些常用模具钢的真空热处理工艺

| 牌号 | 预热 | | 淬火 | | | 回火温度/℃ | 硬度/HRC |
	温度/℃	真空度/Pa	温度/℃	真空度/Pa	冷却介质		
9SiCr	500～600	0.1	850～870	0.1	油(40℃以上)	170～185	61～63
CrWMn	500～600	0.1	820～840	0.1	油(40℃以上)	170～185	62～63
3CrW8V	一次 480～520 二次 800～850	0.1	1050～1100	0.1	油或高纯氮气	560～580 600～640	42～47 39～44
Cr12MoV	一次 500～550 二次 800～850	0.1	980～1050 1080～1120	0.1	油或高纯氮气	180～240 500～540	58～60 60～64
W6Mo5Cr4V2	一次 500～600 二次 800～850	0.1	1100～1150 1150～1250	0.1	油或高纯氮气	200～300 540～600	58～62 62～66
W18Cr4V	一次 500～600 二次 800～850	0.1	1000～1100 1240～1300	0.1	油或高纯氮气	180～220 540～600	58～62 62～66

1.4.1.2　常用冷作模具钢热处理

1.冷作模具的工作条件和对模具材料的性能要求

冷作加工是金属在室温下进行冲压、剪断或形变加工的制造工艺,如冷冲压、冷镦锻、冷挤压和冷轧加工等。由于各种冷作加工的工作条件不完全相同,因此对冷作模具材料的要求也不完全一致。

如在冲压过程中,被冲压的材料变形抗力很大,模具的工作部分,特别是刃口承受着强烈的摩擦和挤压,所以对冲裁、剪切、拉深、压印等模具材料的要求主要是高的硬度和耐磨性。同时模具在工作过程中还将受到冲击力的作用,要求模具材料也应具有足够的强度和适当的韧性。此外为便于模具制造,模具材料还要求有良好的冷热加工性能,包括退火状态下的可加工性、精加工时的可磨削性以及锻造、热处理性能等。

冷挤压时，模具整个工作表面除承受巨大的变形抗力和摩擦，在300℃左右，要求具有足够的强度和耐磨性，所以要求模具材料还应具有一定的红硬性和耐热疲劳性。

2.碳素工具钢的热处理

要求不太高的小型简单冷作模具可以采用碳素工具钢。应用较多的为T8A和T10A。T10A钢热处理后硬而耐磨，但淬火变形收缩明显；T8A钢韧性较好，但耐磨性稍差。除了碳元素以外，碳素工具钢不含有其他合金元素，因此其淬透性较差，常规淬火后硬化层仅有1.5～3mm。

碳素工具钢淬火后得到马氏体组织，使模具具有高硬度和耐磨性。如果淬火温度过高，会使奥氏体组织晶粒粗大，并导致马氏体组织粗大，增加了淬火变形开裂的可能性，力学性能降低；但是，若淬火温度太低，奥氏体组织不能溶入足够的碳，且碳浓度不能充分均匀化，则同样会降低其力学性能。碳素工具热处理工艺规范见有关热处理手册。

3.低合金模具钢的热处理

冷作模具常用的低合金工具钢有：CrWMn、9Mn2V、9SiCr、GCr15等。此类钢是在碳素工具钢的基础上，加入了适量的Cr、W、Mo、V、Mn等合金元素。合金元素总含量低于5%为低合金工具钢。合金元素的加入提高了钢的淬透性以及过冷奥氏体的稳定性。因此，可以降低淬火冷却速度，减少热应力、组织应力以及淬火变形开裂的倾向。

（1）CrWMn

CrWMn钢的硬度、强度、韧性、淬透性及热处理变形倾向均优于碳素工具钢。钢中W形成的碳化物硬度很高，耐磨性好，W还能细化晶粒。主要用作轻载荷冲裁模、拉深模及弯曲、翻边模。但其形成网状碳化物的倾向大，不宜制作大截面模具。

CrWMn钢一般需要进行球化退火处理，球化退火工艺规范如图1-27所示。

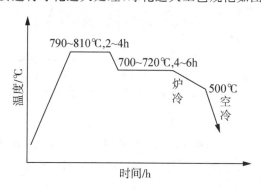

图1-27　CrWMn钢球化退火工艺规范

CrWMn钢的淬火温度一般为820～840℃，油冷，$\phi40$～$\phi60$mm尺寸的工件油冷能够淬透。回火温度一般为170～200℃，回火后硬度可以达到60～62HRC。淬火及低温回火后含有较多碳化物，具有较高的硬度和耐磨性。但在250～350℃回火时，其韧性降低，应予避免。

（2）9Mn2V钢

9Mn2V钢是不含有Cr、Ni等较贵重元素的经济性低合金模具钢。由于含有少量的V，细化了钢的晶粒，减小了钢的过热敏感性。该钢冷加工性能和热处理工艺良好，变形开裂倾向小。但其淬透性、淬硬性、回火抗力、强度等性能不如 CrWMn 钢。适合用于尺寸较小的冷冲模、冷压模、雕刻模、落料模等。

主要热处理工艺如下：

等温退火工艺：750～780℃，保温 3～5h，等温温度 670～700℃，保温 4～6h。

淬火工艺：淬火温度 780～820℃，油冷，硬度 61HRC 以上。

回火工艺：回火温度 150～200℃，空冷，硬度 59～62HRC。回火温度在 200～300℃时有回火脆性存在，应避免在此温度范围回火。

(3)9SiCr 钢

9SiCr 钢在我国有悠久的使用历史。钢中含有 Cr 和 Si，提高了钢在贝氏体转变区的稳定性，Si 还可细化碳化物，有利于提高耐磨性、回火稳定性和塑性变形能力，淬透性较好，适合进行分级淬火或等温淬火，有利于防止模具淬火变形开裂。该钢主要用作中小型轻负荷冷作模具，如冷冲模、冷挤压模及打印模等。

其主要热处理工艺如下：

退火工艺：780～810℃，保温 2～4h，等温温度 700～720℃，保温 4～6h(图 1-28)。

淬火工艺：淬火温度 860～880℃，油冷，硬度 62～65HRC。

回火工艺：回火温度 180～200℃，空冷，硬度 60～62HRC。回火温度在 200～300℃有回火脆性存在，应避免在此温度范围回火。

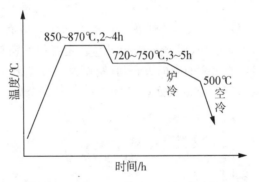

图 1-28　9SiCr 钢球化退火工艺规范

4.高合金模具钢的热处理

高合金模具钢有含高铬和中铬工具钢、高速钢、基体钢等。此类钢含有较多的合金元素，具有淬透性好、耐磨性高及淬火变形小等特点，广泛用作承受负荷大、生产批量大、耐磨性要求高及形状复杂的模具。

(1)高碳高铬钢

此类钢的成分特点是高铬量、高碳量，是冷作模具钢中应用范围最广、数量最大的。代表性钢号有 Cr12、Cr12MoV、Cr12Mo1V1(D2)、Cr12W 等。

该类钢锻后通常采用球化退火处理，退火后硬度为 207～255HB。常用的淬火工艺为：

①较低温度淬火：将 Cr12 钢加热到 960～980℃，油冷，淬火后硬度为 62HRC 以上。对 Cr12MoV 钢，淬火温度为 1020～1050℃，油冷，淬火后硬度为 62HRC 以上。采用此种方法可使钢获得高硬度、高耐磨性和高精度尺寸，用于制作冷冲压模具。

②较高温度淬火及多次高温回火:对 Cr12 钢,加热到 1050～1100℃,油冷,淬火后硬度为 42～50HRC。对 Cr12MoV 钢,淬火温度为 1100～1150℃,油冷,淬火后硬度为 42～50HRC。较高温度淬火加上多次高温回火,可以使钢获得高红硬性和耐磨性,用于制作高温下工作的模具。

Cr12 型钢淬火后应及时回火,回火温度可以根据要求的硬度而定。对于要求高硬度的冷冲压模具,回火温度在 150～170℃范围,回火后硬度在 60HRC 以上。对要求较高强度、硬度和一定韧性的冷冲压模具,回火温度取 250～270℃,回火后硬度为 58～60HRC。对于要求高冲击韧性和一定硬度的冷冲压模具,回火温度可以提高到 450℃左右,回火后硬度为 55～58HRC,Cr12 型钢要避开 275～375℃的回火脆性区。

(2)高碳中铬钢

主要有 Cr6WV 钢、Cr4W2MoV 钢、Cr6Mo1V 钢。

(3)高速钢

铜或铝零件冷挤压时,模具受力不太剧烈,一般可以采用 Cr12 型模具钢。但黑色金属冷挤压时,受力剧烈,工作条件十分恶劣,对模具提出了更高的要求。因此需要采用更高级的模具钢,如高速钢来制造模具。

高速钢热处理后具有高的硬度和抗压强度、良好的耐磨性,能满足较为苛刻的冷挤压条件。常用的冷挤压高速钢有 W6Mo5Cr4V2 钢、W18Cr4V 钢、6W6Mo5Cr4V 钢。

W18Cr4V 钢具有良好的红硬性,在 600℃时仍具有较高的硬度和较好的韧性,但其碳化物较粗大,强度和韧性随尺寸增大而下降。W6Mo5Cr4V2 钢具有良好的红硬性和韧性,淬火后表面硬度可以达到 64～66HRC,是一种含 Mo 低 W 的高速钢,其碳化物颗粒较为细小,分布较均匀,强度和韧性较 W18Cr4V 钢为好。

大多数高速钢制作的冷挤压(包括冷镦)模具,可以采用略低于高速钢刀具淬火温度的温度进行淬火,如 W18Cr4V 钢采用 1240～1250℃,W6Mo5Cr4V2 钢采用 1180～1200℃,然后在 560℃进行三次回火。对于一些细长或薄壁的模具,要求有很高的韧性,则可以进一步降低淬火温度,以提高其使用寿命。但低温淬火后,高速钢抗压强度降低,不能用于高负荷模具,也会使耐磨性降低。表 1-9 为常用冷挤压高速钢经过淬火和不同温度回火热处理后的硬度和冲击韧性。

表 1-9　常用冷挤压高速钢经过淬火和不同温度回火热处理后的硬度和冲击韧性

牌号	淬火温度/℃	硬度/HRC				无缺口冲击韧性/kgf·cm^{-2}			
		500℃回火	530℃回火	550℃回火	580℃回火	500℃回火	530℃回火	550℃回火	580℃回火
6W6Mo5Cr4V	1200	60.9	62.3	62.3	60.6	5.7	5.3	6.3	5.7
W18Cr4V	1260	64.4	64.4	63.8	63	2.0	2.7	3.4	3.6
W6Mo5Cr4V2	1220	63.5	64.8	65.3	62.8			3.2	3.5

1.4.1.3　热作模具钢热处理

1.热作模具的工作条件和对模具材料的性能要求

热作模具主要用于热压力加工(包括锤模锻、热挤压、热镦锻、精密锻造、高速锻造等)和

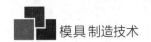

压力铸造,也包括塑料成型。

热锻模承受着较大的冲击载荷和工作压力,模具的型腔除产生剧烈的摩擦外,还经常与被加热到1050～1200℃高温的毛坯接触,型腔表面温度一般在400℃以上,有时能达到600～700℃,随后又经水、油或压缩空气对锻模进行冷却,这样冷热反复交替使模具极易产生热疲劳裂纹。因此,要求热锻模材料具有较高的高温强度和热稳定性(即红硬性)、适当的冲击韧性和尽可能高的导热性、良好的耐磨性和耐热疲劳性,在工艺性能方面具有高的淬透性和良好的切削加工件能。

近年来被推广的热挤压、热镦锻、精密锻造、高速锻造等先进工艺,由于模具的工作条件比一般热锻模更为恶劣,因此对模具材料提出了更高的要求。这些模具在工作时需长时间与被变形加工的金属相接触,或承受较大的打击能量,模具型腔的受热程度往往比锤锻模具高,承受的负荷也比锤锻模大,尤其是黑色金属挤压和高速锻造,模具型腔表面温度通常在700℃以上,高速锻造时,型腔表面的加热速度为2000～4000℃/s,温度可达950℃左右,造成模具寿命显著下降。所以,特别要求模具材料要有高的热稳定性和高温强度、良好的耐热疲劳特性以及高的耐磨性。

2.锤锻模具的热处理

常用作锤锻模的钢种有5CrNiMo、5CrMnMo、5CrMnSiMoV等。5CrNiMo钢具有高的淬透性和良好的综合力学性能,主要用作形状复杂、冲击负荷大的较大型锻模。5CrMnMo钢中不含有Ni,以Mo代替Ni不降低强度,但塑性和韧性降低,适于制造中型锻模。

5CrNiMo钢的淬火温度通常采用830～860℃。由于淬透性高,奥氏体稳定性大,冷却时可采用空冷、油冷、分级淬火或等温淬火。一般是淬火前先在空气中预冷至750～780℃,然后油冷到150～180℃出油,再行空冷。模具淬火后要立即回火,以防止变形与开裂。

一般热锻模回火后的硬度无须太高,以保证所需的韧性。生产上对不同尺寸的热锻模有不同硬度要求,因而回火温度也应不同,如小型模的硬度要求44～47HRC,回火温度可选择在190～510℃;中型模的硬度要求38～42HR,回火温度为520～540;大型模具要求34～37HRC,回火温度为560～580℃。模具淬火后内应力较大,回火加热时应缓慢升温或预热(350～400℃)均匀后,升至所需的回火温度,保温时间不少于3h。

3.热挤压及压铸等模具的热处理

热挤压及压铸等模具要求模具钢有较高的高温性能,如热强性、热疲劳、热熔损、回火抗力及热稳定性等。因此,此类钢含有较多的Cr、W、Si、Mo、V等元素,以保证拥有以上性能。我国标准中应用最多的代表性牌号有3Cr2W8V、4Cr5MoSiV1、4Cr5MoSiV、4Cr3Mo3SiV、4Cr5W2VSi等。

3Cr2W8V钢虽然只含有0.3％～0.4％C,但由于钨、铬含量高,组织上仍属于过共析钢。其工艺性能、热处理规范与Cr12MoV钢颇为类似。退火工艺为830～850℃保温3～4h,常用的淬火处理温度为1050～1150℃,除缓慢加热外,大件或复杂模具应在800～850℃预热均温,回火时也有二次硬化现象,回火选择550～620℃的高温回火。

3Cr2W8V钢广泛用作黑色和有色金属热挤压模以及Cu、Al合金的压铸模。这种钢的热稳定性高,使用温度达650℃,但钨系热作模具钢的导热性低,冷热疲劳性差。我国在20世纪80年代初引进国外通用的铬系热作模具钢H13(4Cr5MoSiV1),H13钢的合金含量比

3Cr2W8V 钢低,但淬透性、热强性、热疲劳性、韧性、塑性都比前者好,在使用温度不超过 600℃时,代替 3Cr2W8V 钢,模具寿命有大幅度提高,因此 H13 钢迅速得到推广应用。

H13 钢的热处理工艺为:退火温度 800~840℃,保温 3~6h,以 30℃/h 冷至 500℃以下空冷,也可以采用球化退火工艺。淬火温度为 1040~1080℃,油冷至 500~550℃后出油空冷。回火温度为 580~620℃,保温 2~3h,回火 2 次。经上述工艺处理后的 H13 钢模具硬度为 44~51HRC。

1.4.1.4　塑料模具钢热处理

塑料制品已在工业及日常生活中得到广泛应用。塑料模具已向精密化、大型化方向发展,对塑料模具钢的性能要求越来越高。塑模钢的性能应根据塑料种类、制品用途、成型方法和生产批量大小而定。一般要求塑料模具钢有良好的综合性能,对模具材料的强度和韧度要求不如冷作和热作模具高,但对材料的加工工艺性能要求高,如热处理工艺简便、处理变形小或者不变形、预硬状态的切削加工性能好、镜面抛光性能和图案蚀刻性能优良等。

塑料模具钢所要求的基本性能如下:

(1)综合力学性能。成型模具在工作过程中要受到不同的温度、压力、侵蚀和磨损用,因此要求模具材料组织均匀,无网状及带状碳化物出现,热处理过程应具有较小的氧化、脱碳及畸变倾向,热处理以后应具有一定的强度。为保证足够的抗磨损性能,许多塑料模具经调质后再进行渗氮或镀铬等表面强化处理。

(2)切削加工性能。对于大型、复杂和精密的注射模具,通常预硬化到 28~35HRC,再进行切削和磨削加工,至所要求的尺寸和精度后再投入使用,从而排除热处理变形、氧化和脱碳的缺陷。因此常加入易切削元素 S、Co 和稀土,以改善预硬的切削加工性能。

(3)镜面加工性能。做光盘和塑料透镜等塑料制品的表面粗糙度要求很高,主要由模具型腔的粗糙度来保证。一般模具型腔的粗糙度要比塑料制品的高一级。模具钢的镜面加工性能与钢的纯洁度、组织、硬度和镜面加工技术有关。高的硬度、细小而均匀的显微组织、非金属夹杂少,均有利于镜面抛光性的提高。镜面抛光性要求高的塑料模具钢常采用真空熔炼、真空除气。

(4)图案蚀刻性能。某些塑料制品表面要求呈现清晰而丰满的图案花纹,皮革工业中大型皮纹压花版,都要求模具钢有良好的图案光刻性能。图案光刻性能对材质的要求与镜面抛光性能相似,钢的纯洁度要高,组织要致密,硬度要高。

(5)耐蚀性能。含氯和氟的树脂以及在 ABS 树脂中添加抗燃剂时,在成型过程中将释放出有腐蚀性的气体。因此,这类塑料模具要选用耐蚀塑料模具钢,或镀铬,或采用镍磷非晶态涂层。

另外,还要求塑料模具钢有良好的预硬化性能、较高的冷压性能和补焊性能等。

塑料模具钢根据化学成分和使用性能,可以分为渗碳型、预硬化型、耐蚀型、时效硬化型和冷挤压成型型等。它们的热处理分述如下。

1. 渗碳型塑料模具钢的热处理

受冲击大的塑料模具零件,要求表面硬而心部韧,通常采用渗碳工艺、碳氮共渗工艺等来达到此目的。

一般渗碳零件可采用结构钢类的合金渗碳钢,其热处理工艺与结构零件基本相同。对于表面质量要求很高的塑料模具成型零件,宜采用专门用钢。热处理的关键是选择先进的渗碳设备,严格控制工艺过程,以保证渗碳层的组织和性能要求。

渗碳或碳氮共渗工艺规范可参考热处理行业工艺标准:JB/T 3999—2007《钢件的渗碳与碳氮共渗淬火回火》。

常用渗碳型橡塑模具钢有 20、20Cr、12CrNi2、12CrNi3、12Cr2Ni4、20Cr2Ni4 钢等。

(1)12CrNi3 钢。12CrNi3 钢是传统的中淬透性合金渗碳钢,冷成型性能属中等。该钢碳含量较低,加入合金元素镍、铬,以提高钢的淬透性和渗碳层的强韧性,尤其是加入镍后,在产生固溶强化的同时,可明显提高钢的塑性。该钢的锻造性能良好,锻造加热温度为1200℃,始锻温度 1150℃,终锻温度大于 850℃,锻后缓冷。

12CrNi3 钢主要用于冷挤压成型复杂的浅型腔塑料模具,或用于切削加工成型的大、中型塑料模具。采用切削加工制造塑料模具,为了改善切削加工性能,模坯需经正火处理。采用冷挤压成型型腔,锻后必须进行软化退火工艺。

12CrNi3 钢采用气体渗碳工艺时,加热温度为 900~920℃,保温 6~7h,可获得 0.9~1.0mm 的渗碳层,渗碳后预冷至 800~850℃,直接油冷或空冷淬火,淬火后表层硬度可达56~62HRC,心部硬度为 250~380HBS。

(2)20Cr2Ni4 钢。20Cr2Ni4 钢为高强度合金渗碳钢,有良好的综合力学性能,其淬透性、强韧性均超过 12CrNi3 钢。该钢锻造性能良好,锻造加热温度为 1200℃,始锻温度为1150℃,终锻温度大于 850℃,锻后缓冷。

2. 预硬化型塑料模具钢的热处理

预硬化型塑料模具钢是指将热加工的模块,预先调质处理到一定硬度(一般分为10HRC、20HRC、30HRC、40HRC 四个等级)供货的钢材,待模具成型后,不需再进行最终热处理就可直接使用,从而避免由于热处理而引起的模具变形和开裂,这种钢称为预硬化钢。预硬化钢最适宜制作形状复杂的大、中型精密塑料模具。常用的预硬化型塑料模具钢有3Cr2Mo(P20)、3Cr2NiMo(P4410)、8Cr2MnWMoVS、4Cr5MoSiV1、P20SRe、5NiSCa 等。

(1)3Cr2Mo 钢:3Cr2Mo(现为 SM3Cr2Mo)钢是最早列入标准的预硬化型塑料模具钢,相当于美国 P20 钢,同类型的还有瑞典(ASSAB)的 718、德国的 40CrMnMo7、日本的 HPM2钢等。3Cr2Mo 钢是 GB/T 1299—2014 中唯一的塑料模具钢,主要用于聚甲醛、ABS 塑料、醋酸丁酸纤维素、聚碳酸酯(PC)、聚酯(PEF)、聚乙烯(DPE)、聚丙烯(PP)、聚氯乙烯(PVC)等热塑性塑料的注射模具。

我国某厂推荐的 3Cr2Mo 钢的强韧化热处理工艺:淬火温度 840~880℃,油冷;温度600~650℃,空冷,硬度 28~33HRC。

美国标准(AISI,SAE)推荐的 P20 钢渗碳后的热处理工艺:淬火温度 820~870℃,回火温度 150~260℃,空冷,硬度 58~64HRC(渗碳层表面硬度)。

(2)8Cr2MnWMoVS(8Cr2S)钢:为了改善预硬化钢的切削加工性,在保证原有性能的前提下添加一种或几种易切削合金元素,成为一种易切削型的预硬化钢。

8Cr2S 钢是我国研制的硫系易切削预硬化高碳钢,该钢不仅用来制作精密零件的冷冲压模具,而且经预硬化后还可以用来制作塑料成型模具。此钢具有高的强韧性、良好的切削加工性能和镜面抛光性能,具有良好的表面处理性能,可进行渗氮、渗硼、镀铬、镀镍等表面处理。

8Cr2S 钢热处理到硬度为 40～42HRC 时,其切削加工性相当于退火态的 T10A 钢(200HBS)的加工性。综合力学性能好,可研磨抛光到 $R_a0.025\mu m$,该钢有良好的光刻侵蚀性能。

8Cr2S 钢的淬火加热温度为 860～920℃,油冷淬火、空冷淬火或在 240～280℃ 硝盐中等温淬火都可以。直径 100mm 的钢材空冷淬火可以淬透,淬火硬度为 62～64HRC。回火温度可在 550～620℃ 范围内选择,回火硬度为 40～48HRC。因加有 S,预硬硬度为 40～48HRC 的 8Cr2S 钢坯,其机械加工性能与调质到 30HRC 的碳素钢相近。

3.时效硬化型塑料模具钢的热处理

对于复杂、精密、高寿命的塑料模具,模具材料在使用状态必须有高的综合力学性能,为此,必须采用最终热处理。但是,采用一般的最终热处理工艺,往往导致模具的热处理变形,模具的精度就很难达到要求。而时效硬化型橡塑模具钢在固溶处理后变软(一般为 28～34HRC),可进行切削加工,待冷加工成型后进行时效处理,可获得很高的综合力学性能。时效热处理变形很小,而且该类钢一般具有焊接性能好、可以进行渗氮等优点,适合于制造复杂、精密、高寿命的塑料模具。

时效硬化型塑料模具钢有马氏体时效硬化钢和析出(沉淀)硬化钢两大类。

(1)马氏体时效硬化钢。马氏体时效硬化钢有屈服强度比高、切削加工性和焊接性能良好、热处理工艺简单等优点。典型的钢种是 18Ni 系列,屈服强度可高达 1400～3500MPa。这一类钢制造模具虽然价格昂贵,但由于使用寿命长,综合经济效益仍然很高。

(2)析出(沉淀)硬化钢。析出硬化型钢也是通过固溶处理和沉淀析出第二相而强化,硬度在 37～43HRC 左右,能满足某些塑料模具成型零件的要求。市场以 40HRC 级预硬化供应,仍然有满意的切削加工性。这一类钢的冶金质量高,一般都采用特殊冶炼,所以纯度、镜面研磨性、蚀花加工性良好,使模具有良好的精度和精度保持性。其焊接性好,表面和心部的硬度均匀。

析出硬化型塑料模具钢的代表性钢号有 25CrNi3MoAl,属低碳中合金钢,相当于美国的 P21 钢。析出硬化型钢制的模具零件还可通过渗氮处理进一步提高耐磨性、抗咬合能力和模具使用寿命。

4.耐腐蚀型塑料模具钢的热处理

生产对金属有腐蚀作用的塑料制品时,工作零件采用耐蚀钢制造。常用钢种有 Cr13 型和 9Cr18 钢等可强化的马氏体型不锈钢。表 1-10 为耐腐蚀塑料模具钢的热处理规范。

表 1-10　耐腐蚀塑料模具钢的热处理规范

序号	钢号	热处理	硬度
1	Cr13 系列	980～1050℃ 油冷,650～700℃ 回火,油冷。可进行渗氮提高表面硬度和耐磨性,但耐蚀性会下降	229～341HBS
2	9Cr18	850℃ 预热,1050～1100℃ 奥氏体化油冷,—80℃ 冷处理,160～260℃ 回火 3H,130～140℃ 去应力退火 15～20h	58～62HR

3	S-STAR	第一次预热500℃,第二次预热80℃,奥氏体化温度1020～1070℃,空冷、油冷或气冷均可,回火:①要求具有耐蚀性,200～400℃回火,按60～90min/25mm;②要求高硬度,490～510℃回火,按50～90min/25mm 精度保持要求高的模具零件需进行冷处理	以预硬化钢交货,31～34HRC;淬火回火态交货,≤229HBS

需要指出的是,用现有不锈钢标准的钢号制作高镜面要求的塑料模具钢成型零件,其表面质量的要求是难以满足的。因此开发了耐腐蚀镜面塑料模具钢。例如,已进入中国市场的法国 CLC2 316 H 钢(同类型的德国 X36CrMo17),是预硬化型的抗腐蚀镜面塑料模具钢。

耐腐蚀塑料模具钢零件的热处理与一般不锈钢制品的热处理基本相同,其热处理工艺可以参考我国行业标准:热处理工艺标准 JB/T 9197—2008《不锈钢和耐热钢热处理》。

1.4.2 模具的表面化学热处理

化学热处理能有效地提高模具表面的耐磨性、耐蚀性、抗咬合、抗氧化性等性能。几乎所有的化学热处理工艺均可用于模具钢的表面处理。化学热处理就是利用化学反应和物理冶金相结合的方法改变金属材料表面的化学成分和组织结构,从而使材料表面获得某种性能的工艺过程。

化学热处理普遍地由三个基本过程组成:

(1)活性原子的产生。通过化学反应产生活性原子或借助一些物理方法使欲渗入的原子的能量增加,活性增加。

(2)材料表面吸收活性原子。活性原子首先被材料表面吸附,进而被表面吸收,此过程为一个物理过程。

(3)活性原子的扩散。材料表面吸收了大量活性原子,使得表面层该原子的浓度大为提高,为渗入原子的扩散创造了条件,活性原子不断地渗入表面层,经扩散就形成了一定深度的扩散层。

以上三个过程进行的程度都与温度和时间两个要素有关,因此温度和时间是化学热处理过程中两个重要的工艺参数。

1.4.2.1 渗碳

渗碳是一种历史悠久、应用相当广泛的化学热处理方法。迄今为止,渗碳或碳氮共渗仍然属于应用广泛的表面强化方法,由于经济、可靠,今后仍将在热处理生产中占有主导地位。近年来,又发展了高频、离子及真空渗碳等方法,后者克服以往渗碳法的不足,使表面活性化,可以大大缩短渗碳时间。

渗碳技术主要用于低碳钢制造模具零部件的表面强化。中高碳的低合金模具钢和高合金钢也可以进行渗碳或碳氮共渗。高碳低合金钢渗碳或碳氮共渗时,应尽可能选取较低的加热温度和较短的保温时间,可以保证表层有较多的未溶碳化物核心,渗碳和碳氮共渗后,表层碳化物呈颗粒状,碳化物总体积也有明显增加,可以增加钢的耐磨性。

中高碳高合金钢还可进行高温渗碳,因为在高温奥氏体化时,在这类钢中仍能残留较多难溶的弥散的碳化物。对这类含大量强碳化物形成元素进行渗碳,使渗层沉淀出大量弥散合金碳化物的工艺称为 CD 渗碳法。3Cr2W8V 钢制造压铸模具时,先渗碳,再经 1140~1150℃淬火,550℃回火两次,表面硬度可达 58~61HRC,用于有色金属及其合金的压铸模具,使用寿命可提高 1.8~3 倍。65Cr4W3Mo2VNb 等基体钢有高的强韧性,但其表面的耐磨性常嫌不足。对这类钢制作的模具进行渗碳或碳氮共渗,可显著提高其使用寿命。

渗碳是为解决钢件表面要求高硬度、高耐磨性而心部又要求较高的韧性这一矛盾而发展起来的工艺方法。渗碳就是将低碳钢工件放在增碳的活性介质中,加热、保温,使碳原子渗入钢件表面,并向内部扩散形成一定碳浓度梯度的渗层。渗碳并不是最终目的,为了获得高硬度、高耐磨的表面及强韧的心部,渗碳后必须进行淬火加低温回火的处理。

渗碳的优点是:

(1)获得比高频淬火硬度高、更耐磨的表层以及韧性更好的心部,不受零件形状的限制。

(2)与渗氮工艺相比有渗层厚、可承受重负荷、工艺时间短的优越性。

但渗碳工艺过程烦琐,渗碳后还要进行淬火加回火的处理;工件变形大;与高频淬火相比生产成本高;渗碳层的硬度和耐磨性不如渗氮层高。

渗碳工艺按渗碳介质可以分为气体渗碳、液体渗碳和固体渗碳。

1. 固体渗碳

固体渗碳是在固体渗碳介质中进行的渗碳过程。渗碳剂由两部分组成:固体炭和催渗剂。固体炭可以是木炭也可以是焦炭。碱金属或碱金属的碳酸盐可用作催渗剂,其醋酸盐有更好的催渗作用和活性。

固体渗碳的反应是这样进行的,高温下渗碳剂发生分解:

$$Na_2CO_3 \rightarrow Na_2O + CO_2$$
$$BaCO_3 \rightarrow BaO + CO_2$$

高温下分解出的 CO_2 与炽热的炭发生还原反应:

$$CO_2 + C \rightarrow 2CO$$

CO 气体吸附在工件表面,在 Fe 的催化作用下发生渗碳反应:

$$2CO \rightarrow C(Fe) + CO_2$$

固体渗碳是在充满渗碳剂的密封钢制箱中进行的,一股采用箱式电炉加热渗碳箱。固体渗碳的优点是:无须专用渗碳设备,渗碳工艺简单,特别适用于没有专用渗碳设备、批量小、变化多样零件的条件。其缺点是渗碳过程质量控制困难,渗碳加热效率低,能源浪费大。

典型的固体渗碳工艺规范见图 1-29。

工艺规范中,在 800~850℃透烧的目的是减小靠箱壁的工件与箱子心部工件渗碳层的差别。透烧时间的多少取决于渗碳箱的大小。

渗碳保温时间取决于渗层的深度要求,在(930±10)℃温度范围内,一般渗碳速度为 0.1~0.15mm/h。根据渗层深度就可大致估算出保温时间。

分级渗碳工艺规范中,当渗碳深度接近要求深度的下限值时,将炉温降低到 840~860℃保温一定时间进行扩散,使表面碳浓度降低,渗层加厚,这样可防止网状渗碳体的出现。对于本质细晶粒钢,可免去正火清除网状渗碳体的过程,渗碳后直接淬火。

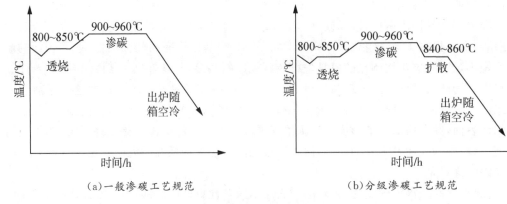

(a)一般渗碳工艺规范　　　　　　　　(b)分级渗碳工艺规范

图 1-29　典型的固体渗碳工艺规范

　　固体渗碳的操作主要体现在使用试样来确定获得所要求的渗层深度的出炉时间。在渗碳箱中放置两种试样,一种是插入箱内的 $\phi10mm$ 的钢棒,要求它与工件材料相同,在渗碳过程中可随时抽取检验;另一种试样是埋入箱中的,随件出炉,供渗碳处理后检查金相组织和硬度。为了能正确反映工件渗碳效果,试样应靠近工件放置。

　　2.气体渗碳

　　虽然固体渗碳有很多优点,如可以用各种形式的加热炉、不需要任何控制气氛、对小批量和大工件比较经济、不需要特殊缓冷设备等;但它也有很多不利之处,如工作环境条件差,在要求较浅的渗碳层时不易控制渗碳层深度、碳含量及碳浓度的梯度,需要直接淬火时操作比较困难等。为了消除这些缺点,改善工作条件,提高效率,常需要采用气体渗碳法。

　　将气体渗碳剂通入或滴入高温的渗碳炉中,进行裂化分解,产生活性原子,然后渗入模具表面进行的渗碳就是气体渗碳。

　　常见的气体渗碳剂有两类:一类是碳氢化合物的有机液体,采用滴入法,将液体渗碳剂(如煤油、苯、甲苯、丙酮等)滴入高温的渗碳炉;另一类是气体,可直接通入渗碳炉中,有天然气、丙烷及吸热式可控气氛。后者成分常随地区、时间而有所不同,较难控制,使产品质量多不稳定;前者成分稳定,便于控制,但价格较贵。

　　气体渗碳的主要设备是渗碳炉。气体渗碳炉可以分为批装式和连续式两大类。批装式炉是把工件成批装入炉内,渗碳完毕后再成批出炉。连续式炉是把工件依次连续地从炉的一端送入炉中渗碳,而在渗碳完毕后从炉的另一端输出。气体渗碳工艺需要根据工件的钢种、形状、数量、渗碳层深度、渗碳层内碳的浓度及梯度等要求和现有设备条件来选择。影响渗碳层深度、浓度及梯度的主要因素除钢种外,主要是渗碳气体的碳势、渗碳温度和渗碳时间。

　　决定渗碳速度的基本因素是碳在奥氏体中的扩散速度,这种扩散速度随温度的升高而迅速增加。因此,为了加速渗碳的进行,在不导致晶粒粗化的前提下,应采用尽可能高的渗碳温度,一般为 $900\sim950℃$ 。但较高的温度容易产生网状碳化物、晶粒粗大,从而降低性能。

　　3.液体渗碳

　　液体渗碳是在能提供活性碳原子的熔融盐浴中进行的。它的优点是:设备简单,渗碳速度快,碳量容易控制等。它适合于无专门的渗碳专用设备、中小零件的小批量生产。

渗碳用盐浴通常由渗碳剂和中性盐组成。前者主要起渗碳作用,提供活性碳原子,后者主要起调节盐的相对密度、熔点和流动性的作用。最初的液体渗碳都是采用氰盐作为渗碳剂,由于氰盐毒性大,容易造成环境污染和有害人体健康,我国已经很少采用,代之以无毒盐配方。如"603"渗碳剂:NaCl 5%,KCl 10%,Na_2CO_3 15%,$(NH_2)_2CO$ 20%,木炭粉(100 目)5%。另一渗碳剂:木炭粉(60~100 目)70%,NaCl 30%。

在盐浴配方确定的前提下,渗碳工艺就是确定渗碳温度和时间,渗碳温度取决于工件的渗层厚度要求、零件是否易变形以及精度要求等。如果渗层要求不深,工件易变形或对变形要求严格,可选择较低的渗碳温度(850~900℃);如果工件要求渗层厚、又不易变形,则要选择较高的渗碳温度(910~950℃)。

盐浴渗碳与盐浴加热热处理工艺相似,但在配制渗碳盐浴时应先将中性盐熔化,待要达到渗碳温度时,再将渗碳剂加入盐浴。渗碳剂加入盐浴可能产生沸腾,此时停止加热,待平静后再加热添加盐。随着溶碳过程的进行,渗碳剂在消耗,盐浴的渗碳能力下降,此时应掏出一部分旧盐,按比例加一定量新盐。液体检碳一般随工件放入三个试样,一个决定出炉时间,另外两个随工件出炉,以供测定渗层深度和金相组织用。为了减少盐浴的挥发和辐射热损失,以及减少空气中氧的侵入,盐浴上面可覆盖石墨、炭粉、固体渗碳剂粉末。液体渗碳工件的热处理可采取以下方式:将工件移到等温槽中预冷,直接淬火;工件在等温槽中预冷后空冷(目的是减少工件表面脱碳),然后重新加热淬火。

1.4.2.2　渗氮

渗氮也称氮化,是在一定温度下(一般在 A_{c1} 以下)将活性氮原子渗入模具表面的化学热处理工艺。渗氮后模具的变形小,具有比渗碳更高的硬度,可以增加其耐磨性、疲劳强度、抗咬合性、抗蚀性及抗高温软化性等。渗氮工艺有气体渗氮、离子渗氮。

渗氮工艺有以下特点。

①氮化物层形成温度低,一般为 480~580℃,由于扩散速度慢,所以工艺时间长。

②氮化处理温度低,变形很小

③渗氮工件不需要再进行热处理,便具有较高的表面硬度(≥850HV)。

1. 气体渗氮

气体渗氮在生产中应用已有 60 多年的历史,工艺比较成熟。通常采用的介质为氨气,在渗氮温度下(400~500℃),当氨与铁接触时就分解出氮原子固溶于铁中。也可以产生氮分子及氢分子,化学表达式如下:

$$2NH_3 \rightarrow 3H_2 + 2[N]$$
$$2NH_3 \rightarrow 3H_2 + N_2$$

气体渗氮可根据产品情况(零件的形状、大小)选用 RJJ 系列井式电炉、RJX 系列箱式电炉及钟罩式电炉。

(1)气体渗氮工艺参数

渗氮温度、渗氮时间和氨分解率是气体渗氮三个重要的工艺参数。它们对渗氮速度、渗层深度、渗层硬度、硬度梯度以及脆性都有极大影响。

渗氮温度的提高会促进氮原子的扩散,所以渗层深度会随温度的增加而加深,渗层硬度会下降,这是因为产生高硬度的细小氮化物会随温度的升高而长大的缘故。在 480~530℃

渗氮时,渗层可获得很高的硬度。

随时间的延长,渗层深度加深,但由于氮化物的集聚长大会使渗层硬度下降,尤其温度高则更为明显。

氨分解率会影响钢件表面的吸氮能力,对渗层深度和硬度也有影响。当氨分解率低时(10%～40%),分解出的活性氮原子多被钢件表面吸收。当分解率超过70%时,由于气氛中大量的氢和氮的分子滞留在工件表面,阻碍了氮原子的吸收,因而使吸氮量下降。

(2)典型渗氮工艺

①一段渗氮法。也称为单程渗氮法、等温渗氮法,渗氮温度为480～530℃。

②二段渗氮法。二段渗氮法是将模具先在较低温度下(一般为490～530℃)渗氮一段时间,然后提高渗氮温度到535～550℃再渗氮一段时间。在渗氮的第一阶段,模具表面获得较高的氮浓度,并形成含有弥散度、高硬度氮化物的渗氮层。在第二阶段,氮原子在钢中的扩散将加速进行,以迅速获得一定厚度的渗氮层。

二段渗氮法是目前生产中常采用的一种渗氮工艺,与一段渗氮法相比,其渗氮速度较快,渗层脆性较小,但硬度较低。

③三段渗氮法。三段渗氮法是在二段渗氮法的基础上改进的,先将模具在490～520℃下渗氮,获得高渗氮浓度的表面,然后提高渗氮温度到550～600℃,加快渗氮速度,再将温度降低到520～540℃渗氮,提高渗氮层厚度。这种渗氮方法不仅缩短渗氮时间,而且可以保证渗氮层的高硬度。

一些模具钢的渗氮工艺规范见表1-11。

表1-11 一些模具钢的渗氮工艺规范

牌号	渗氮工艺				渗氮层深度/mm	表面硬度/HV
	阶段	温度/℃	时间/h	氨分解率/%		
38CrMoAlA	Ⅰ	510	12	20～40	0.5～0.7	950～1000
	Ⅱ	540	42	50～60		
Cr12MoV	Ⅰ	480	18	14～27	≤0.2	720～860
	Ⅱ	530	25	36～60		
40Cr	Ⅰ	490	24	15～35	0.2～0.3	≥600
4Cr5MoSiV1	Ⅰ	540	12	30～60	0.15～0.2	760～800
3Cr2W8	Ⅰ	480	18	14～27	0.2～0.4	500～550
	Ⅱ	530	22	30～60		

2.离子渗氮

离子渗氮是辉光离子渗氮的简称,方法是将待处理的模具零件放在真空容器中,充以一定压力(如70Pa)的含氮气体(如氨或氮、氢混合气),然后以被处理模具作阴极,以真空容器的罩壁作阳极,在阴、阳极之间加上400～600V的直流电压,阴阳极间便产生辉光放电,容器里的气体被电离,在空间产生大量的电子与离子。在电场的作用下,正离子冲向阴极,以很高速度轰击模具表面,将模具加热。高能正离子冲入模具表面,获得电子,变成氮原子被模具表面吸收,并向内扩散形成氮化层,离子氮化可提高模具耐磨性和疲劳强度。

离子渗氮利用了辉光放电这一物理现象并以此作为热源加热工件,由此特点使它具有以下优点:

(1)加速了渗氮过程,仅相当于气体渗氮周期的 1/3～1/2。

(2)离子渗氮的温度可比气体渗氮低,可在 350～500℃下进行,工件变形小。

(3)由于渗氮时气体稀薄,过程可控,使得渗层脆性小。

(4)离子渗氮中有离子轰击而产生的阴极溅射现象,可以清除表面的钝化膜,不锈钢和耐热钢表面不经处理可直接渗氮。

(5)局部防渗简单易行,只要采取机械屏蔽即可。

(6)经济性好,热利用率高,省电,省氨。

离子渗氮存在的问题是:

(1)工件温度的均匀性与测温的准确性尚待提高。

(2)深层渗氮(>0.5mm)的生产周期与气体渗氮接近。

工作表面渗氮后能显著提高模具的力学性能。氮虽然是一种作为保护性气体的惰性气体,但氮离子化后具有很大的活性,能够参与表面处理,形成高硬度和抗腐蚀的氮化物,如 TiN、Ti_2N、Cr_2N、VN 等。但在离子氮化前必须进行去除加工应力的退火或回火处理,且不同的材料氮化效果也不同,对于必须氮化、不能氮化或两者均可的部位要明确尺寸精度要求。

目前,离子渗氮已广泛应用于热锻模、冷挤压模、压铸模、塑料模等几乎所有的模具上,很好地解决了硬度、韧性、热疲劳性和耐磨性之间的矛盾。

3. 碳氮共渗

碳氮共渗是在渗碳和渗氮的基础上发展起来的一种化学热处理方法。它是将碳原子和氮原子同时渗入钢件表面的过程。由于早期的碳氮共渗是在含氰化物的盐浴中进行的,所以俗称"氰化"。碳氮共渗与渗碳相比,其处理温度低,渗后可直接淬火,工艺简单,晶粒不易长大、变形开裂倾向小,能源消耗少,渗层的耐疲劳性、耐磨性和抗回火稳定性好;与渗氮相比,生产周期大大缩短,对材料适用范围广。

碳氮共渗兼有渗碳和渗氮的优点,主要优点有以下几方面:

(1)渗层性能好。碳氮共渗与渗碳相比,碳氮共渗层的硬度与渗碳层的硬度差不多,但其耐磨性、抗腐蚀性及疲劳强度都比渗碳层高。碳氮共渗层一般比渗氮层厚,并且在一定温度下不形成化合物白层,故其比渗氮层抗压强度高,而脆性较低。

(2)渗入速度快。在碳氮共渗的情况下,碳氮原子互相促进渗入过程,在相同温度下,碳氮共渗速度比渗碳和渗氮都快,仅是渗氮时间的 1/4～1/3。

(3)模具变形小。碳氮共渗温度一般低于渗碳温度,又没有马氏体、奥氏体的组织转变,所以变形较小。

根据共渗介质的不同,碳氮共渗可以分为气体碳氮共渗、液体碳氮共渗和固体碳氮共渗。

固体碳氮共渗与固体渗碳相似,所不同的是渗剂中加入了含氮物质。液体碳氮共渗是将模具等放入含有氰化物盐的盐浴中加热,虽然其时间短,效果好,但毒性大,应用较少。虽然采用无毒盐的液体碳氮共渗,其原料无毒,但反应产物仍然含有氰化物,容易造成环境污染,对人体有害,也不宜采用。应用最多是气体碳氮共渗。

气体碳氮共渗的共渗介质有三类:一是渗碳气加氨气,渗碳气可以用天然气、液化石油气、煤气等;二是液体渗碳剂加氨气,液体渗碳剂有煤油、苯等;三是含碳和氮的有机化合物液体,如三乙醇胺、尿素甲醇溶液加丙酮等。三乙醇胺是一种活性较强、无毒的共渗剂,但其黏度大,流动性差,可采用酒精按1∶1稀释后使用。

采用45钢制造的切边模具经过碳氮共渗工艺(见图1-30)处理后的渗层厚度为0.95~1mm,表面硬度为927HV。其模具寿命与采用气体渗氮工艺制造的同种模具的寿命及工艺对比见表1-12,经过碳氮共渗后的45钢模具的寿命可与Cr12MoV钢制造的模具相媲美。

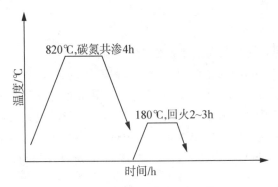

图1-30 钢模具碳氮共渗工艺

表1-12 模具碳氮共渗工艺及性能

模具材料	热处理工艺	渗层深度/mm	表面硬度/HV	平均寿命/件
Cr12MoV	1050℃淬火,560℃渗氮3h,180℃回火3h	0.10~0.12	1037	16000
45钢	800℃碳氮共渗4h,淬火,180℃回火2~3h	0.50~0.60	941	16500
	820℃碳氮共渗4h,淬火,180℃回火2~3h	0.65~0.70	927	16000
	850℃碳氮共渗4h,淬火,180℃回火2~3h	0.95~1.0	882	12000
	580℃碳氮共渗2h,900℃渗硼4h,180℃回火3h	0.09~0.10	1453	4400

4.氮碳共渗

氮碳共渗工艺源于德国,是在液体渗氮基础上发展起来的。早期氮碳共渗是在含氮化物的盐浴中进行的。由于处理温度低,一般为500~600℃,过程以渗氮为主,渗碳为辅,所以又称为“软氮化”。

氮碳共渗工艺的优点是:

(1)氮碳共渗层有优良的性能(渗层硬度高,碳钢氮碳共渗处理后渗层硬度可达570~680HV,模具钢、高速钢、渗氮钢共渗后硬度可达850~1200HV;脆性低,有优良的耐磨性、耐疲劳性、抗咬合性、热稳定性和耐腐蚀性)。

(2)工艺温度低,且不淬火,工件变形小。

(3)处理时间短,经济性好。

(4)设备简单,工艺易掌握。

存在的问题是:渗层浅,承受重载荷零件不宜采用。

氮碳共渗工艺也有气体、液体和固体氮碳共渗工艺。固体氮碳共渗工艺较少应用,使用最多的是气体氮碳共渗工艺,尤其是以尿素、甲酰胺、三乙醇胺为渗剂的气体氮碳共渗为多。目前国内外采用比较多的是低温气体氮碳共渗。

早期使用的液体氮碳共渗主要是在氰盐和氰酸盐溶液中进行的。由于氰盐剧毒,公害严重,后来随着许多新的渗剂的出现,它就慢慢地被其他渗剂代替了。

1.4.2.3　渗硼

渗硼是继渗碳、氮之后发展起来的一项重要、实用的化学热处理工艺技术,是提高钢件表面耐磨性的有效方法。将工件置于能产生活性硼的介质中,经过加热、保温,使硼原子渗入工件表面形成硼化物层的过程称为渗硼。金属零件渗硼后,表面形成的硼化物(FeB、Fe_2B、TiB_2、ZrB_2、VB_2、CrB_2)及碳化硼等硬度极高($1300\sim2000HV$)的化合物,热稳定好。其耐磨性、耐腐蚀性、耐热性均比渗碳和渗氮高,可广泛用于模具表面强化,尤其适合在磨粒磨损条件下的模具。根据采用介质的不同,渗硼分为固体渗硼、液体渗硼和气体渗硼。

1. 固体渗硼

固体渗硼主要是用粉末或粒状介质进行渗硼的化学热处理工艺。固体渗硼时将工件埋入含硼的介质中或在工件表面涂以含硼膏剂,装箱密封,加热保温。固体渗硼主要以碳化硼和硼铁作为供硼剂,由于此种供硼剂比较贵,目前常采用硼砂来取代硼铁和碳化硼,其效果基本相同。加入一定量的活化剂可以加速渗硼速度和降低渗硼温度,缩短渗硼时间。活化剂的作用是产生气态化合物,提高渗剂的活性。另外加入一定量填充剂,它是渗剂的载体,可以防止溶剂烧结,保持渗剂松散性和还原性气氛的作用,以减少供硼剂和活化剂的用量。

常用的渗硼剂有非晶质硼、碳化硼、硼铁合金、硼砂及硼酐。常用的活化剂有氟硼酸盐、氟化物、碳酸盐、硼氢化钾、氯化铵。常用的填充剂有碳化硅、碳及三氧化二铝。

粉末渗硼剂在处理工件时,易与工件表面黏结,影响工件的表面质量。同时处理完工件后,渗剂易结块,影响渗剂的重复使用。粒状渗硼剂的出现克服了粉末渗剂的不足,所处理工件的表面光洁,渗剂松散,还可重复使用。膏剂渗硼是在粉末渗硼的基础上发展起来的,将粉末渗硼剂加上黏结剂制成膏剂,涂在需要渗硼的工件表面,然后加热扩散。

渗硼工艺主要需控制温度与保温时间,其中温度是影响渗硼层质量的主要因素。渗硼温度一般在 $850\sim1000℃$ 范围选择。

渗硼保温时间一般为 $3\sim5h$,最长不超过 $6h$。最有实用价值的渗硼层厚度为 $70\sim150\mu m$。过长的渗硼保温时间不仅渗层深度增加不明显,而且使基体晶粒长大,渗层脆性增加,渗层与基体的结合力减弱。

2. 液体渗硼

液体渗硼包括电解渗硼和盐浴渗硼。

电解渗硼是工件浸入熔融状态的硼砂浴中,用石墨或不锈钢作阳极,以工件为阴极,以 $0.1\sim0.5A/cm^2$ 的直流电在熔融的硼砂浴中进行电解渗硼。在电解渗硼过程中,在阳极上将有氧气放出,在阴极上所电解出的钠将与工件表面附近的氧化硼发生置换反应,替出其中的硼,使之沉积在工件表面,达到渗硼的目的。电解渗硼的效率高,可在较低温度下渗硼,渗硼剂便宜,渗层深度易于控制。

电解渗硼只适用于形状简单的零件,对于形状复杂的零件,由于各部分电流密度不同,

会使渗硼层厚度不均匀。另外,熔融硼砂对坩埚腐蚀严重,坩埚寿命较短。

盐浴渗硼是国内应用较多的一种渗硼法,渗硼剂的组成是以硼砂或碱金属的氯化物为主,加入碳化硅、硅钙、铝、硅铁、锰铁等还原剂。一般情况下,渗硼温度为850～950℃,时间为3～6h。应根据钢种及服役条件确定渗硼工艺规范。

在熔融硼砂中加入氯化钠、氯化钡或碳酸盐等助熔盐类,可使渗硼温度降至700～800℃。盐浴渗硼设备简单,操作方便,渗层组织容易控制,而且能处理形状较复杂的零件。

但盐浴的活性差,工件清洗困难,坩埚寿命短,在大量生产中盐浴温度的均匀性、盐浴成分的均匀性均难保证。

3.气体渗硼

气体渗硼是将工件密封在渗硼罐内,加热至渗硼温度(可低至750℃,但渗层极薄;以在950℃为宜),并以氢气为载流和稀释气体将三氯化硼(BCl_3)渗硼剂通入罐内。在通入三氯化硼的渗硼剂之前应先通入氢气10～15min,以驱除渗硼罐内的空气。

1.4.2.4　多元共渗

模具的化学热处理不仅可以渗入碳、氮、硼等非金属元素,还可以渗入铬、铝、锌等金属元素。在钢的表面渗入金属元素后,钢的表面形成渗入金属的合金,可提高钢的抗氧化、抗腐蚀等性能。各种合金钢的化学成分中含有多种元素,因而可以兼有多种性能。同样,在化学热处理中若向同一金属表面渗入多种元素,则在钢的表面可以具有多种优良的性能。将工件表层渗入多于一种元素的化学热处理工艺就称为多元共渗。

由于各种模具的工作条件差异很大,只能根据模具工作零件的工作条件,经过分析和实验,找出最适宜的表面强化方法。当渗入单一元素的化学热处理不能满足模具寿命的要求时,可考虑多元共渗的方法。实践证明,适当的多元共渗对提高模具性能具有显著的效果。

共渗层的相组织不仅与基体材料、处理工艺有关,而且还与渗入元素的浓度比例有关。

1.4.3　模具的其他表面处理技术

模具在工作中除了要求基体具有足够高的强度和韧性的合理配合外,其表面性能对模具的工作性能和使用寿命至关重要。这些表面性能指耐磨损性能、耐腐蚀性能、摩擦系数、疲劳性能等。这些性能的改善,单纯依赖基体材料的改进和提高是非常有限的,也是不经济的,而通过表面处理技术,往往可以提高模具表面质量,延长模具寿命。

1.4.3.1　激光表面处理技术

激光表面处理技术是指一定功率密度的激光束以一定的扫描速度照射到工件的工作面上,在很短时间内,使被处理表面由于吸收激光的能量而急剧升温,当激光束移开时,被处理表面由基材自身传导而迅速冷却,使之发生物理、化学变化,从而形成具有一定性能的表面层,提高材料表面的硬度、强度、耐磨性、耐蚀性和高温性能等,可显著地改善产品的质量,提高模具(或工件)的寿命,取得良好的经济效益。

激光用于表面处理有其独特的优点,金属对激光的吸收系数高达10^5～$10^6 cm^{-1}$,吸收过程发生在其表面0.01～$0.1\mu m$厚的薄层内。激光表面处理的深度取决于由表面向内部热扩散的距离,其值很小,且易于控制。激光光斑的功率密度大,可准确地引导至模具表面的不同部位,或在一定区域扫描。对工件表面做局部处理,功率密度可准确控制,输入模具的能量小,模具的变形小,处理后表面可不再进行机加工或只需少量机加工。此外,激光没有化学污染,易于传输、切换和自动控制。

目前,国内激光热处理已经应用于生产实践。GCr15 钢制冲孔模经激光强化处理后,其使用寿命提高了 2 倍,硅钢片模具经处理后,使用寿命提高了 10 倍。

激光表面处理工艺包括相变硬化、熔凝、涂覆、合金化、非晶化和微晶化、冲击强化等。

1. 激光相变硬化

激光相变硬化也称为激光淬火,它是以高能量的激光束,快速扫描工件,使工件表层迅速加热到奥氏体化温度,内部材料则保持冷态,随后通过热量往基体深部的传导,使加热的表层以很快的速度冷却,得到极细的马氏体组织,其硬度主要取决于基材奥氏体的含碳量和晶粒度,达到自身淬火的目的。

激光相变硬化的主要目的是在工件表面有选择性地局部产生硬化带以减低磨损,以及通过在表面产生压应力来提高疲劳强度。

激光相变硬化的主要优点如下。

(1)可得到优质淬硬,其组织细化,硬度比常规淬火提高 15％～20％。

(2)加热速度极快,工艺周期短,生产效率高,不需要淬火介质,工艺过程易于控制。

(3)对于孔状及腔筒内壁等特殊部位,只要激光束能照射到的均可进行处理,如深孔壁、深沟底及侧面等部位。

(4)可进行大型零件的局部表面及形状复杂零件的硬化处理。

(5)淬硬层深度可以精确控制。

(6)热处理变形小。

激光对金属的加热速度极快,奥氏体相变是在过热度大的高温区很短时间内完成的,相变形核的临界半径小,使得奥氏体形核数增多。同时,瞬时加热后的急冷使超细奥氏体晶粒来不及长大,使得残留奥氏体量增加,碳来不及扩散,使残留奥氏体中碳量增加,随着奥氏体向马氏体的转变,得到高碳马氏体,从而提高硬度。

金属材料表面对激光辐照能量的吸收能力与激光的波长、材料的温度和性质以及材料表面状态密切相关。激光波长越短,材料的吸光能力越高。随着温度的升高,材料的吸光能力也增加。材料的表面粗糙度值越小,其对激光的反射率越高。因而当激光波长确定后,金属材料对激光的吸收能力主要取决于其表面状态。一般需激光热处理的金属材料表面都经过机械加工,表面粗糙度值很小,其反射率可达 80％～90％,使大部分激光能量被反射掉。为了提高金属表面对激光的吸收率,在激光热处理前要对材料表面进行表面预处理(常称为黑化处理),即在需要激光处理的金属表面涂上一层对激光有较高吸收能力的涂料,以提高光束能量的利用效率。表面预处理的方法包括表面磷化法、表面拉毛法、表面氧化法、喷(刷)涂料法、镀膜法等多种方法,其中较为常用的是磷化法和喷(刷)涂料法。常用的涂料有石墨、炭黑、磷酸锰、磷酸锌、水玻璃等,也有直接使用碳素墨汁和无光漆作为预处理涂料的。

在确定工艺参数时,首先要分析被加工对象的材料特性、使用条件、服役工况,以确定技术条件、产品质量要求等,从而决定淬硬层的深度、宽度、硬度,由此考虑选用宽带、窄带、多模、单模以及扫描形式等因素。

激光相变硬化工艺参数主要有三个,即激光器输出功率 P、光斑直径 d 及扫描速度 v。

国内用于激光淬火的模具材料有 CrWMn、Cr12MoV、Cr12、9SiCr、3Cr2W8V、T10A、W6Mo5Cr4V2、W18Cr4V 等,这些钢种经激光淬火后的组织性能较常规热处理普遍改善。

2. 激光熔凝处理

激光熔凝处理是利用比激光淬火更高能量密度 $(10^4 \sim 10^6 \, W/cm^2)$ 的激光束对金属表面进行扫描,使金属表层快速熔化,并造成熔化金属与基体之间很大的温度梯度,激光移开后,熔化金属快速冷却,但并不改变表层的化学成分。由于表层金属的加热和冷却都异常迅速,故所得的组织非常细密。若通过外部介质使表层熔液冷却速度达到 $10^6 \, ℃/s$,则可抑制结晶过程的进行,而凝固成非晶态,称为激光熔化-非晶态处理,又称激光上釉。

熔凝处理可以用来改善材料表面的耐磨性、疲劳强度和耐蚀性,某些模具钢在高速冷却结晶后,可以提高碳化物弥散度,改变合金元素及碳化物分布,因而表面硬度和热稳定性都有所提高,可有效延长模具寿命。如 Cr12 莱氏体钢和 40Cr5MoV 钢经激光加热,表面熔化,然后超高速冷却,形成很细的铸态组织,使合金元素和碳化物分布均匀,提高了表面硬度。

3. 激光涂覆

激光涂覆是采用激光加热使材料表面层熔化,同时加入另外的材料成分一起熔化后迅速凝固形成新的合金层,从而在表面涂覆一层具有特殊物理、化学或力学性能的材料的技术工艺。涂覆材料受到基体材料极小的稀释,基体保持其原有成分及性质不变,同时涂覆层晶粒细小、致密,从而可提供良好的耐磨损、抗腐蚀能力。

激光涂覆通常有预置粉末法和喷射粉末法。预置粉末激光涂覆是在激光处理前,将一定厚度的合金粉末层置于基体之上,这是制造单道扫描涂层的最简单方法。预置粉末法对工件的形状、位置的适应性较差,而且不适宜通过多道扫描得到较大面积的涂层。因为第一次扫描已将邻近区域的粉末熔化或部分熔化,紧接着在邻近位置做第二道扫描时,已不存在完整的粉末层。由于基体被粉末层所覆盖,激光首先加热粉末。粉末的热导率很低,在粉末层全部熔化以前,由粉末层向基体的热传导可以忽略。粉末层完全熔化以后,激光才通过熔化了的合金层加热基体。一旦基体表面熔化,二者实现冶金结合,这样,激光涂覆过程可以看作是由互相衔接的粉末熔化和基体加热两个步骤组成。

喷射粉末激光涂敷法用惰性气体将粉末喷向激光和材料的作用区。在激光的作用下,涂层材料在基材上形成一个熔池,喷射来的粉末附在此熔池的表面并受热熔化。激光通过此熔池加热基体,直至其表层熔化,和熔融的合金层实现冶金结合。与预置粉末法相比,喷射粉末激光涂覆工艺较为方便、实用,可适应各种形状、位置表面的涂覆,既可用于单道扫描涂覆,也可通过互相衔接的多道扫描实现较大面积的涂覆。喷射粉末激光涂覆法还有利于提高激光能量的利用率。

另外,采用激光涂覆法还可以将一些失效的模具重新涂覆继续使用。

4. 激光合金化

激光合金化是在高能束激光 $(10^4 \sim 10^6 \, W/cm^2)$ 作用下,将一种或多种合金元素与基材表面快速熔凝,从而使材料表层具有预定的高合金特性的技术,即利用激光改变金属及合金表面化学成分的技术。激光合金化与涂覆是同一种类型的工艺,它们的区别仅在于:合金化所形成的合金层的成分是介于施加合金与基体金属之间的某一中间成分,即施加合金受到较大或一定的稀释。而涂覆则是除较窄的结合层外,施加材料基本保持原有成分,很少受到稀释。这些区别可以由被施加材料、施加材料成分、施加形式及量和激光工艺参数的改变来达到。

激光合金化与熔凝及涂覆之间有共同的特征,即在激光的作用下形成熔池。在表面张力梯度作用下,熔池内金属有剧烈的流动。激光表面合金化的一个重要问题是较易产生裂纹。熔化合金带冷却固化时,其收缩受到基体的约束,在合金层中产生拉应力,拉应力是裂纹和疲劳破坏的根源。激光合金化的裂纹通常是枝晶完全凝固前拉应力造成的裂纹,或者是后一次扫描的拉应力叠加到前一次扫描带的残余应力上使总的应力超过了材料的抗拉强度造成的。预热是减小裂纹倾向的有效方法,也可以采用合金化后的热处理来消除其残余应力。

1.4.3.2　电火花表面强化

电火花加工技术广泛应用于模具制造、复杂表面形状的零件加工和难切削材料的加工。电火花表面强化技术是利用电火花强化被加工金属表面的部位,较其他方法简单,效果好,因而它在实际生产中得到广泛的应用。

电火花表面强化是采用脉冲放电技术,直接利用火花放电时释放的能量,将一种导电材料涂覆或扩渗到另一种材料的表面,形成合金化的表面强化层,从而达到改善被强化工件表面性能的目的。电火花表面强化的优点是设备简单、操作方便等。这项技术已在模具上获得应用,可强化压铸模、锻模等。用硬质合金强化冷冲模、拉深模、玻璃模等均获得良好效果。利用该工艺可有效改善工模具工作表面的物理、化学性能,提高工作面硬度,增强耐磨性,延长工模具使用寿命,并可在保持基体金属原始性能的情况下修复表面破损。

电火花表面强化工艺的工作原理如图 1-31 所示。在工具电极与被强化金属零件之间接上直流(或交流)电源,在振动器作用下使工具电极与金属零件之间的放电间隙频繁发生变化。当工具电极与金属零件之间距离较大时,电源经过电阻 R 对电容进行充电,与此同时工具电极在振动器作用下逐渐靠近金属零件;当两者之间的距离达到某一间隙值时,间隙中的空气被击穿,产生电火花放电,使工具电极端部与金属零件表面局部微区产生熔化甚至气化;当工具电极在振动器作用下继续靠近并与金属零件接触时,电火花放电停止,在接触处流过短路电流,使该处继续加热熔化,工具电极继续向下移动并对金属零件熔化微区施加一定压力,使工具电极材料与金属零件熔化部分压合渗透,各种元素急剧扩散并形成金属或新的化合物溶渗层;然后工具电极在振动器作用下离开金属零件,由于金属零件的热容大于工具电极,金属零件放电部位急剧冷却后即形成具有不同组织结构的强化层。按上述方法进行多次充放电,并相应移动工具电极位置,即可在金属零件表面形成具有要求性能的强化层。

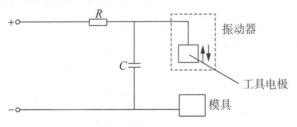

图 1-31　电火花表面强化工艺的工作原理

但是,电火花强化也存在强化层薄、表面较粗糙、表层均匀性差等不足。因此,在电火花强化之后,为了得到所要求的精度,可进行适当的磨削加工,但磨削后并不会影响强化层的硬度和耐磨性(在保持表面层硬度的条件下)。磨削后在强化表面会残留微孔,将显著改善配合零件的润滑条件,另一方面又可改善耐磨性能,一般经强电火花强化的模具,使用寿命可延长数倍。例如采用 WC、TiC 等硬质合金电极材料强化高速钢或合金工具钢强化寿命,能形成显微硬度 1100HV 以上的耐磨、耐蚀和具有红硬性的强化层,使模具的使用寿命明显地得到提高。如冲压硅钢片(厚 0.35~0.4mm)的落料模,经电火花强化后使用寿命延长 2~3 倍,定子双槽冲模由 5 万次/刃磨,提高到 20 万次/刃磨。

一些电火花强化前后的模具工作寿命见表 1-13。从表中可见,经电火花强化后模具寿命提高了 1~3 倍。

表 1-13　一些模具电火花强化前后的工作寿命

模具名称	模具材料	被加工工件材料	强化前平均加工数	强化后平均加工数
压缩机阀片复合冲模	T8A、T10A、Cr12MoV	30CrMnSiA	300	1000
套筒扳手热压模	3Cd21V8v	40Cr	3000	4000
双槽冲模	Cr12	0.5mm 硅钢片	5000	15000

利用电火花表面强化工艺还可实现模具刻字、打标记、处理折断丝锥或钻头、加工盲孔等功能。选用硬质合金、铜等导电材料作为工具电极,可方便地在有色金属表面上刻字和打标记,标记美观、耐磨,尤其适用于不能用刻字机、打标机进行加工操作的模具零件及淬火零件。利用电火花强化装置附加的穿孔器还可在淬火工件上加工盲孔或处理折断在孔中的丝锥或钻头等。

1.4.3.3　气相沉积技术

采用气相沉积技术在模具表面上制备硬质化合物涂层的方法,由于其技术上的优越性及涂层的良好特性,因此,其在各种模具、切削工具和精密机械零件等进行表面强化的主要技术,有着广阔的应用前景。

根据沉积的机理不同,气相沉积可分为化学气相沉积(CVD)、物理气相沉积(PVD)和等离子体化学气相沉积(PCVD)等。它们的共同特点是将具有特殊性能的稳定化合物 TiC、TiN、SiN、Cr7C3、Ti(C,N)、(Ti,Al)、(Ti,Si)N 等直接沉积于金属工件表面,形成一层超硬覆盖膜,从而使工件具有高硬度、高耐磨性、高抗蚀性等一系列优异性能。

1. 化学气相沉积

(1)化学气相沉积的概念及特点

化学气相沉积(CVD)是指在一定的温度条件下,混合气体与基体表面相互作用,使混合气体中的某些成分分解,并在基体表面形成金属或化合物等的固态膜或镀层。

这里有两个关键因素。一是作为初始混合气体气相与基体固相界面的作用,也就是说各种初始气体之间在界面上的反应来产生沉积,或是通过气相的一个组分与基体表面之间的反应来产生沉积。二是沉积反应必须在一定的能量激活条件下进行。一般情况下产生气相沉积的化学反应必须有足够高的温度作为激活条件,在有些情况下,可以采用等离子体或激光辅助作为激活条件,降低沉积反应的温度。总之,化学气相沉积就是利用气态物质在固体表面上进行化学反应,生成固态沉积物的过程。

CVD 法是将工件置于有氢气保护的炉内,加热到高温(800℃以上),向炉内通入反应气体,使之在炉内热解,化合成新的化合物沉积在工件表面。在模具的应用中其覆膜厚度一般为 $6\sim10\mu m$。在 Cr12、W18Cr4V 等钢制的 20 多种冷模具上用 CVD 法沉积一层 TiC,寿命可提高 2.7 倍,沉积 TiN 层的模具寿命则可提高 1.2 倍。YG 类硬质合金模具上涂覆 TiC、Ti(CN)-TiN 涂层,寿命提高 10 多倍。但是,由于 CVD 处理的温度高,基体硬度降低,同时处理后还需进行淬火处理,会产生较大变形,因此,不适用于高精度模具。

CVD 法具有如下特点:可在大气或低于大气压下进行沉积金属、合金、陶瓷和化合物涂层,能在形状复杂的基体上或颗粒材料上沉积涂层。涂层的化学成分和结构较易准确控制,也可制备具有成分梯度的涂层。涂层与基体的结合力高,设备简单、操作方便,但它的处理温度一般为 $900\sim1200℃$,工件被加热到如此高的温度会产生以下问题:

① 工件易变形、心部组织恶化、性能下降;

② 有脱碳现象、晶粒长大、残余奥氏体增多;

③ 形成 e 相和复合碳化物;

④ 处理后的母材必须进行淬火和回火;

⑤ 不适用于低熔点的金属材料。

(2)化学气相沉积 TiN

化学气相沉积 TiN 的设备原理如图 1-32 所示。将经清洗、脱脂和氨气还原处理后的模具工件置于充满 H_2(体积分数为 99.99%)的反应器中,加热到 $900\sim1100℃$,通入 N_2(体积分数为 99.99%)的同时,并带入气态 $TiCl_4$(质量分数不低于 99.0%)到反应器中,则在工件表面上发生如下化学反应:

$$2TiCl_4(气)+N_2(气)+4H_2(气)\rightarrow 2TiN(固)+8HCl(气)$$

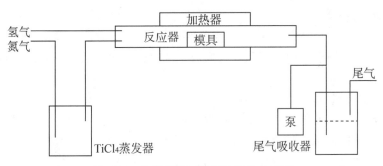

图 1-32　化学气相沉积 TiN 的设备原理

固态 TiN 沉积在模具表面上形成 TiN 涂层,厚度可达 $3\sim10\mu m$,副产品 HCl 气体则被吸收器排出。工艺参数的控制如下:

① 氮氢比对 TiN 的影响。一般情况下,氮氢体积比 $V_{N2}/V_{H2}<1/2$ 时,随着 N_2 的增加,TiN 沉积速率增加,涂层显微硬度增加;当 $V_{N2}/V_{H2}\approx1/2$ 时,沉积速率和硬度达到最大值;当 $V_{N2}/V_{H2}>1/2$ 时,沉积速率和硬度逐渐下降。当 $V_{N2}/V_{H2}\approx1/2$ 时,所形成的 TiN 涂层均匀致密,晶粒细小,硬度最高,涂层成分接近于化学当量的 TiN,而且与基体的结合牢固。因此 V_{N2}/V_{H2} 要控制在 1/2 左右。

②温度对 TiN 的影响。随着温度的升高,TiN 沉积速率呈指数关系增加;而硬度是逐渐增加,在 975℃时达到最大值,然后又随温度的升高而下降。在 975℃时所沉积的 TiN 接近于化学当量,其涂层细密,与基体粘接牢固。而温度升到 1050℃时,其 TiN 涂层为明显的针状组织。

③TiCl$_4$ 含量对 TiN 的影响。随着 TiCl$_4$ 质量分数的增加,TiN 沉积速度增加,在 TiCl$_4$ 质量分数为 1.12％时,沉积速度达到最大值,而后随着 TiCl$_4$ 质量分数的增加,TiN 沉积速度下降。一般情况下,随着 TiCl$_4$ 质量分数的增加,TiN 的硬度逐步下降。

采用化学气相沉积处理时应注意以下问题:

①要考虑模具锐角部分的凸起变形。由于涂层与基体的线胀系数不同,模具棱角处容易产生应力集中,基材会被挤出形成凸起。可以采取的解决方法是:将锐角处加工成圆弧状,或是估计凸起变形量的大小,预先加工成锥形。

②CVD 沉积温度高而带来的尺寸和形状变形。其变形程度取决于所选用的材料、形状、沉积温度、涂层厚度以及预先热处理等。在 CVD 处理过程中,尺寸变形小的材料是硬质合金及含 Cr 高的不锈钢系合金;冲压加工领域使用的模具材料主要限于合金工具钢、冷作模具钢(Cr12MoV)、硬质合金等。其中快冷淬透钢,由于快冷时容易产生翘曲、扭曲等变形,所以不宜进行 CVD 处理;而高速钢是热处理膨胀较大的钢种,使用时必须充分估计其膨胀变形量。

③模具形状和尺寸变化。圆形模具材料可以不必仔细考虑。而对于平板状模具,其尺寸变形随材料的种类而不同。Cr12MoV 钢的尺寸变形量很小,完全可以适用于精密模具,但其尺寸变形量还依赖于压延方向,因此为了减少尺寸变形,必须注意材料的取向。模具越小,尺寸变形越小,而且不易产生变形。最佳模具尺寸因材料而异。为了使材料组织均匀化,采用预先热处理(调质处理),可以减少 CVD 处理过程中的变形。

2.物理气相沉积

物理气相沉积(PVD)技术是指在真空条件下,用物理的方法,将材料气化成原子、分子或使其电离成离子,并通过气相过程,在材料或工件表面沉积一层具有某些特殊性能的薄膜技术。

(1)物理气相沉积技术的工艺过程

物理气相沉积技术所有方法的工艺过程均可以分为三步:第一步是成膜材料的气化,即成膜材料的蒸发、升华、被溅射、分解,也就是成膜材料的源;第二步为成膜原子、分子或离子从源到基片的迁移过程,在这一过程中粒子间可能发生碰撞,产生离化、复合、反应、能量的变化和运动方向的改变等一系列复杂过程;第三步是成膜原子在基片表面的吸附、堆集、形核和长大成膜。

PVD 法的特点之一是沉积温度低于 600℃,它可在工具钢和模具钢的高温回火温度以下进行表面处理,故变形小,最适合尺寸形状精密的模具。可不改变传统的制造工艺,仅仅在最终加工后进行一次处理,但处理温度一旦低于 360℃,沉积层性能就恶化,所以不能用于低温回火材料。

PVD 法的主要问题是:涂层与基体间的结合强度较低,对于冷作模具,由于沉积层发生早期剥离而出现无效果的情况;另外由于涂镀性能不好,还存在着难以适用于复杂形状模具的特点,必须进行装置上的一些改进,如采用多个蒸发源和被处理零件绕蒸发源旋转等措施。

采用 PVD 工艺应注意以下问题:

①蒸发物质难于沉积到形状复杂的凹槽、窄沟以及小孔处,绕镀性差,因此 PVD 不适合于有小孔、凹槽等复杂形状的模具。

②若在基体表面上形成氧化、腐蚀等变质层,将得不到结合力良好的涂层,因此工件必须有洁净的表面。

③沉积温度在 200℃左右形成的涂层非常脆弱,结合力很差而不耐用,因此为形成牢固的涂层,必须使沉积温度在 360℃以上。

④在正常处理条件下,涂层结合力还与基体材料强度有关,如果在低压强滑动条件下工作,要求提高耐磨性、耐烧伤性和脱模性,基体硬度为 30HRC 已足够;而工作压强达 50kg/mm² 的滑动压强,基体材料硬度需提高到 50HRC。

在模具表面沉积一层 TiN 薄膜后具有高硬度和耐磨性、较小的摩擦系数、较好的抗黏着性和抗咬合性,模具寿命可明显提高。在冲孔模上进行 TiN 涂层处理,冲头的寿命提高了 5 倍。对 3Cr2W8V 钢模具的处理后寿命提高了 3～4 倍。Cr12MoV 精冲模经 PVD 处理获得 3～5μm 涂层,其寿命从 1 万～3 万次提高到 10 万次以上。

PVD 技术的主要方法有真空蒸镀、溅射镀膜和离子镀膜。目前,在模具的强化方面,阴极溅射法和离子镀方法应用较多。

(2)真空蒸镀

真空蒸镀是在真空条件下,加热成膜材料,使其蒸发气化成原子或分子,并沉积到工件表面形成薄膜的方法。真空蒸发镀膜技术,相对于后来发展起来的溅射镀膜、离子镀膜技术,其设备简单可靠、价格便宜,工艺容易掌握,可进行大规模生产。

蒸发源一般由被蒸发材料的载体、发热体或能量输入装置构成。根据能量输入方式将蒸发源分为电阻蒸发加热源、电子束蒸发源、高频感应加热蒸发源及辐射加热蒸发源等。

电阻蒸发加热源真空蒸镀设备如图 1-33 所示。被沉积的材料置于装有加热系统的蒸发源坩埚中,被镀工件位于蒸发源前面。当真空度达到 0.13MPa 时,加热坩埚使材料蒸发,所产生的蒸气以凝聚形式沉积在物体上,形成一层薄膜。

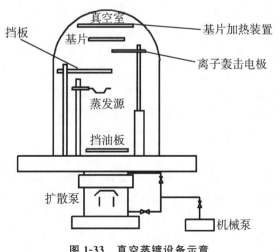

图 1-33　真空蒸镀设备示意

一般来说,单位面积蒸发物质的质量符合朗缪尔(Langmuir)式,蒸发速度用下式表示:

$$a_u = 5.85 \times 10^2 p_{sT} (M_D/T)^{1/2}$$

式中: p_{sT} 为温度 T(K)时的饱和蒸气压; M_D 为物质的摩尔质量。

实际蒸镀当中, a_u 的值必须在 $10^{-5} \sim 10^{-2}$ g/(cm²·s)范围。

从晶体学角度观察,蒸发镀膜薄膜结构可以分为无定形结构、多晶结构和单晶结构。无定形结构原子排列近程有序,最小结构单元无规则排列在一起,其尺寸小于 $2\mu m$ 。X射线衍射图呈弥散或严重弥散,无晶体材料特性。高熔点金属及其化合物材料薄膜,如硅、锗角化合物膜在一定条件下形成无定形结构。多晶结构薄膜由无规则取向的微晶粒组成,晶粒尺寸大致为 $10 \sim 100$ mm。一般工艺条件下形成的薄膜为多晶结构。单晶结构薄膜通常采用外延技术或在较高温度下在单晶衬底上形成。

晶粒尺寸小,晶粒堆积密度高,结晶缺陷密度高,一般表现为膜硬度高,薄膜与衬底表面间的附着力好,化学性能稳定。

真空蒸镀基本工艺流程见图1-34。

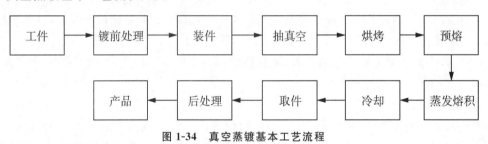

图1-34 真空蒸镀基本工艺流程

1.4.3.4 TD处理技术

TD处理(Toyota Diffusion Coating Process)技术是由日本丰田中央研究所开发的,因此也称为丰田扩散法,是用熔盐浸镀法、电解法及粉末法进行表面强化处理技术的总称。过去有些文献将TD处理称为渗金属处理,而实际应用最为广泛的是熔化浸镀法(或称熔盐浸渍法、盐浴沉积法)在模具表面形成VC、NbC、$Cr_{23}C_6$-Cr_7C_3等碳化物超硬层的方法。经TD法处理的模具表面形成 $5 \sim 15\mu m$ 厚的VC等薄膜,可显著提高模具表面的硬度、耐磨性、抗黏着性和耐蚀性等,从而大大提高模具的使用寿命。

一般来说,采用TD处理与采用CVD、PVD等方法进行的表面硬化处理效果相近似,但由于TD处理法具有设备简单、操作方便、成本低廉等优点,所以是一种很有发展前途的表面强化处理技术。TD处理在国外应用已相当普遍,但在国内报道并不多见。

目前,TD处理已在各类冲模、锻模、拉丝模等中得到了应用。但是,由于TD处理的温度高达1000℃,所以材质受到限制。同时,因变形较大,不适合高精度模具,而且VC薄膜的耐热、耐氧化、耐烧结性都比氮化物差。

1. 设备及盐浴成分

TD处理设备非常简单,即普通外热式坩埚盐浴炉。所用盐浴成分 $70\% \sim 90\%$ 是硼砂($Na_2B_4O_7$),根据涂层的组织成分要求,再加入能形成不同碳化物的物质,如涂覆VC时加入Fe-V合金粉末或 V_2O_3 粉末,涂覆NbC时,加入Fe-Nb合金粉末或 Nb_2O_5 粉末,涂覆 $Cr_{23}C_6$-Cr_7C_3 则加入Fe-Cr合金粉末或 Cr_2O_3 粉末。若盐浴成分中含有氧化物(粉末),则需添加 Al、Ca、Ti、Fe-Ti、Fe-Al 等物质以提高并保持盐浴活性,使活性金属原子得以在盐浴中被还原出来。

2. TD 处理工艺

将硼砂放入一个耐热钢制的坩埚中加热熔化至 800～1200℃,然后加入组成盐浴的其他物质,如碳化物形成粉末,如钛、钡、铌、铬,再将工件浸入盐浴中保温 1～10h,加入元素就会扩散至工作表面并与钢中的碳起反应,形成由碳化物构成的表面涂层。浸渍时间长短取决于工艺温度及涂覆层厚度要求。

TD 涂层厚度主要取决于盐浴温度、处理时间以及基材的化学成分。TD 涂层厚度与盐浴温度、处理时间的关系可用以下公式表示:

$$D^2 = Ate^{-Q/RT}$$

式中:D 为涂层厚度(单位为 mm);t 为浸渍时间(单位为 s);T 为工艺温度(单位为 K);Q 为碳化物层的扩散激活能(约为 167～209kJ/mol);R 为气体常数(8.29J/mol);A 为由基材含碳量等因素决定的常数,一般在 10^{-5}～10^{-2} 之间。

对于某一工件,其含碳量及化学成分是一定的,当工艺温度一定时,可以根据设计的涂覆层厚度要求,根据上述公式关系,估算出所需的处理时间。

TD 处理温度一般为 800～1200℃,这个选择范围是比较宽的,而温度的高低又直接影响到涂覆层形成的速率,因此,工艺温度选择显得非常关键。TD 处理温度应与基材的淬火温度相一致。因为 TD 处理后必须经淬火、回火处理,以获得必要的基体硬度。温度选择过高,则会在 TD 处理过程导致基体组织的粗化。如果这种粗化的组织直接进行淬火,不仅降低了基体的力学性能,还会增加变形开裂倾向。而当处理温度选择过低时,则在 TD 处理过程中不能完成奥氏体化,从而不能直接淬火。

3. TD 涂层的质量控制

(1)基体材料

基体材料的选择应注意以下方面:

①硬度

经 TD 处理的模具,其基体的作用是抵抗工作中的表面压力而支持涂层刚度的需要,因此要选用在使用中不易发生变形的、有一定热处理制度的钢种。

在表面压力较低的使用条件下,基体的硬度几乎不成为损害寿命的原因,应以原使用过的钢种作为其基体材料。如果基体材料的性能高于模具寿命所需的性能,则可把基体材料换成廉价而容易加工的钢材,以降低成本。

相反,在模具工作零件表面工作压力较高的情况下,应选择能获得高硬度的钢种作为基体材料。一般来说,选择原使用过的钢作为基体材料能满足使用要求。

②韧性

模具的 TD 法处理和氮化处理一样,表面强化处理并不降低基体的韧性。由于表面碳化物层的存在而提高了耐磨性和抗热黏结性。对于在使用中易发生折断或崩坏的模具工作零件,应尽可能选择韧性较高的钢材作为基体材料,并选择能获得高韧性的热处理工艺。必要时,可采用韧性较高的热模具钢作为基体材料,进行碳化物涂覆,制作冷冲模具的工作零件。

③淬透性

为减少 TD 处理引起形状、尺寸的变化,应当选择淬透性良好的模具钢作为基体材料。

(2)防止变形

由于 TD 法处理温度接近于钢的淬火温度,对于精度要求严格的工件,要特别注意防止变形。可以采取适当的措施使变形控制到最小值,可采取的措施有多种,与基体处理条件有关的措施有以下几点。

①选取淬透性良好的钢种作为基体材料。

②当处理过程中要求基体材料必须淬火硬化时,特别对于精密的工件,要预先进行淬火、回火。采用一般的淬火、回火工艺时,应当选用残余奥氏体较多的钢种。

③采用低温处理、高温回火来调整残余奥氏体量,控制工件尺寸。选择淬火状态下含有大量残余奥氏体,而在较宽的回火范围内具有高硬度的钢。

采取了上述措施,模具以及工具类工件多半可以将变形控制在公差范围之内。

4. TD 涂层的性能

TD 处理获得碳化物层的硬度明显高于淬火硬度、镀铬或渗氮的硬度。这是由于 VC 和 TiC 等碳化物的硬度很高的缘故,VC 和 TiC 的硬度为 2980～3800HV,NbC 约为 2400HV。VC、Cr-C、NbC 即使在 800℃还有 800HV 以上的硬度,经高温加热处理后,其室温硬度也不降低。而且 VC、NbC、TiC 的耐磨性也比氮化、渗硼、镀铬等其他表面处理层的耐磨性优越,而与硬质合金的耐磨性相同或更好。

VC、NbC 在 500℃大气中几乎不氧化,但若在 600℃保温 1h 则有数微米厚的碳化物完全被氧化。另一方面,Cr_7C_3 或 $Cr_{23}C_6$ 等以 Cr 为主体的碳化物涂层即使加热到 900℃也只有稍许氧化,显示出优越的抗氧化性。

涂覆 VC、NbC、Cr-C 的钢对于盐酸、硫酸、硝酸、磷酸、苛性钠有良好的耐蚀性。在有高耐蚀性的要求时,涂层中应绝对避免产生微孔、微裂纹等缺陷。

5. 应用实例

(1)汽车冲压件成型模具

在高强度钢板和厚料板的冲压成型过程中,未经过表面处理的工件表面拉伤严重,有些甚至无法正常生产。经 TD 覆层处理后,一方面根本上解决了工件表面的拉伤问题,无须经常停机修磨模具,提高了生产效率,改善了产品的外观。另一方面,模具寿命一般可以达数十万件,并能确保冲压件尺寸的一致性,有效提升产品品质。

(2)粉末冶金模具

被加工材料为磁铁粉,原来模具材料 Cr12,寿命 2 万～4 万次,后改用 Cr12MoV 或 SKD11,并进行 TD 覆层处理,寿命达到 20 万～40 万次,寿命提高 10 倍以上。

1.4.3.5　CVD 技术

CVD(化学气相沉积)和 PVD(物理气相沉积)技术均被广泛应用于模具表面处理,其中 CVD 涂层技术具有更卓越的抗高温氧化性能和强大的涂层结合力,在高速钢切边模、挤压模上应用效果良好。

CVD 技术是一种热化学反应过程,是在特定的温度下,对经过特别处理的基体零件(包括硬质合金和工具钢)所进行的气态化学反应,即利用含有膜层中各元素的挥发性化合物或单质蒸汽,在热基体表面发生气相化学反应,反应产物沉积形成涂层的一种表面处理技术,可适用于各种金属成型模具和挤压模具。一般情况下,经过处理的零件具有很好的耐磨性能、抗高温氧化性能和耐腐蚀性能。该技术也被广泛应用于各种硬质合金刀片和冲头。但是,由于 CVD 是一个高温过程,对于大多数的钢质零件,在 CVD 涂层后要进行再次热处理。

1. 技术特点

一般的 CVD 加工处理温度为:Bernex 高温涂层,900～1050℃;Bernex MT CVD 中温涂层,720～900℃。涂层厚度范围是 5～12mm,但在有些情况下,涂层厚度可达 20mm,工艺时间范围为 8～24h。

CVD 技术具有以下特点:

(1)涂层材料具有极高的韧性,硬度可高达 HV2500～3800,抗氧化温度可达 900℃以上。

(2)可同时进行技术处理的工件数量大,可大幅提高模具制造效率。

(3)在高温处理反应器内无须旋转零件。

(4)无论是具有复杂几何形状或者有内孔的零件,都可以实现高度均匀的涂层厚度。

(5)具有很好的耐高温氧化性能。

2. 典型的涂层应用

在铝合金的冷锻、成型、挤压模具上的 HSM 涂层、硬质合金模具的 TiN/TiC 涂层等表面处理方面,CVD 涂层技术的性能远远高于 PVD 涂层技术。其原因在于 CVD 涂层温度高,涂层结合力强,涂层可以在 5～20mm 厚度上进行选择,同时具有很好的抗高温氧化性能,因此在高速钢切边模、挤压模上应用效果良好。

3. 经济性分析

CVD 涂层技术在模具的表面改性方面,具有十分可观的经济性能:

(1)可以提高模具的使用寿命,提高模具的耐磨性能,降低产品的模具成本。

(2)可以显著提高该模具成型产品零件的表面质量,显著提高生产效率,减低产品报废率,提高工艺稳定性。

(3)减少模具的维护时间和维护成本,减少设备停机时间,提高产能。

目前,CVD 涂层技术已经被广泛应用到汽车、航空紧固件生产用的各种模具中,如高速钢切边模、冲头、成型模、铝合金冷锻模、挤压成型模、厚板以及高强度板成型模具。

CVD 涂层技术处理的产品如图 1-35 所示。

图 1-35　CVD 涂层技术处理的产品

1.4.3.6 脉冲高能电子束技术

近十几年来,脉冲高能束技术发展迅速,并在表面工程领域显示出特有优势,得到人们的广泛重视和研究。

1.技术原理及特点

利用脉冲高能束可以实现多种表面处理工艺,究其本质,就是通过瞬时高能量密度作用在材料表层产生一种远离平衡态的极端处理条件,使能量影响区内的材料发生质量分布、化学及力学状态变化,最终获得常规方法难以达到的表面结构和使用性能。目前,脉冲高能束流主要包括激光束、离子束、电子束和等离子体束几种。其中,使用电子束进行表面处理具有以下优势:以加速电子为能量载体,与材料表面相互作用时能量转化效率比激光处理高出70%~80%,并且无元素注入问题,真空中进行处理可避免氧化和污染问题等。

2.研究及成果

根据大连理工大学三束材料改性国家重点实验室的研究,通过对强流脉冲电子束能量参数及具体处理工艺的调整,可以实现模具材料表面薄层内的能量沉积位置、沉积强度及作用时间的配合,从而控制微观不平整材料和显微裂纹的去除过程,最终得到光滑均匀的处理表面,并可同时改善表面耐蚀、耐磨等使用性能。

从 D2 模具钢表面处理的部分实验结果(见图 1-36)中可以看出,经电子束抛光处理后的模具表面光滑平整,表面粗糙度值降低到 $R_a 0.2$mm 以下,在模具处理表面上形成一层组织细腻,耐磨和耐蚀性能均有显著提高的保护层。整个改性层的深度在几十微米左右,并且强流脉冲电子束表面抛光强化处理没有影响基体组织。

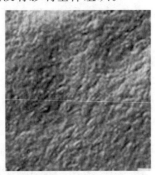

图 1-36 电子束抛光处理表面($R_a 0.2$mm)

在载荷 100N、位移 150mm 和循环次数 5000 次的条件下经微动磨损实验测试,D2 模具钢处理面的摩擦系数降低:低摩擦系数稳定周期由原始的 70 周增加到 700 周;磨损量明显降低,磨损体积由原始的 10.5×10^5mm^3 降低到 6×10^5mm^3 左右。处理过程中还可以利用合金化的方法加入适量耐磨成分,如 Cr 和 TiN 等粉末,进一步改善表面性能。

3.技术优势

(1)使用加速电子作为能量输入载体,不需要其他辅助材料的添加,处理过程在真空环境下完成,所以不会对处理表面产生污染。

(2)高能量密度与表面薄层集中加热模式可胜任高熔点、强韧材料的表面高效抛光。

(3)微秒脉冲式工作方式可以减少基体受热,提高能量利用效率,同时避免材料加工变形。

（4）非接触工作方式和操作灵活的电子束源适合机械化、大面积的表面处理。

（5）处理层形成具有高强和耐蚀的显微组织，提高材料的表面性能。

4.应用前景

脉冲高能电子束技术的这种抛光强化复合处理方法符合自动化、高效、节能和环保等现代高技术研究的发展要求。发展这种具有自主知识产权的模具电抛光强化技术，可以提高我国的模具加工和使用水平，以迎接高新材料领域发展的需求和挑战。

思考题

1.模具钳工要具备哪些素质？

2.模具成型零件的加工工序有哪些？

3.模具制造工艺过程的基本要求是什么？

4.哪些模具零件结构适于数控加工？

5.高速加工及五轴加工有哪些优点？

6.电火花加工在模具制造中的应用范围有哪些？

7.塑料模具钢要求具有哪些基本性能？

第2章　模具成型表面的机械加工

机械加工是模具加工中传统的加工方法,直至今天机械加工在模具加工中仍有其特殊的地位。当模具形状、结构简单时采用机械加工方法可直接完成模具加工;当模具形状复杂时,机械加工可完成模具的粗、半精加工,为模具的进一步加工创造条件。

模具机械加工常用的加工方法有铣削加工、磨削加工等。

2.1　铣削加工

铣削加工是模具成型表面的主要加工方法之一。铣削加工后的表面粗糙度 R_a 可达 $0.4\sim12.5\mu m$,精度可达 IT8~IT10。

铣床的种类很多,常用的有下面几种:

1. 升降台式铣床

升降台式铣床又称曲座式铣床,它的主要特征是沿床身垂直导轨运动的升降台(曲座)。工作台可随着升降台作上下(垂直进给)运动。工作台本身在升降台上面又可做纵向和横向运动,故使用灵活、方便,适宜于加工中小型零件。因此,升降台式铣床是用得最多和最普遍的铣床。这类铣床按主轴位置可分为卧式和立式两种。

(1)卧式铣床。其主要特征是主轴与工作台台面平行,处于水平位置。铣削时,铣刀和刀轴安装在主轴上,绕主轴轴心线做旋转运动;工件和夹具装夹在工作台台面上做进给运动。卧式铣床根据加工范围的大小又可分为卧式升降台铣床和卧式万能升降台铣床。

①卧式升降台铣床俗称平铣,它的纵向工作台和纵向进给方向与主轴轴心线垂直,而且垂直度很准确。因此,这种铣床在使用过程中,不需对纵向进给方向进行校正,但工作范围较小。

②卧式万能升降台铣床俗称万能铣,由于在纵向工作台和横向工作台之间有一个回转盘,并刻有度数。使用时,可根据需要,使纵向工作台在 45° 左右的范围内,转到所需要的位置。卧式万能铣床还带有较多的附件,故加工范围比较广。X62W 型卧式万能铣床是国产万能铣床中较为典型的一种。

(2)立式铣床。其主要特征是主轴与工作台台面垂直,主轴呈竖直立式状。立式铣床安装主轴的部分称为立铣头。立铣头与床身有成一体的,这种铣床的铣头刚性较好,但加工范围较小。立铣头与床身由两部分结合而成,结合处呈转盘状,并有刻度。立铣头可按工作需要,向左右扳转一个角度,使主轴与工作台台面倾斜一个所需的角度,加工范围较广。

立式铣床由于操作时观察、检查和调整铣刀位置等都比较方便,生产率较高,故在生产车间用得很广。

2. 工作台不升降铣床

铣床的工作台安装在支座上,支座与底座连在一起。这种铣床是没有升降台的,故又称无升降台式铣床(或固定台座式铣床)。工作台只做纵向和横向移动,其升降运动是由立铣头沿床身的垂直导轨做上下移动来实现的。由于工作台直接安装在支座上,故刚性好、承载能力大,适宜于进行高速切削和强力切削,也适宜于加工重量较大的大型和重型工件。

(1)龙门铣床在龙门的水平导轨上安装有两个立铣头;在两侧的垂直导轨上各装有一个卧式铣头。铣削时,可同时安装 4 把铣刀,铣削工件的 4 个表面,也可按需要只装 1 把、2 把或 3 把铣刀。龙门铣床的工作台一般只能做纵向运动,垂直和横向运动则由铣头和龙门框架来完成。根据铣头轴数的不同而有单轴、双轴和四轴等多种型式。这类铣床是一种大型铣床,也是无升降台的,适合加工大型和重型工件,生产效率高。

(2)万能工具铣床是一种能完成多种铣削工作的铣床。如 X8126 型万能工具铣床,工作台不仅可以做三个方向的平移,还可以做多方向的回转。这种铣床还具备较多的附件,故特别适用于加工刀具、样板和其他各种工具,以及较复杂的小型零件。

(3)特种铣床又叫专用铣床,是完成一个特定工序的专用铣床,一般以加工工序的名称命名。如加工键槽的键槽铣床、加工特形表面用的平面仿形铣床。

(4)多功能铣床这类铣床的特点是具有广泛的适应性,并附有较多的附件,以适应加工各种类型的零件。如摇臂万能铣床,能进行立铣、卧铣、镗和插等工序的工作。

(5)数字程序控制铣床简称数控铣床,是采用电子技术自动控制的新型铣床。以数字编排好程序,输入控制柜后,铣床按照要求,自动地加工出所需的零件。因此数控铣床适宜于加工形状复杂和精度高的零件,以及由平面曲线和立体曲线组成的曲面。

2.1.1　普通铣削

1.铣削工艺

(1)切削过程的基本规律

任何刀具在把工件上的金属表层切下而成切屑的过程中,都包含两个方面:一个是刀刃的切割作用;另一个是刀面推挤和撑开的作用,使切屑脱离加工面。

①刀刃的切割作用

当刀具与工件接触,并使作用力逐渐增大时,工件上的应力也逐渐增大,在刃口处的应力最大。应力最大的地方,金属就最先破裂而分离。因此,金属表层与工件分离总是首先在刃口处形成,这是刀刃的切割作用。

②刀具前刀面的推挤作用

在给刀具以足够的力,并使相对运动连续进行时,被切金属将沿刀刃运动方向分离而形成已加工表面。同时,前刀面的撑挤使被切削层产生弹性变形、塑性变形,最后形成切屑,这是前刀面的推挤作用。

刀刃锐利,就是说刃口圆弧半径很小,则切削时在刃口处的应力更集中,切割作用强,切削时就省力,分离处也整齐,加工的表面粗糙度也小。前刀面的倾斜度适当增大,在推挤金属表层时,向上的分力也增加,而压缩金属表层的作用力相应减小,易使切屑撑开和滑出,可减小切削时的阻力。

(2)已加工表面的冷硬现象

金属经过冷加工后,强度、硬度提高,而塑性下降,这种现象称为冷作硬化,又称冷硬现象。这一现象是由金属材料在加工过程中的塑性变形所造成的,变形越大,冷硬现象越

严重。

在金属切削过程中，已加工表面在刀具的作用下产生较大的塑性变形，因而冷硬现象也较严重。在切削过程中，基本变形区往往深入到已加工表面以下；刃前变形区包括已加工表面以下的一定深度；已加工表面最后形成之前，由于刀刃圆弧的挤压和后刀面的摩擦，再一次产生塑性变形，因而在已加工表面以下的一定深度范围内也会出现冷硬现象。

切削加工所造成的已加工表面硬化层，尤其是受拉应力造成的硬化层，常常伴随着表面裂纹，使表面粗糙度增大和疲劳强度下降。由于硬化层的存在，在粗加工后会加快下道工序刀具的磨损。因此，应该设法减轻这种现象。

在铣削过程中，减轻冷硬层的深度的措施有：

①提高刀刃的锋利程度，以减小刀刃圆弧的半径。

②适当减小切削层厚度和每齿进给量。

③适当增大切削速度。

④减小后刀面的粗糙度。

（3）铣削力

在铣削过程中，铣削力直接影响着切削热的产生，并影响着刀具磨损、耐用度、加工精度和已加工表面质量。另外，由于切削力的作用，对铣床、刀具和夹具的刚性和强度，以及对铣床的功率都有一定的要求。故在生产中，对铣削力的大小和方向应有一定的认识。因此，了解铣削力的变化规律，对生产实际有重要的指导意义。

①铣削力的来源

铣削时有大小相等、方向相反的力分别作用在铣刀和工件上，这种铣削过程中产生的力称为铣削力。铣削力的产生，是由于铣削时在铣刀的作用下，切削层金属产生变形、割裂和推离时的抗力，以及切屑对前刀面和切削表面对后刀面的摩擦阻力。这些力作用在铣刀上，对生产实际有重要的指导意义。

②影响铣削力的因素

a. 工件材料对铣削力的影响。工件材料的强度、硬度愈高，则变形抗力愈大，虽然变形系数 K 有所下降，但总的铣削力还是增大的。强度、硬度相近的材料，其塑性愈大，则变形也大，而且切屑和前刀面间的摩擦系数较大，接触区较长，故铣削力增大。韧性高的材料，铣削力也比较大。切削脆性金属材料时，由于塑性变形很小，故铣削力较小。

b. 铣削速度 v。铣削速度对铣削力没有显著的影响。在铣削塑性金属时，提高铣削速度会使铣削力有些下降，但不明显。

c. 刀具对铣削力的影响

前角 γ。前角增大时，刃口锋利，可加强切割作用，金属容易被切开，同时前刀面推挤金属表层的阻力减小，使切屑的变形和与前刀面的摩擦减小，因此铣削力降低。但在高速铣削时增大前角对减小铣削力的效果不大，故采用较小的前角甚至负前角。

刃倾角 λ（螺旋角 β）。刃倾角对铣削力的影响不大。但改变刃倾角的方向和大小能改变铣削力的方向。

主偏角 Φ。主偏角增大可以缩短 b，而使铣削力稍有下降，但并不显著。然而主偏角大小能改变轴向力的大小，主偏角愈大，轴向力愈大。

铣刀直径 D 和齿数 z。铣刀齿数 z 增大时,同时增加切削的齿数必然增加,当 s 齿不变时切削面积随切削齿数成正比增加,而使铣削力减小。铣刀直径 D 对铣削力影响极小。

刀具磨损。铣刀磨损后,刀刃变钝,刀刃圆弧半径显著增大,铣削力会迅速增加。另外,铣刀在后刀面上会形成后角等于零,作用在后刀面上的正压力和摩擦力都将增大,故铣削力也会增大。

d. 切削液。以冷却作用为主的水溶液,对铣削力影响不大;而润滑作用强的油类切削液,由于它的润滑作用,减小了刀具前刀面与切屑、后刀面与工件表面之间的摩擦,甚至还能减小切屑滞留层的变形,从而减小铣削力。

(4)铣削用量的选择

在根据加工对象(工件)的具体条件、要求,合理选择好刀具材料、铣刀的几何参数和寿命,以及是否采用切削液等以后,接着应选择合理的铣削用量。所谓合理的铣削用量,就是指充分利用铣刀的切削能力和机床性能,在保证质量的前提下,获得高的生产效率和低的加工成本的铣削用量。

①选择铣削用量的原则

粗加工时,在机床动力和工艺系统刚性允许的前提下,以及具有合理的铣刀寿命的条件下,首先应选用较大的被切金属层宽度,其次是选用较大的被切金属层深度(厚度),再选用较大的每齿进给量,最后根据铣刀寿命确定铣削速度。

精加工时,为了保证获得合乎要求的加工精度和表面粗糙度,被切金属层的宽度应尽量一次铣出;被切金属层的深度一般在 0.5mm 左右;再根据表面粗糙度要求,选择合适的进给量;然后确定合理的铣刀寿命和铣削速度。

②被切金属层深度(厚度)的选择

当铣床功率和工艺系统刚性、强度允许,且加工精度要求不高、加工余量不大时,可一次进给铣去全部余量。当加工精度要求较高或加工表面粗糙度小于 $R_a6.3$ 时,铣削应分粗铣和精铣。当工件材料的硬度和强度较高时,应取较小值。当加工余量较大时,可采用阶梯铣削法。

③进给量的选择

粗铣时,进给量的提高主要是受刀齿强度及机床、夹具等工艺系统刚性的限制。铣削用量大时,还受机床功率的限制。因此在上述条件许可的情况下,可尽量取得大些。

精铣时,限制进给量的主要因素是加工精度和表面粗糙度。每齿进给量愈大,表面粗糙度值也愈大。在表面粗糙度值要求较小时,还要考虑到铣刀刀齿的刀刃或刀尖不一定在同一个旋转的圆周或平面上,在这种情况下铣出的平面,将以铣刀一转为一个波纹。因此,精铣时,在考虑每齿进给量的同时,还需考虑每转进给量。

④铣削速度的选择

合理的铣削速度是在保证加工质量和铣刀寿命的条件下确定的。

铣削时影响铣削速度的主要因素有刀具材料的性质和刀具寿命、工件材料的性质、加工条件及切削液的使用情况等。

a. 粗铣时铣削速度的选择

粗铣时,由于金属切除量大,产生的热量多,切削温度高,为了保证合理的铣刀寿命,铣

削速度要比精铣时低一些。在铣削不锈钢等韧性和强度高的材料,以及其他一些硬度和热强度等性能高的材料时,产生的热量更多,则铣削速度就应降低。另外,粗铣时由于铣削力大,故还需考虑机床功率是否够,必要时可适当降低铣削速度,以减小功率。

　　b.精铣时铣削速度的选择

　　精铣时,由于金属切除量小,所以在一般情况下,可采用比粗铣时高一些的铣削速度,但提高铣削速度,又将使铣刀磨损速度加快,从而影响加工精度。因此,精铣时限制铣削速度的主要因素是加工精度和铣刀寿命。有时为了达到上述两个目的,采用比粗铣时还要低的铣削速度,即低速铣削,可使刀刃和刀尖的磨损量极少,从而获得高的加工精度。

　　2.铣削刀具

　　铣刀的种类很多,按其用途可分为加工平面用铣刀、加工沟槽用铣刀和加工特形面用铣刀三大类。

　　(1)加工平面用铣刀(图 2-1)

图 2-1　加工平面用铣刀

　　①圆柱形铣刀主要用于粗铣及半精铣平面。

　　②端铣刀有整体式、镶齿式和可转位(机械夹固)式三种,用于粗、精铣各种平面。

　　此外,加工较小的平面时可使用立铣刀和三面刃铣刀。

　　(2)加工沟槽用铣刀(图 2-2、图 2-3)

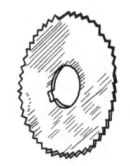

　　(a)立铣刀　　　(b)键槽铣刀　　　(c)三面刃铣刀　　　(d)锯片铣刀

图 2-2　加工沟槽用铣刀

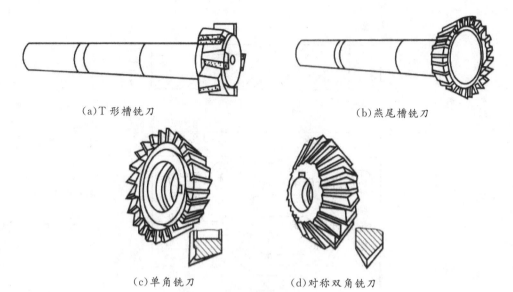

(a)T形槽铣刀　　　　　　　　　　　(b)燕尾槽铣刀

(c)单角铣刀　　　　　　　　　(d)对称双角铣刀

图 2-3　加工特形沟槽用铣刀

①立铣刀用于铣削沟槽、螺旋槽及工件上各种形状的孔,铣削阶台平面、侧面、铣削各种盘形凸轮与圆柱凸轮,以及通过靠模铣削内、外曲面。

②三面刃铣刀分直齿、错齿和镶齿等几种。用于铣削各种槽、阶台平面、工件的侧面和凸台平面等。

③槽铣刀用于铣削螺钉槽及工件上其他槽。

④锯片铣刀用于铣削各种槽及板料、棒料和各种型材的切断。

⑤T形槽铣刀用于铣削 T 形槽。

⑥燕尾槽铣刀用于铣削燕尾槽。

⑦角度铣刀分单角铣刀、对称双角铣刀和不对称双角铣刀三种。单角铣刀用于各种刀具的外圆齿槽与端面齿槽的开齿和铣削各种锯齿形离合器与棘轮的齿形。对称双角铣刀用于铣削各种 V 形槽和尖齿、梯形齿离合器的齿形。不对称双角铣刀主要用于各种刀具上外圆直齿、斜齿和螺旋齿槽的开齿。

2.1.2　工具铣削

应用万能工具铣床可加工非回转曲面的型腔或型腔中非回转曲面部分,如塑料模的型腔等。

1.加工工艺

在万能工具铣床上加工模具时,一般采用手动操作,劳动强度大,对工人的操作技能要求较高。加工中,为了提高生产率,对于加工余量较大的型腔,一般先进行粗加工,切除大部分的加工余量,然后由工具铣床进行精加工,最后由钳工修配、抛光达到技术要求,现以图 2-4所示起重吊环成型模型腔为例说明型腔的铣削过程。

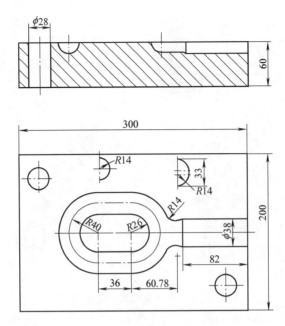

图 2-4　起重吊环成型模型腔

　　(1)锻造毛坯。根据模具型腔所用的材料和尺寸,锻造成长方体,留适当的加工余量,并退火处理。

　　(2)坯料预加工。在铣削前要对坯料进行预加工,并为铣削加工准备可靠的定位基准。

　　(3)铣削型腔。对型腔的各个圆弧槽和直圆弧槽分别采用圆头指形铣刀进行铣削。

　　铣削前的准备工作有:首先应根据图纸和各尺寸之间的几何关系计算出 $R14$ mm 至中心线距离 30.5mm,两 $R14$mm 的中心距 61mm,吊环 $R40$mm 两圆弧中心距离 36mm, $R14$mm 中心与 $R26$mm 中心的水平距离为 60.78mm;然后将圆工作台安装在铣床工作台上,使圆工作台回转中心与机床回转中心重合。再将模板安装在圆工作台上,按画线找正并使一个 $R14$mm 的圆弧中心和圆工作台中心重合;再用两定位块 1 和 2 靠在工件两个互相垂直的基面上并在侧面垫入尺寸为 61mm 的块规。分别将定位块和工件压紧固定,如图 2-5(a)所示。

　　铣削过程如下:

　　①移动铣床工作台使铣刀和型腔圆弧槽对正,转动圆工作台进行铣削。首先加工出一个 $R14$mm 的圆弧槽,如图 2-5(a)所示。

　　②松开工件,在定位块 1 和工件之间取走尺寸为 61mm 的块规,使另一个 $R14$mm 圆弧槽的中心与圆工作台中心重合。压紧工件并铣削出另一个圆弧槽,如图 2-5(b)所示。圆弧槽加工结束后,移动铣床工作台,使铣刀中心找正型腔中心线,利用铣床工作台进给铣削两凸圆弧槽中间衔接部分,保证连接平滑。

　　③松开工件,在定位块 1、2 和基准面之间分别垫入尺寸为 30.5mm 和 60.78mm 的块规,使 $R40$mm 圆弧中心与圆工作台中心重合。移动工作台使铣刀和型腔圆弧槽对正,进行铣削加工达到要求,如图 2-5(c)所示。

　　④松开工件,在定位块 2 和基准面之间再垫入尺寸为 96.78mm 的块规,使工件另一个

$R40$mm圆弧槽中心与圆工作台中心重合。压紧工件铣削圆弧槽达到要求的尺寸,如图2-5 (d)所示。

⑤铣削直线圆弧槽,移动铣床工作台铣削型腔直线部分,保证直线部分的圆弧槽和圆弧部分的圆弧槽衔接平滑。

⑥圆柱型腔ϕ38mm部分的加工在车床上车削成型。

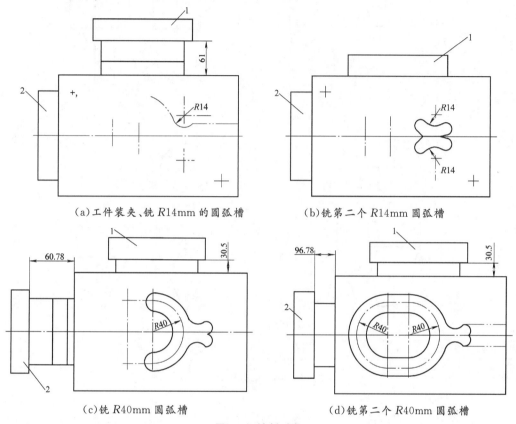

（a）工件装夹、铣$R14$mm的圆弧槽　　　　（b）铣第二个$R14$mm圆弧槽

（c）铣$R40$mm圆弧槽　　　　（d）铣第二个$R40$mm圆弧槽

图2-5　铣削过程

2.常用铣刀具

在万能工具铣床上除了采用标准的铣刀加工外,常用的铣刀还有:

(1)单刃铣刀

单刃铣刀是应用广泛、制造最为方便的一种。为了获得较好的加工质量和提高生产率,铣刀及几何参数的选用是根据零件加工表面的形状和刀具的材料、强度、耐用度及其他的加工条件而确定的。

常用单刃铣刀的种类及用途如图2-6所示。图2-6(a)所示的刀具适合于加工平底、侧面为垂直平面的工件;图2-6(b)所示的刀具适合于加工半圆槽及侧面垂直、底面为圆弧的工件;图2-6(c)所示的刀具适合于加工平底斜侧面的工件;图2-6(d)所示的刀具适合于加工刻铣细小文字及花纹的工件。

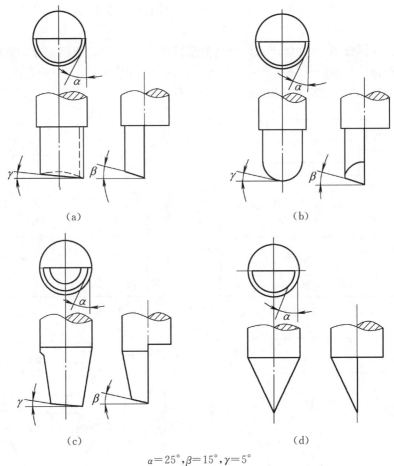

$$\alpha=25°, \beta=15°, \gamma=5°$$

图 2-6 单刃铣刀

（2）双刃铣刀

如图 2-7 所示的双刃铣刀，适合于铣削型腔中直线的凹凸型面和深槽。铣削时铣刀受力平衡，可采用较大的铣削用量，铣削效率较高，易于保证加工精度。双刃铣刀为标准产品，有锥柄和直柄两种，可以直接采用，无须自制，使用方便。

（3）利用旧麻花钻改制的立铣刀

按照加工的需要由经验丰富的工人把旧麻花钻改制成立铣刀。改制后的立铣刀具有双刃铣刀的切削性能，既经济又实用。

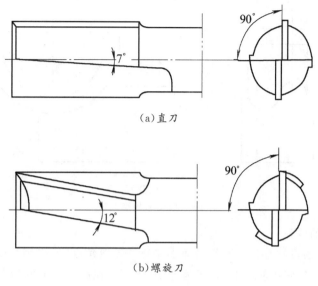

（a）直刀

（b）螺旋刀

图 2-7　双刃铣刀

2.2　磨削加工

磨削是一种精加工方法，模具绝大部分零件都要经过磨削加工。磨削加工精度可达 IT5～IT6，表面粗糙度 $R_a \leqslant 0.8 \mu m$。

磨削加工包括普通磨削、成型磨削和坐标磨削。普通磨削是在普通平面磨床、外圆磨床、万能外圆磨床、内圆磨床等磨床上利用标准砂轮进行模具零件简单成型表面的精加工方法，这里不再赘述。

2.2.1　成型磨削

成型磨削是在成型磨床或平面磨床上，对复杂模具成型表面进行精加工的方法。它具有精度高、效率高等优点。在模具制造中，主要用于凸模、型芯、拼块凹模、拼块型腔等模具零件的精加工。成型磨削方法有两种：成型砂轮磨削法、夹具磨削法。

1. 成型砂轮磨削法

成型砂轮磨削法是利用砂轮修整工具，将砂轮修整成与工件型面相吻合的相反型面，然后用该砂轮磨削工件，获得所需的形状与尺寸。如图 2-8 所示。砂轮的修整，主要是采用砂轮修整工具（如大颗粒金刚石、滚压轮等），利用车削法或滚压法对砂轮成型表面不同角度的直线和不同半径的圆弧进行修整。

73

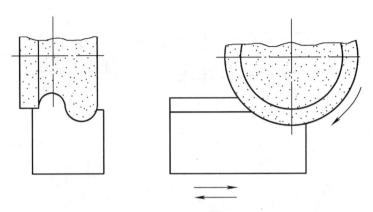

图 2-8　成型砂轮磨削法

（1）砂轮角度的修整

修整砂轮角度的目的是为了磨削斜面。在修整砂轮角度时，采用如图 2-9 所示的夹具。夹具的工作过程为：旋转手轮 3 时，通过齿轮 10 和固定在滑座 8 上的齿条 9 传动，使装有金刚刀 7 的滑块沿正弦尺座 6 的导轨往复运动。正弦尺座可绕芯轴 11 转动，所转角度的大小，可采用在正弦圆柱 2 与平板 1 之间垫量块的方法加以控制。当转动到合适角度后，用螺母 4 将其压紧在支架 5 上。通过金刚刀的往复运动即可修整 0°～90°范围的各种角度。

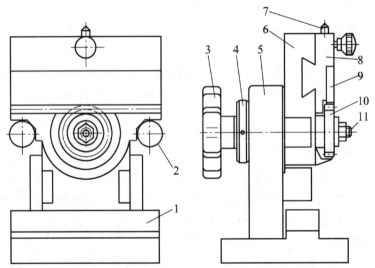

1—平板；2—正弦圆柱；3—手轮；4—螺母；5—支架；6—正弦尺座；7—金刚刀；
8—滑座；9—齿条；10—齿轮；11—芯轴。

图 2-9　修整砂轮角度的夹具

量块 H 的大小可以通过计算得到，当需要修整的角度为 $0°\leqslant\alpha\leqslant45°$ 时，如图 2-10（a）所示，此时在平板上应垫量块 H 为

$$H=P-L\sin\alpha-d/2$$

式中：H——应垫量块值，mm；

　　　P——夹具的回转中心至量块平面的高度，mm；

　　　L——正弦圆柱中心至夹具回转中心的距离，mm；

d——正弦圆柱直径,mm。

当需要修整的角度为 $45°<\alpha\leqslant 90°$ 时,可在垫板侧面垫量块,如图 2-10(b)所示,应垫量块值 H 为

$$H=P'+L\sin(90°-\alpha)-d/2$$

式中:P'——夹具的回转中心至侧面垫板的距离,mm。

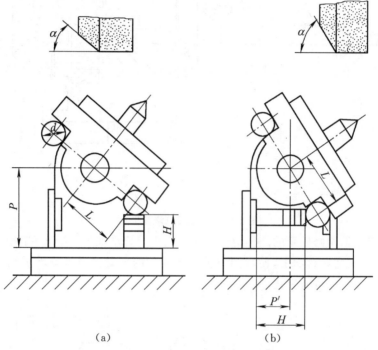

（a）　　　　　　　　　　　　（b）

图 2-10　量块尺寸的计算

（2）砂轮圆弧的修整

修整砂轮圆弧的夹具结构形式很多,有立式、卧式、摆动式、万能式等,但其修整原理基本相同。

如图 2-11 所示为一种应用较广的卧式修整砂轮圆弧的夹具。正弦分度盘 3 固定在主轴 4 的后端,可随主轴一起转动,利用其外圆上的刻度控制手轮 2 的回转角度,主轴的另一端连有滑座 6 和摆动支架 7,通过旋转螺杆 5 控制摆动支架在滑座中的移动,调节金刚刀尖 8 至夹具回转中心的距离,从而完成对砂轮成型表面圆弧的修整,包括各种不同直径的凸圆弧和凹圆弧砂轮。

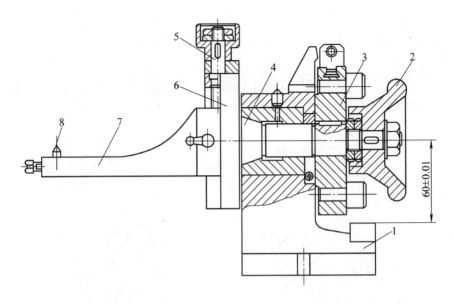

1—底盘;2—手轮;3—正弦分度盘;4—主轴;5—旋转螺杆;

6—滑座;7—摆动支架;8—金刚刀。

图 2-11　砂轮圆弧修整工具

修整时,应根据所修砂轮的凸凹情况及半径大小计算量块值,调节好金刚刀的位置。然后将该工具安装到磨床台面上,使金刚刀尖处于砂轮的下方。通过旋转手轮使金刚刀绕工具的回转中心摆动,完成修整任务。

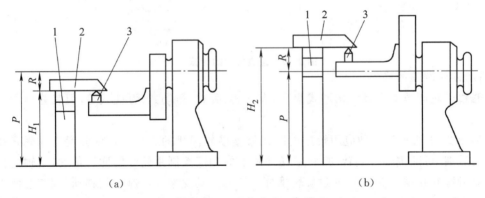

(a)　　　　　　　　　　　　　　　(b)

1—量块;2—刀口平尺;3—金刚刀。

图 2-12　修整圆弧砂轮

修凸圆弧砂轮时,如图 2-12(a)所示,金刚刀尖应低于工具的回转中心,所垫量块值 H_1 为

$$H_1 = P - R$$

式中:P——工具的中心高,mm;

R——砂轮的圆弧半径,mm。

修凹圆弧砂轮时,如图 2-12(b)所示,金刚刀尖应高于工具的回转中心,所垫量块值 H_2 为

$$H_2 = P + R$$

2.夹具磨削法

夹具磨削法,是将工件装在专用的夹具上,利用夹具使工件的被加工面处于所要求的空间位置上,或者使工件在加工过程中获得所需的进给运动,从而磨削出模具零件的成型表面。常用的成型磨削夹具有正弦精密平口钳、正弦磁力台、正弦分中夹具和万能夹具等。

(1)正弦精密平口钳

正弦精密平口钳主要由带正弦尺的平口钳、底座、正弦圆柱等组成。如图 2-13 所示,将工件装夹在平口钳上,为使工件倾斜一定角度,在正弦圆柱 4 与底座 1 之间垫入适当尺寸的量块。利用此夹具所夹持的工件最大倾角为 45°。所垫入的量块值 H 为

$$H = L\sin\alpha$$

式中:H——应垫量块值,mm;

　　　L——两正弦圆柱的中心距,mm;

　　　α——工件所需倾斜的角度。

该夹具主要用于磨削斜面,若与成型砂轮配合使用,可磨削平面与圆柱面组成的复杂型面。

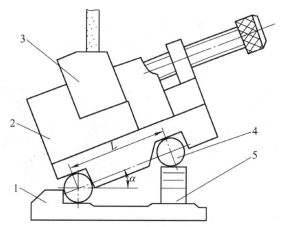

1—底座;2—精密平口钳;3—工件;4—正弦圆柱;5—量块。

图 2-13　正弦精密平口钳

(2)正弦磁力台

正弦磁力台的结构原理和应用与正弦精密平口钳基本相同。二者的差别仅仅在于前者用磁力来夹紧工件,如图 2-14 所示。正弦磁力台夹具所夹持的工件最大倾角为 45°,适合于扁平模具零件的磨削。它与正弦精密平口钳配合使用,可磨削平面与圆弧组成的形状复杂的成型表面。

(3)正弦分中夹具

正弦分中夹具主要用于磨削凸模、型芯等具有同一轴线的不同圆弧面、平面及等分槽等,如图 2-15 所示。正弦分中夹具主要由正弦分度头、后顶尖支架 2 与底座 1 三部分组成。工件 5 装在前顶尖 7 和后顶尖 4 之间,后顶尖装在支架上,安装工件时,根据工件的长短,调节支架的位置,使支架在底座的 T 形槽中移动,调节好支架位置后,用螺钉锁紧,同时可以旋转后顶尖手轮 3,使后顶尖移动,以调节顶尖与工件的松紧。工件用鸡心夹头和前顶尖 7 联

结,转动蜗杆 14 上的手轮,通过蜗杆、蜗轮 10 的传动,可使主轴 9、工件和装在主轴后端的分度盘 12 一起转动,实现工件圆周进给运动。安装在主轴后端的分度盘上有四个正弦圆柱 13,它们处于同一直径的圆周上,并将该圆周分为四等分。

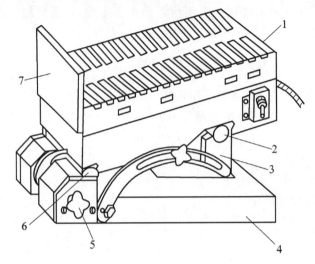

1—电磁吸盘;2、6—正弦圆柱;3—量块;4—底盘;5—偏心锁紧器;7—挡块。

图 2-14 正弦磁力台

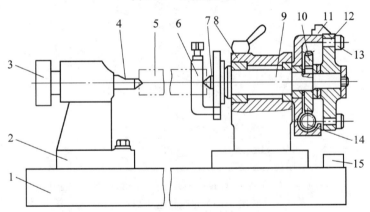

1—底座;2—支架;3—手轮;4—后顶尖;5—工件;6—鸡心夹头;7—前顶尖;8—前顶座;
9—主轴;10—蜗轮;11—零位指标;12—分度盘;13—正弦圆柱;14—蜗杆;15—量块垫板。

图 2-15 正弦分中夹具

磨削时,如果工件回转角度的精度要求不高,其角度可直接利用分度盘上的刻度和分度指针读出;如果工件回转角度的精度要求较高,可在正弦圆柱和量块垫板 15 之间垫入适当尺寸的量块,控制工件回转角度的大小,此时应垫入的量块 H 为

$$H = P - \sin\alpha \times D/2 - d/2$$

式中:H——应垫量块值,mm;

P——夹具回转中心至量块垫平面的高度,mm;

D——正弦圆柱中心所在圆的直径,mm;

d——正弦圆柱直径,mm。

　　用正弦分中夹具磨削工件时,加工表面尺寸的测量一般采用比较法。如图 2-16 所示为测量调整器,它主要由三角架 1 与量块座 2 组成。量块座能沿着三角架斜面上的 T 形槽上下移动,达到适当位置时可用固定螺母 3 锁紧。为了保证测量精度,量块支承面 A、B 应与安装基面 D、C 保持平行。

　　在正弦分中夹具上磨削平面或圆弧面时,都以夹具的回转中心线为测量基准。因此,磨削前应首先调整好量块座的位置,使量块座支承面和夹具中心高之间有一定的关系。一般将量块支承面的位置调整到低于夹具回转中心线 50mm 处。调整时在夹具的两顶尖之间装上一根直径为 d 的标准圆柱,在量块座基准面上安放一组($50+d/2$)的量块,用百分表测量,调整量块座的位置,使量块上平面与标准圆柱面最高点等高后,将量块座固定,如图 2-17 所示,当工件的被测量表面位置高于(或低于)夹具回转中心线时,只要相应地变更量块组合即可。当工件的被测量表面比夹具回转中心线高 h 时,选用($50+h$)的量块组;反之,选用($50-h$)的量块组,再借助于百分表测量工件的被测表面,直到与量块上平面读数相同,表示工件已磨削到尺寸。

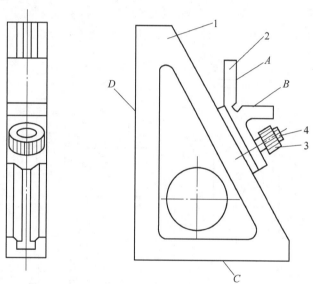

1—三角架;2—量块座;3—固定螺母;4—螺栓。

图 2-16　测量调整器

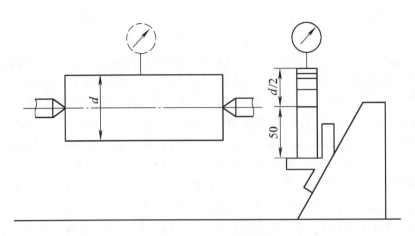

图 2-17　夹具中心高的确定

（4）万能夹具

万能夹具是成型磨床的主要部件，是由正弦分中夹具发展起来的更为完善的成型夹具。万能夹具可以在平面磨床或万能工具磨床上使用，万能夹具结构如图 2-18 所示。

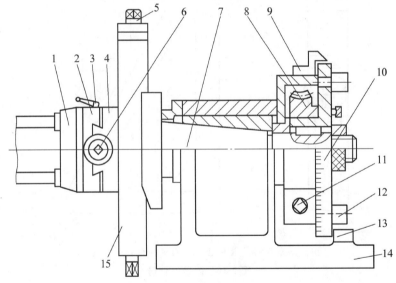

1—转盘；2—小滑板；3—手柄；4—中滑板；5、6—丝杆；7—主轴；8—蜗轮；9—游标；
10—正弦分度盘；11—蜗杆；12—正弦圆柱；13—量块垫板；14—夹具体；15—滑板座。

图 2-18　万能夹具

工件与转盘 1 相连，用手轮（图中未画出）转动蜗杆 11，通过蜗轮 8 带动主轴 7 和正弦分度盘 10 旋转，带动工件绕夹具中心旋转。分度部分用来控制夹具的回转角度。正弦分度盘上有刻度，当工件的回转角要求不高时，可通过游标 9 直接读出回转角度的数值；当工件的回转角要求较高时，可利用在分度盘上四个正弦圆柱 12 和量块垫板 13 之间垫量块的方法来控制夹具回转角度，通过此方法，工件的回转精度可达 $10''\sim30''$。由中滑板 4 和小滑板 2 组成的十字滑板，与四个正弦圆柱的中心连线重合。旋转丝杆 5 和 6，可使工件在互相垂直的两个方向上移动。当工件移动到所需位置后，转动手柄 3 将小滑板锁紧。

（5）成型磨削工艺尺寸的换算

模具零件图上的尺寸通常是按设计基准标注的。在成型磨削中，采用的工艺基准和测量基准往往与设计基准不一致，必须将零件图上的设计尺寸换算成工艺尺寸，以便进行成型磨削。

在进行工艺尺寸换算时，首先，应根据工件形状确定尽量少的回转中心（或测量中心）个数，否则，会增加夹具的调整次数，从而增大加工误差。通常工件上有几个圆弧，就有几个回转中心（同心圆弧除外）。其次，应确定换算工艺尺寸的坐标系，实践中，为便于换算，一般选择设计尺寸坐标系作为工艺尺寸坐标系，并选择主要回转中心（或测量中心）作为坐标轴的原点。再有，磨削平面时，需换算出各平面对坐标轴的倾斜角度，为便于测量，还应换算平面与回转中心的垂直距离。

利用万能夹具进行成型磨削时，应换算以下各项工艺尺寸：

①各圆弧中心之间的坐标尺寸；

②各平面对坐标轴的倾斜角度；

③各平面到相应回转中心的垂直距离；

④各圆弧的包角，磨削圆弧时，若工件可自由回转，而不至于碰伤其相邻表面的，可不计算圆弧的包角。

工艺尺寸换算时，应将设计时的名义尺寸，一律换算成中间尺寸，以便保证计算精度。运算时采用几何、三角、代数等方法，一般数值均运算到小数点后六位，最终所得数值取小数点后两至三位，角度值应精确到 $10''$。

例：采用万能夹具成型磨削图 2-19（a）所示的凸模刃口轮廓。

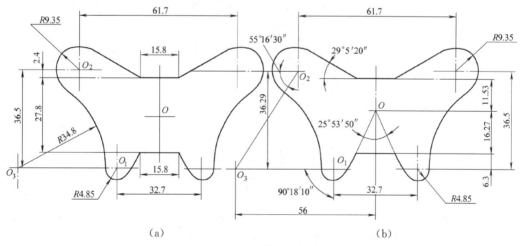

图 2-19　凸模刃口轮廓

工艺尺寸的换算：凸模上所有圆弧都可用回转法进行磨削，由于其形状对称，故只需对 O、O_1、O_2、O_3 回转中心及有关尺寸进行换算。换算后的工艺尺寸如图 2-19（b）所示。

2.2.2　坐标磨削

坐标磨削是将工件固定在磨床精密的工作台上，并使工作台移动或转动到坐标位置，在高速磨头的旋转与插补运动下进行磨削的一种精加工方法。它能够最大限度地消除工件热处理后的变形,从而提高加工精度。坐标磨削范围较大,可以加工直径小于 1mm 至直径达 200mm 的高精度孔。加工精度可达 $5\mu m$ 左右,表面粗糙度可达 $R_a\,0.8\sim0.32\mu m$,甚至可达 $R_a\,0.2\mu m$。主要用于淬火的、高硬度的、规则或不规则的内孔与外形工件的加工,还可以磨出锥形和斜面等。

在模具零件的加工中,对于精度和硬度要求高的多孔、多型孔的模板或凹模的精加工,一种比较理想的方法就是坐标磨削。

1.坐标磨削的种类

根据所用磨床不同,目前坐标磨削主要有两种:

(1)手动坐标磨削

这是在手动坐标磨床上用点位进给法实现其对工件的内形或外形轮廓的加工。

(2)连续轨迹数控坐标磨削

这是在数控坐标磨床上用计算机自动控制其对工件型面的加工。该磨削方法的加工效率较高,通常为手动坐标磨削的 $2\sim10$ 倍;轮廓曲面连接处精度高,凸、凹模之间的配合间隙可达 $2\mu m$,而且间隙均匀。

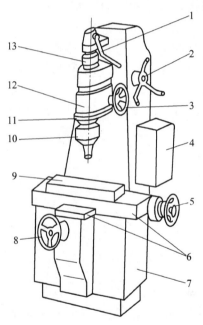

1—离合器拉杆;2—主轴箱定位手轮;3—主轴定位手轮;4—控制箱;5—纵向进给手轮;
6—纵、横向工作台;7—床身;8—横向进给手轮;9—工作台;10—磨头;
11—磨削轮廓刻度圈;12—主轴箱;13—砂轮外进给刻度盘。

图 2-20 单柱坐标磨床外形

2.常用坐标磨床

模具零件的加工常用立式坐标磨床,其中最常用的是单柱坐标磨床,如图 2-20 所示。在纵、横工作台 6 上装有数字显示装置的精密坐标机构,立柱支承着主轴箱 12 和磨头 10 等构成的磨削机构。坐标磨床就是精密坐标定位机构与行星高速磨削机构的结合。磨头的高速自转由高频电动机驱动,转速 n 一般为 $4000\sim80000r/min$;主轴回转运动由电动机(或马达)通过变速机构直接驱动主轴旋转(n 一般为 $10\sim300r/\min$),并使高速磨头随之做行星运动;主轴的上下往复运动由液动或液-气动完成,其行程由微动开关控制。

磨削直线时,主轴被锁住,并垂直于 X 或 Y 轴,通过精密丝杠来实现工作台的移动,使磨头沿加工表面在两切点之间移动。

磨削圆弧面时,让磨头主轴定位于被磨削圆弧面的中心上,借助于外进给刻度盘 13 移动磨头到预定尺寸,磨头在做旋转运动同时又做行星运动和轴向上下运动,如图 2-21 所示。

此外,单柱坐标磨床还可磨削具有高精度位置的圆孔、锥孔、型腔及圆弧与圆弧相切的内外轮廓、键槽和方孔等。

3.坐标磨床的基本磨削方法

在坐标磨床上进行坐标磨削加工的基本方法见表 2-1。

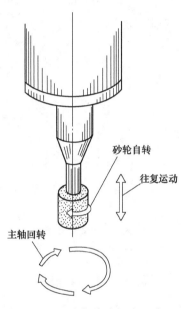

图 2-21　坐标磨床三个运动

表 2-1　坐标磨削加工的基本方法

序号	类型	说明
1	内孔磨削	砂轮自转、行星运动和轴向的直线往复运动,通过扩大行星选择半径做径向进给,砂轮的直径多取为孔径的 3/4 左右
2	外圆磨削	砂轮的自转、行星运动和主轴的轴向往复运动,利用行星运动直径的缩小来实现径向进给
3	锥孔磨削	砂轮主轴在做轴向进给的同时,连续改变行星运动的半径,砂轮应修正出相应的锥顶角,一般不超过 12°
4	直线磨削	砂轮仅自转而不做行星运动,工作台做直线运动
5	端面磨削	砂轮底面修成 3°左右的凹面。磨削台肩孔时,砂轮直径约为大孔半径与通孔半径之和;磨削盲孔时,砂轮直径约为孔径的一半

将上述各种基本磨削方法进行综合运用,可以磨削一些形状复杂的型孔。例如图 2-22

所示凹模型孔,可在坐标磨床上这样进行磨削:首先将回转工作台固定在磨床工作台上,利用回转工作台装夹工件,并找正与工件的对称中心重合。磨削可按下列步骤进行:

(1)调整机床主轴轴线使之与孔 O_1 的轴线重合,用磨削内孔的方法磨出 O_1 的圆弧段;

(2)调整工作台使工件上的 O_2 与主轴中心重合,磨削 O_2 的圆弧到尺寸;

(3)利用回转工作台将工件回转 $180°$,磨削 O_3 的圆弧到尺寸;

(4)使 O_4 与机床主轴轴线重合,停止行星运动,通过控制磨头的来回摆动,磨削 O_4 的凸圆弧,此时砂轮的径向进给方向与外圆磨削相同;

(5)利用同样的方法,依次磨出 O_5、O_6、O_7 的圆弧。

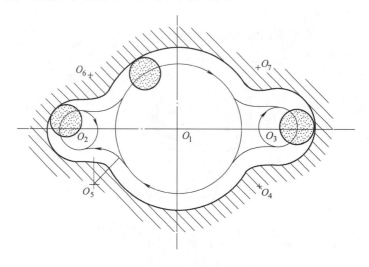

图 2-22 凹模型孔磨削

2.3 其他加工

在模具零件的加工中,除采用上述常用的加工方法之外,还经常会用到一些其他加工方法。

2.3.1 钻削加工

模具零件上的螺纹孔、螺栓过孔、销钉孔、推杆孔、型芯固定孔、冷却水道孔、加热器孔等,一般都要先经过钻削加工。钻削加工所用机床为普通钻床,所用刀具通常为标准麻花钻。关于钻削加工在机械加工的应用在相关课程中已有介绍,这里不再赘述。下面仅就模具零件的加工特点,简单介绍其常用的加工方法。

1.模具零件孔的制造特点

模具零件上的单个圆孔包括一般孔、深孔、小孔及精密孔等。小孔孔径在 0.5mm 以上时可通过精钻达到相应要求。模具零件深孔主要有两类,一类为冷却水道孔和加热器孔,冷却水道孔的精度要求较低,但不宜偏斜,为保证加热器孔的热传导效率,其孔径与表面均有一定要求,如孔径一般要比加热棒大 0.1～0.3mm,表面粗糙度要求为 $R_a 12.5～6.3\mu m$;另一类为推杆孔,推杆孔的要求较高,孔径一般需达到 IT8 级,并有垂直度及表面粗糙度要求。

2.常用加工方法

(1)在加工中、小型塑料模具的冷却水孔和加热孔时,可用加长钻头在立式钻床或摇臂钻床上进行。

(2)对于中、大型模具的深孔加工,从经济的角度考虑,可采用摇臂钻床或专用深孔钻床来完成。

(3)若孔较长且精度要求较低,可采用先画线后两面对钻的加工方法。

(4)对于有一定垂直度要求的孔,在加工时,一般应采取一定的工艺措施予以导向,如采用钻模等。

2.3.2　镗削加工

镗削的加工范围很广,根据工件的尺寸、形状、技术要求及生产批量的不同,镗削加工可在车床、铣床、镗床等机床上进行。在镗床上镗孔时,所用镗床主要为普通镗床和坐标镗床。

普通镗削主要适用于对孔径的精度和孔间距精度要求较低的孔的加工。

坐标镗削加工是在坐标镗床上,对高精度的孔径、孔系零件的加工。孔径加工精度可达 IT5～IT6,孔距精度可达 $0.005～0.01\mathrm{mm}$,表面粗糙度可达 $R_a0.63～1.25\mu\mathrm{m}$,甚至可达 $R_a0.4\mu\mathrm{m}$。

1.坐标镗床简介

坐标镗床是利用精密的坐标测量装置来确定工作台、主轴的位移距离,以实现工件和刀具的精确定位。工作台和主轴的位移在毫米以上的值由粗读数标尺读出,通过带校正尺的精密丝杠坐标测量装置来控制;毫米以下的读数通过精密刻度尺光屏读数器坐标测量装置,在光屏读数头上读出,或利用光栅数字显示器坐标测量装置来控制精密位移。

坐标镗床主要用来加工孔间距精度要求高的模板类零件,如上、下模座的导柱导套孔等,也可加工复杂的型腔尺寸和角度,在多孔冲模、级进模及塑料成型模的制造中,坐标镗削得到了相当广泛的应用。坐标镗削不但加工精度高,而且节约了大量的辅助时间,因而具有显著的经济效益。坐标镗床按照布置形式不同,分为立式单柱、立式双柱和卧式等主要类型。

如图 2-23 所示为立式双柱坐标镗床。加工中的坐标变化通过主轴箱沿横梁导轨移动和工作台沿床身导轨移动来完成。该机床的主轴箱悬伸距离较小,且装在龙门框架上,因而具有很好的刚性,同时机床的床身与工作台较大且安装简单,因而可承受的负载也很大。

立式双柱镗床主要适用于凹模、钻模板、样板等零件上孔的加工。

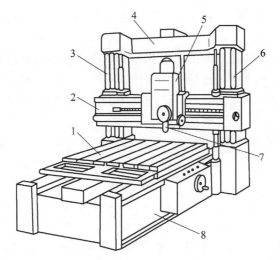

1—工作台;2—横梁;3、6—立柱;4—顶梁;5—主轴箱;7—主轴;8—床身。

图 2-23　立式双柱坐标镗床

2.坐标镗削加工

(1)加工准备

①对工件预加工,获得符合要求的工艺基准及精度和表面粗糙度;

②更换零件图上原有的尺寸标注形式,为坐标标注形式;

③机床与工件需在恒温、恒湿的条件下保持较长时间。

(2)工件装夹

工件装夹的方法有:

①利用千分表或千分表中心校准器

如图 2-24 所示,把工件正确安装在工作台上,使互相垂直的两个基准面分别平行于工作台的纵向和横向,然后将专用工具压在工件基准面上,用装在主轴上的千分表测量专用工具内槽两侧面,移动工作台使两侧面的千分表读数相同,此时主轴中心已对准基准面。

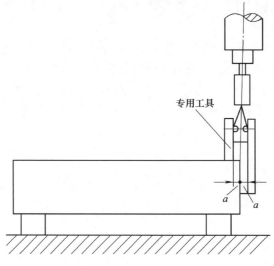

专用工具

图 2-24　用千分表找正

②利用定位角铁和光学中心测定器

如图 2-25 所示,利用定位角铁 1 和光学中心测定器 2,使工件 4 的基面对准主轴的中心,根据孔的纵横坐标尺寸来移动工作台到加工位置。

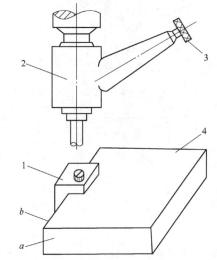

1—定位角铁;2—光学中心测定器;3—目镜;4—工件。
图 2-25　用定位角铁和光学中心测定器找正

(3)加工

坐标镗削加工的一般过程为:

①利用机床主轴内安装的弹簧样冲器,按装夹中找正的坐标位置,通过工作台的移动,依次打出样冲孔;

②用中心钻按样冲点钻中心孔;

③坐标镗削加工。一般来说,直径大于 20mm 的孔应先在其他机床上钻预孔;直径小于 20mm 的孔可在坐标镗床上直接加工。

在坐标镗床上,还可进行钻孔和铰孔加工。加工前,先将钻头或铰刀固定在钻夹头上,再将钻夹头固定在坐标镗床的主轴锥孔内,即可进行相应的加工。在采用钻、镗加工方法加工孔时,钻孔后,应选用刚性好及刃口锋利的镗刀,以较小的进给量做多次加工以达到精度要求。

常用的镗夹头如图 2-26 所示。镗孔时,将镗夹头的锥尾插入坐标镗床的主轴锥孔内。镗刀可做径向调整,以适应不同孔径的加工。

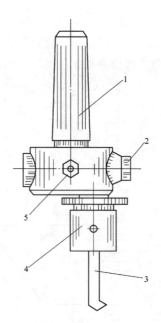

1—锥尾；2—调节螺钉；3—镗刀；4—刀尖；5—固定螺钉。

图 2-26　镗夹头

思考题

1.模具加工时,常用成型车削的方法包括哪几种?

2.简述立式仿形铣床的工作过程。

3.成型磨削有哪几种方法? 各有什么特点?

4.坐标磨削加工有何特点? 坐标磨削加工的基本方法有哪些?

5.坐标镗削时工件是如何在机床上定位、装夹的?

第3章 塑料模具加工基础知识

塑料注射模具是采用注射成型方法生产塑料制品的必备工具。塑料注射模具的制造过程是指根据塑料制品零件的形状、尺寸要求,制造出结构合理、使用寿命长、精度较高、成本较低的能批量生产出合格产品的模具的过程。

1. 塑料模具制造过程

塑料模具的制造过程包括以下内容:

(1)模具图样设计准备工作

模具图样设计是模具生产中最关键的工作,模具图样是模具制造的依据。模具图样设计准备工作包括以下内容:

①了解所要生产的制品

根据塑料制品图掌握制品的结构特点和制品的用途。不同用途的制品有不同的形状、尺寸公差以及不同的表面质量要求,是否能够通过塑料注射模具生产出合格的产品是首先要考虑的问题。其次掌握塑料制品所用塑料的模塑特性,考虑会直接影响模具设计的特性,如塑料的收缩率、塑料的流动特性以及注射成型时所需的温度条件。

②了解所要生产制品的批量

制品生产的批量对模具的设计有很大的影响,根据制品的需求数量,可以确定模具的使用寿命、模具的型腔数目(或模具的套数)以及模具所需的自动化程度和模具的生产成本。对于大量需求的制品应尽可能采用多型腔模具、热流道模具和适合于全自动生产的模具结构;对于需求量较少的制品,在满足制品质量要求的前提下应尽量减少模具成本。

③了解生产塑料制品所用设备

塑料注射模具要安装到塑料注射成型机上使用,因此注射机的模具安装尺寸、顶出位置、注射压力、合模力以及注射量都会影响到模具的尺寸和结构。另外,注射成型机的自动化程度也限制了模具的自动化程度,例如带有机械手的注射机就可以自动取出注射成型制品和浇注系统凝料,方便地完成自动化生产过程。

(2)确定模具设计方案

在清楚了解了生产的塑料制品之后,即可以开始模具方案设计,其过程包括:

①设计前应确定的因素

设计前应确定的因素包括:所用塑料种类及成型收缩率;制品允许的公差范围和合适的脱模斜度;注射成型机参数;模具所采用的模腔数以及模具的生产成本等。

②确定模具的基本结构

根据已知的因素确定所设计模具的外形尺寸;选择合理的制品分型面;确定模具所应采用的浇注系统类型;确定塑料制品由模具中的推出方式以及模腔的基本组成。在确定模具的基本结构时还应考虑模腔是否采用侧向分型机构,是否采用组合模腔,模腔的冷却方式和模腔内气体的排出。

③确定模具中所使用的标准件

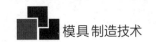

在模具设计中应尽可能多地选择标准件,包括:采用标准模架、模板;采用标准的导柱、导套、浇口套及推杆等。采用标准件可以提高模具制造精度,缩短模具生产周期,降低生产成本。

④确定模具中模腔的成型尺寸

根据塑件的基本尺寸,运用成型尺寸的计算公式,确定模具模腔各部分的成型尺寸。

⑤确定模具所使用的材料并进行必要的强度、刚度校核

根据强度、刚度校核公式可以对分型面、型腔、型芯、支承板等模具零件进行强度和刚度校核,以确保满足使用要求。

⑥完成模具图样的设计图纸

其中包括模具设计装配图和模具加工零件图。在确定模具设计方案时,为提高效率可以采用"类比"的方法,即将以前设计制造过类似制品的模具结构套用到新制品的模具结构上,这样可简化设计过程,特别适合于刚刚开始从事模具设计的技术人员。

(3)制定模具加工工艺规程

工艺规程是按照模具设计图样,由工艺人员制定出整个模具或各个零部件制造的工艺过程。模具加工工艺规程通常采用卡片的形式送到生产部门。一般模具的生产以单件加工为主,工艺规程卡片是以加工工序为单位,简要说明模具或零部件的加工工序名称、加工内容、加工设备以及必要的说明,它是组织生产的依据。表 3-1 所示为模具型芯的加工工艺卡。

表 3-1　模具型芯加工工艺卡

零件名称	型芯	编号	031	件数	2
零件图					

工序号	工序名称	工序内容	加工地点	备注
1	车	车外圆、端面	车床	
2	铣	铣头部、平面	铣床	
3	热处理	淬火、回火	真空热处理炉	58～60 HRC
4	磨	磨外圆	外圆磨床	
5	钳	检验、装配		与型芯固定板研配

制定工艺规程的基本原则是:保证以最低的成本和最高的效率来达到设计图样上的全部技术要求。所以在制定工艺规程时应满足:

①设计图样要求

即工艺规程应全面可靠和稳定地保证达到设计图样上所要求的尺寸精度、形状精度、位置精度、表面质量和其他技术要求。

②最低成本要求

所制定的工艺规程应在保证质量和完成生产任务的条件下,使生产成本降到最低,以降低模具的整体价格。

③生产时间要求

工艺规程要在保证质量的前提下,以较少的工时来完成加工过程,以提高生产率。

④生产安全要求

工艺规程要保证操作工人有良好的安全劳动条件。

(4)组织模具零部件的生产

按照零部件的加工工艺卡片组织零部件的生产,一般可以采用机械加工、电加工、铸造、挤压等方法完成零部件的加工过程,制造出符合设计要求的零部件。

零部件的生产加工质量直接影响到整个模具的使用性能和寿命。在实际生产中,零件加工质量包括机械加工精度和机械加工表面质量两部分内容。机械加工精度指零部件经加工后的尺寸、几何形状及各表面相互位置等参数的实际值与设计图样规定的理想值之间相符合(或相近似)的程度,而它们之间不相符合(或差别)的程度则称为加工误差。加工精度在数值上通过加工误差的大小来表示,即精度越高,加工误差越小。机械加工表面质量是指零部件经加工后的表面粗糙度、表面硬度、表面缺陷等物理-机械性能。

在零部件加工中,由于种种因素的影响,零部件的加工质量必须允许有一定的变动范围(公差范围),只要实际的加工误差在允许的公差范围之内,则该零部件就是合格的。

(5)塑料注射模具装配与调试

按规定的技术要求,将加工合格的零部件,进行配合与连接,装配成符合模具设计图样装配图要求的模具。

塑料注射模具的装配过程也会影响模具的质量和模具的使用寿命。将装配好的模具固定在规定的注射成型机上进行试模(也可以在专门的试模机上试模)。在试模过程中,边试边调整、校正,直到生产出合格的塑料制品为止。

(6)模具检验与包装

将试模合格的模具进行外观检验,打好标记,并将试出的合格的塑料制品随同模具进行包装,填好检验单及合格证,交付生产部门使用。

2.模具制造水平的提高

塑料注射模具制造过程,反映了模具制造技术水平的高低,其衡量的标准如下:

(1)模具制造周期

模具的制造周期反映了模具设计和生产技术水平。在模具制造中应设法缩短模具制造周期。采用计算机辅助设计模具,以及数控机床加工技术,可以大大缩短模具的制造周期。

(2)模具使用寿命

提高模具的使用寿命是一项综合性技术问题。在模具制造过程中要保证模具的结构设计合理,制造工艺方法正确,以及热处理工艺合理等。这样才能保证模具有高的使用寿命。

(3)模具制造精度

模具的精度可分成两个方面:一方面是成型塑料制品所需的精度,即成型型腔、型芯等的精度;另一方面是模具本身所需的精度,如平行度、垂直度、定位及导向配合精度。模具的制造精度受到加工方法、加工设备自身精度的限制。

（4）模具制造成本

在保证模具质量的前提下，模具成本越低，表明模具技术水平越高。这就要求在制造模具时，合理地选择模具材料和加工方法，以便最大限度地降低模具造价。

（5）模具标准化程度

模具标准化是专业化生产的重要措施，也是系统提高劳动生产率、提高产品质量和改善劳动组织管理的重要措施。不断扩大模具标准化范围，组织专业化生产，是提高模具制造水平的重要途径。

3.1　塑料模具成型系统加工

3.1.1　成型部位基本知识

型腔是成型塑件外表面的模具主要零件。按结构划分，通常有整体式、整体镶拼式、局部镶拼式、组合式等结构形式。

3.1.1.1　分型面的确定

分型面是定模与动模的分界面。合理的分型面是使塑件能完好成型的先决条件。选择分型面应遵循以下几项基本原则。

（1）分型面应在塑件外形最大轮廓处。

（2）分型面的选择应有利塑件的顺利脱模。

（3）分型面的选择要便于模具的加工。

分型面的形式如图 3-1 所示。

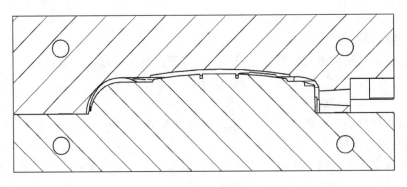

图 3-1　分型面

3.1.1.2　型腔的布局

1. 型腔分类

①单型腔注射模。一次注射只能生产一件塑料产品的模具。

②多型腔注射模。一副模具一次注射能生产两件或两件以上的塑料产品的模具。单型腔、多型腔注射模的比较见表 3-2。

表 3-2 单型腔、多型腔注射模的比较

类型	优点	缺点	适用范围
单型腔注射模	塑件精度高;成型工艺参数易于控制;模具结构简单;模具制造成本低,周期短	塑料成型生产效率低,塑件的成本高	塑件较大,精度要求较高或者小批量及试生产
多型腔注射模	塑料成型的生产效率高,塑件的成本低	塑件精度低;成型工艺参数难以控制;模具结构复杂;模具制造成本高,周期长	大批量、长期生产的中小型塑件

3.1.1.3 多型腔的排列

设计多型腔的排列时应注意以下几点。

(1)尽可能采用平衡式排列,以便构成平衡式浇注系统,确保塑件质量的均一和稳定。

(2)型腔布置和浇口开设部位应力求对称,以防止模具承受偏载而产生溢料现象。如图 3-2 所示。

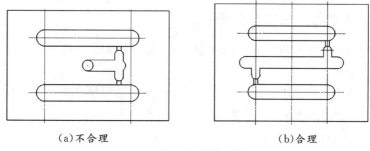

(a)不合理   (b)合理

图 3-2 型腔的布置力求对称

(3)尽量使型腔排列紧凑一些,以减小模具的外形尺寸。图 3-3(b)的布局优于图 3-3(a)的布局,图 3-3(b)的模板总面积小,可节省钢材,减轻模具质量。

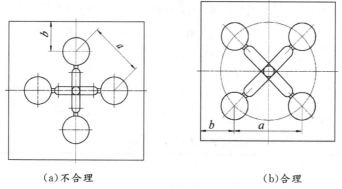

(a)不合理   (b)合理

图 3-3 型腔的布置力求紧凑

(4)型腔的圆形排列所占的模板尺寸大,虽有利于浇注系统的平衡,但加工较麻烦,除圆形制品和一些高精度制品外,在一般情况下常用直线和 H 形排列,从平衡的角度来看应尽量选择 H 形排列,图 3-4(b)、(c)的布局比图 3-4(a)要好。

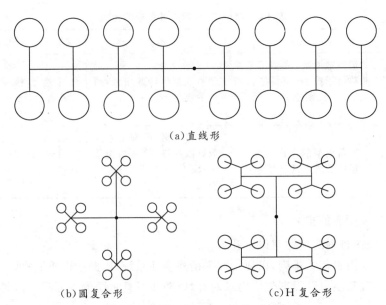

(a)直线形

(b)圆复合形　　　　　　　(c)H复合形

图 3-4　一模十六腔的几种排列方案

3.1.2　成型部位加工工艺分析及加工

塑料注射模具的主要零件多采用结构钢制造,通常只需调质处理,其硬度一般不高,因此其加工工艺性较好。

现以图 3-5 所示塑料盒体的注射模具为例介绍塑料注射模具典型零件加工。塑料盒体的注射模具为单型腔注射模,采用直浇口进料,推杆推出制品。

3.1.2.1　型腔加工

型腔加工在模具的定模板上,如图 3-6 所示。其加工工艺过程见表 3-3。

表 3-3　型腔加工工艺

序号	工序名称	工序说明
1	备料	将毛坯锻成平行六面体,保证各面有足够加工余量
2	钳工画线	以定模板基准角为基准,画各加工线位置
3	铣削	粗铣出型腔形状,各加工面留余量 精铣型腔,达到制品要求的外形尺寸
4	钻、铰孔	钻、铰出浇口套安装孔
5	抛光	将型腔表面抛光,以满足制品表面质量要求
6	钻孔	钻出定模板上面的冷却水孔

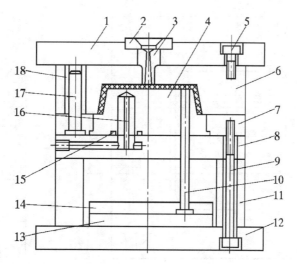

1—定模座板；2—定位圈；3—浇口套；4—型芯；5—紧固螺钉；

6—定模板；7—型芯固定板；8—支承板；9—固定螺钉；10—推杆；11—垫块；12—动模座板；

13—推板；14—推板固定板；15—密封圈；16—隔水板；17—导柱；18—导套。

图 3-5　塑料盒体注射模

3.1.2.2　型芯加工

型芯采用镶的方法安装于型芯固定板上，型芯的结构如图 3-7 所示，其加工工艺过程见表 3-4。

表 3-4　型芯加工工艺过程

序号	工序名称	工序说明
1	下料	根据型芯的外形尺寸下料
2	粗加工	采用刨床或铣床粗加工六面体
3	磨平面	将六面体磨平
4	画线	在六面体上画出型芯的轮廓线
5	精铣	精铣出型芯的外形
6	钻孔	加工出推杆孔 加工出型芯上的冷却水孔
7	抛光	将成型表面抛光
8	研配	钳工研配，将型芯装入型芯固定板

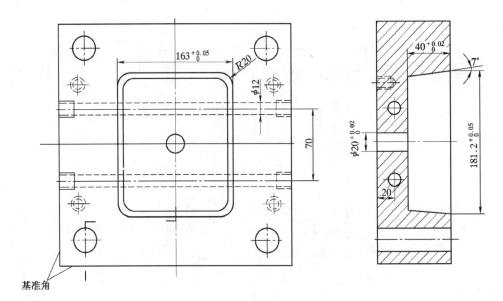

图 3-6 型腔板

表 3-5 型芯固定板加工工艺

序号	工序名称	工序说明
1	画线	以与定模板相同的基准角为基准,画出各加工线的位置
2	粗铣	粗铣出安装固定槽,各面留加工余量
3	精铣	精铣出安装固定槽
5	研配	将安装固定槽与型芯研配,保证型芯的安装精度

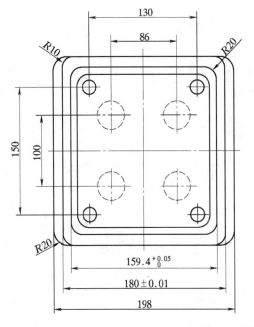

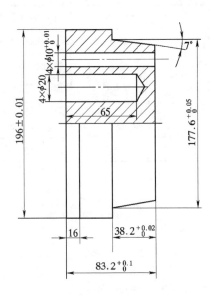

图 3-7 型芯

3.1.2.3　型芯固定板加工

型芯固定板即动模板,它的作用是安装、固定型芯,如图 3-8 所示,其加工工艺过程见表 3-5。

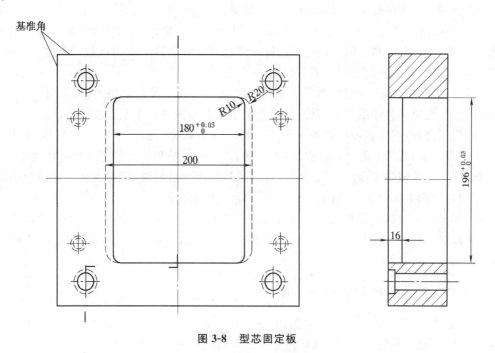

图 3-8　型芯固定板

3.2　浇注系统及其加工

3.2.1　浇注系统基本知识

3.2.1.1　概述

浇注系统是指熔融塑料在模具中从接触注射机喷嘴开始到型腔为止的塑料流动通道。

它的作用是使塑料熔体平稳且有顺序地填充到型腔中,并在填充和凝固过程中把注射压力充分传递到各个部位,以获得组织紧密、外形清晰、尺寸稳定的塑件。设计良好的浇注系统可以减小流道所损耗的压力,以及熔料在流道被带走的热量。可见,浇注系统的设计十分重要。浇注系统的设计是否合理是注射成型和得到高质量塑料制品的关键。

浇注系统可分为普通浇注系统和无流道凝料浇注系统两类。无流道凝料浇注系统是注射模具发展的一个重要方向,代表了模具生产的新技术。

3.2.1.2　设计普通浇注系统时要考虑的主要因素

(1)适应塑料的成型工艺特性。在设计浇注系统时应综合考虑熔融塑料在浇注系统和型腔中的温度、压力和剪切速率等因素,以便在充模这一阶段能使熔融塑料以尽可能低的表观黏度和较快的速度充满整个型腔,而在保压这一阶段又能通过浇注系统使压力充分地传

递到型腔的各个部位,同时还能通过浇口的适时凝固来控制补料时间,以获得外形清晰、尺寸稳定、质量较好的塑件。

(2)顺利排气。设计的浇注系统能使熔料通畅无阻塞地注射到型腔各部位,腔内空气由排气系统排出,否则制件会有气泡、熔接痕等缺陷。

(3)流程要短,尽量减少塑料熔体的热量及压力损失。浇注系统应能使熔融塑料通过时其热量及压力损失最小,以防止因过快的降温降压而影响塑件的成型质量。为此,浇注系统的流程应尽量短,尽量减少折弯,表面粗糙度 R_a 值应小。

(4)避免熔融塑料直冲细小型芯或嵌件。经浇口进入型腔的熔融塑料的速度和压力一般都较高,应避免其直冲型芯或镶件,以防止细小型芯和嵌件产生变形或移位。

(5)便于修整,不影响塑件的外观质量。设计浇注系统时要结合塑件的大小、形状及技术要求综合考虑,做到去除、修整浇口凝料方便,并且不影响塑件的美观和尺寸精度。

(6)防止塑件翘曲变形。当流程较长或需采用多浇口进料时,应考虑由于浇口收缩等原因引起塑件翘曲变形问题,采取必要的措施予以防止或消除。

(7)便于减少塑料耗量和减小模具尺寸。浇注系统的容积尽量小,以减少其占用的塑料量,从而减少回收料。同时浇注系统与型腔的布置应合理对称,以减小模具尺寸,节约模具材料。

3.2.2 浇注系统的组成与分析

普通浇注系统一般由主流道、分流道、浇口和冷料穴四个部分组成。图 3-9 所示是卧式注射机常用的浇注系统,图 3-10 所示是直角式注射机常用的浇注系统。

1. 主流道

它是指从注射机喷嘴与模具的接触部位起到分流道为止的一段流道。主流道与注射机喷嘴在同一轴心线上,是熔融塑料进入模具时最先经过的通道,熔体在主流道中不改变流动方向。

卧式、立式注射机常选用的是标准浇口套,它们的主流道一般为圆锥形,如图 3-11所示。

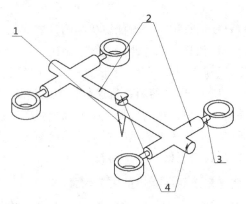

1—主流道;2—分流道;3—浇口;4—冷料穴。

图 3-9　卧式注射机模具的浇注系统

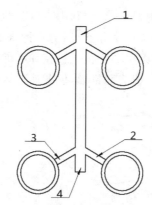

1—主流道；2—分流道；3—浇口；4—冷料穴。

图 3-10　直角式注射机模具的浇注系统

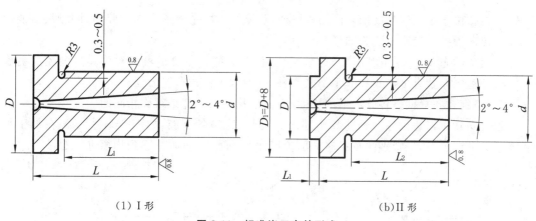

（1）Ⅰ形　　　　　　　　　　　　　　　　（b）Ⅱ形

图 3-11　标准浇口套的形式

　　使用时间固定在定模上的定位环压住浇口套大端台阶即可。浇口套与定模座板的配合一般按 H7/m6 过渡配合。

　　浇口套在发生温度变化时会产生交变变形，因此其固定台阶尺寸 D 不能太大。另外，为减小浇口套同模具之间的温差，固定圆柱直径 d 也尽可能小。浇口套的存在，会影响定模温度的均一性，使塑件产生外观痕迹、缩陷、变形等。

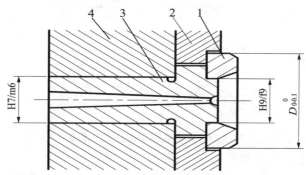

1—定位环；2—定模垫板；3—浇口套；4—定模板。

图 3-12　浇口套与定位环

为了保证模具安装在注射机上后，其主流道与喷嘴对中，必须凭借定位零件来实现，通常采用定位圈定位。对于小型注射模具,直接利用浇口套的台肩作为模具的定位环,对于大中型模具,常常将模具的定位环与浇口套分开设计,见图 3-12。其中 D_0 是定位圈与注射机定位配合直径,设计时应按选用注射机的定位孔径接和考虑塑模的装拆方便进行确定。

直角式注射机模具的主流道一般为圆锥形,但截面形状一般为圆形、半圆形、梯形等,如图 3-13 所示。

　　(a)圆形　　　　　　　　(b)半圆形　　　　　　　　(c)梯形

图 3-13　主流道截面

2.分流道

它是指位于主流道与浇口之间的一段通道,是熔体由主流道进入型腔的过渡通道,能使塑料的流向得到改变。一般为圆形、半圆形。

分流道的布置一般按型腔排布的数量而定,型腔的排布要尽可能对称。多型腔注射模具中分流道的布置有平衡式和非平衡式两种,一般以平衡式布置为佳。

(1)平衡式布置就是各分流道的长度、截面形状和尺寸都是对称相同的。

这种布置可以达到各型腔能均衡地进料,同时充满各型腔,如图 3-14 所示。在加工平衡布置的分流道时,应特别注意各对应部位尺寸的一致性,否则达不到均衡进料的目的。

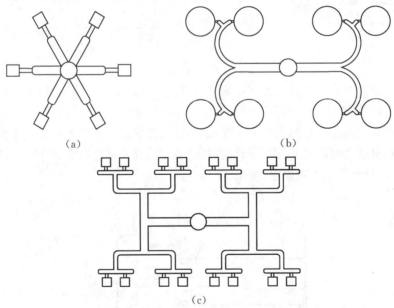

　　　　(a)　　　　　　　　　　　　　　(b)

　　　　　　　　　　　　(c)

图 3-14　平衡式布置的分流道示意

(2)非平衡式布置的分流道如图 3-15 所示。

由于各分流道长度不相同,为了达到各型腔同时均衡进料,必须将各浇口设计成不同的截面尺寸。但由于塑料的充模顺序与分流道的长短和截面尺寸等都有较大关系,要准确地计算各浇口尺寸比较复杂,需要经过多次试模和修整才能实现,故不适宜用于成型精度较高的塑件。

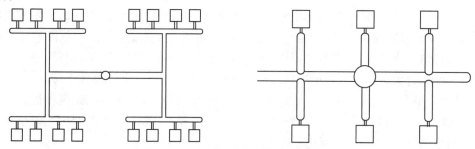

图 3-15　非平衡式布置的分流道示意

（3）分流道设计及制造要点。

设计分流道时，除了要正确选择分流道的截面形状和布置形式外，还应注意以下要点。

①分流道的截面尺寸视塑件的大小和壁厚、塑料品种、注射速率和分流道长度等因素而定，圆形截面分流道的直径可按表 3-6 选取，其中分流道长度短、塑件尺寸小时取较小值，否则取较大值，其他截面形状的分流道，其尺寸可根据与圆形截面分流道的比表面积相等的条件确定。分流道长度一般在 8~30mm 之间，也可根据型腔数量和布置取得更长一些，但不宜小于 8mm，否则会给修剪带来困难。

表 3-6　常用塑料的分流道直径

塑料名称或代号	分流道直径/mm	塑料名称或代号	分流道直径/mm
ABS,AS	4.8~9.5	PP	4.8~8.5
POM	3.2~9.5	PE	1.6~9.5
丙烯酸类	8.0~9.5	PPO	6.4~9.5
PA	1.6~9.5	PS	3.2~9.5
PC	4.8~9.5	PVC	3.2~9.5

②分流道的表面不必很光滑，其表面粗糙度 R_a 值一般为 $1.6\mu m$ 即可，这样流道内料流的外层流速较低，容易冷却而形成固定表皮层，有利于流道的保温。

③分流道与浇口的连接处应光滑过渡，以利于熔体的流动及填充，分流道与浇口连接处的形状如图 3-16 所示。

④在考虑型腔与分流道布置时，最好使塑件和流道在分型面上总的几何中心与锁模力的中心相重合，不仅能可靠锁模，而且还可以防止发生溢料现象。

⑤当分流道较长时，其末端应设置冷料穴，以防止冷料头堵塞浇口或进入型腔而影响塑件的质量。

3. 浇口

它又称进料口，是分流道与型腔之间的狭窄部分，是浇注系统中最短小的部分。这一狭窄短小的浇口能使分流道输送来的熔融塑料产生加速，提高喷射力，形成理想的流动状态而充满型腔，同时还起着封闭型腔防止塑料倒流的作用，并在成型后便于使浇注系统凝料与塑件分离。截面形状一般为圆形、梯形等。

浇口的位置、数量、形状、尺寸等是否合适，直接影响到制件产品的外观、尺寸精度和生产效率。

浇口尺寸的大小要根据产品的重量、塑料材料特性及浇口的形状来决定。在不影响产品性能及成型效率的前提下,浇口应尽量缩短其长度、深度、宽度。但浇口截面尺寸不能过小,过小的浇口压力损失大,冷凝快,补缩难,会使塑件表面出现凹凸不平;同样,浇口截面尺寸也不能过大,过大的浇口注射速率低,温度下降快,塑件可能产生熔接痕等缺陷。

一般浇口的尺寸很难用理论公式计算,通常根据经验取下限,然后在试模中逐步加以修正。一般浇口的截面面积约为分流道截面面积的 3%～9%,截面形状常为梯形、半圆形或圆形,浇口长度为 0.7～2mm,表面粗糙度 R_a 值不高于 $0.4\mu m$。

4.冷料穴

它是指直接对着主流道的孔或槽。其作用是储藏注射间隔期间产生的冷料头,以防止冷料进入型腔而影响塑件质量,或防止堵塞浇口而影响注射成型。当分流道较长时,其末端也应开设冷料穴。但并不是所有浇注系统都具有上述各组成部分,例如无流道凝料浇注系统。

根据拉料方式的不同,冷料穴一般有带钩形拉料杆的冷料穴、带球头拉料杆的冷料穴等,如图 3-17 所示。

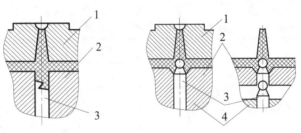

(a)带钩形拉料杆的冷料穴　　(b)带球头拉料杆的冷料穴

1—定模板;2—推件板;3—拉料杆;4—动模板。

图 3-17　常见冷料穴的形式

3.3　抽芯机构及其加工

3.3.1　抽芯系统基本知识

侧向分型与抽芯注射模的装配图如图 3-18 所示。以下分析侧向分型与抽芯注射模工作原理(以斜导柱注射模为例)。

图 3-18 所示的塑件上侧有一通孔,下侧有一凸台。在模具上,将侧型芯镶入侧型芯滑块中成型上侧通孔,采用侧型腔滑块成型下侧凸台。斜导柱固定在定模部分,侧型芯滑块和侧型腔滑块安装在动模部分的导滑槽内。开模时,塑件包紧在凸模上随动模部分一起向左移动,与塑件相连的主流道凝料从浇口套中脱出,与此同时,在斜导柱作用下,在侧型芯滑块和侧型腔滑块随动模后退的同时,侧型芯滑块和侧型腔滑块在推件板的导滑槽内分别向上和向下做侧向移动而脱离塑件,直至斜导柱与它们脱离,侧向抽芯与分型才结束。为了合模时斜导柱能准确地插入滑块上的斜导孔中,在滑块脱离斜导柱时,要设置滑块的定距限位装

置。上侧型芯滑块的限位装置是挡块、限位螺杆、弹簧和螺母,下侧型腔滑块的限位装置是挡块。当斜导柱脱离滑块时,在压缩弹簧的作用下,侧型芯滑块紧靠在挡块上而定位,侧型腔滑块由于自身的重力定位于挡块上。动模继续向左移动,当推出机构工作时,推件推动推件板把塑件从凸模上脱下来。合模时,推件板靠推杆复位,侧滑块由斜导柱插入后驱动复位,同时在它们的外侧由楔紧块锁紧,以使其在注射塑料熔体时产生的成型压力的作用下不发生位移。

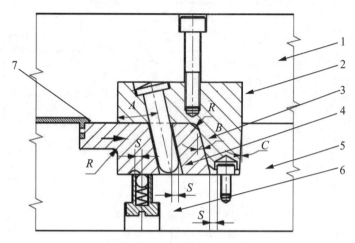

1—定模板;2—楔紧块;3—滑块;4—斜导柱;5—动模板;6—弹簧销;7—塑料制件。

图 3-18 侧向分型与抽芯机构典型结构

3.3.2 侧型芯机构滑块加工及工艺分析

滑块是完成侧面抽芯的一个重要零件,配合导滑槽使用,用斜导柱带动进行侧抽芯。

行位(滑块槽)是滑动横模,一般在制品侧面有凹凸形状时使用,分矩形(T 形槽)和燕尾形,可使滑块带动成型芯平稳而准确地进行侧抽芯。

3.3.2.1 滑块和导滑槽的类型

滑块和导滑槽的组合类型如图 3-19 所示。滑块限位装置如图 3-20 所示。

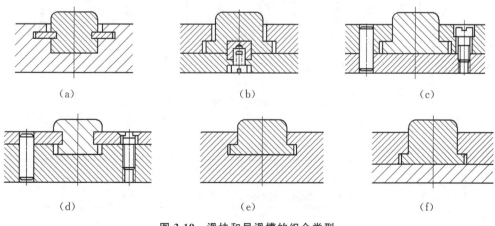

图 3-19 滑块和导滑槽的组合类型

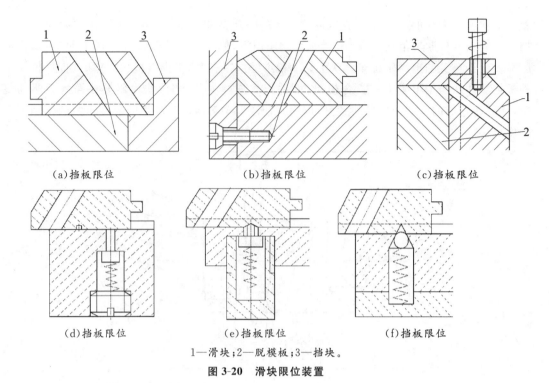

（a）挡板限位　　　　　　　（b）挡板限位　　　　　　　（c）挡板限位

（d）挡板限位　　　　　　　（e）挡板限位　　　　　　　（f）挡板限位

1—滑块；2—脱模板；3—挡块。

图 3-20　滑块限位装置

3.3.2.2　滑块的加工

滑块如图 3-21 所示。

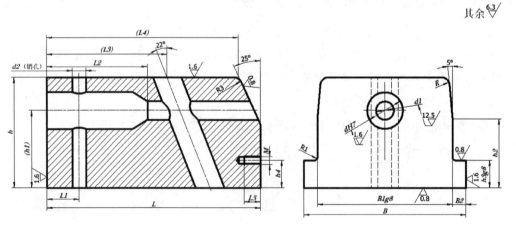

其余 $\sqrt{\dfrac{6.3}{}}$

图 3-21　滑块

滑块的加工工艺见表 3-7。

表 3-7　滑块的加工工艺

工序号	工序名称	工序说明
1	备料	将毛坯锻成平行六面体，保证各面有足够加工余量

工序号	工序名称	工序说明
2	铣削加工	铣六面
3	钳工画线	
4	铣削加工	铣滑导部，$R_a=0.8\mu m$ 及以上，表面留磨削余量 铣各斜面达设计要求
5	钳工加工	去毛刺、倒钝锐边
6	热处理	
7	磨削加工	磨滑块导滑面达设计要求
8	镗型芯固定孔	将滑块装入滑槽内； 按型腔上侧型芯孔的位置确定导滑块上型芯固定孔的位置尺寸； 按上述位置尺寸镗滑块上的型芯固定孔
9	镗斜导柱孔	动模板、定模板组合，楔紧块将侧型芯滑块锁紧（在分型面上用 0.02mm 金属片垫实）； 将组合的动、定模板装夹在卧式镗床的工作台上； 按斜销孔的斜角旋转工作台，镗孔

3.3.2.3　楔紧块的加工

楔紧块的零件图如图 3-22 所示。

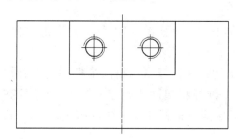
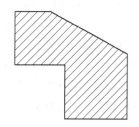

图 3-22　楔紧块

楔紧块的形式如图 3-23 所示。

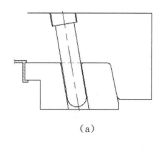
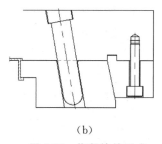
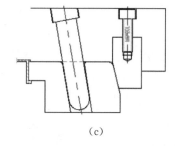

（a）　　　　　　　　　（b）　　　　　　　　　（c）

图 3-23　楔紧块的形式

楔紧块的加工工艺见表 3-8。

表 3-8　楔紧块的加工工艺

工序号	工序名称	工序说明
1	备料	将毛坯锻成平行六面体,保证各面有足够的加工余量
2	钳工画线	
3	铣削	铣各面。留磨削量; 铣斜面达到设计要求
4	钳工加工	钻孔,攻丝
5	热处理	
6	磨削加工	磨削斜面达到设计要求

3.4　推出复位系统及加工

3.4.1　推出复位系统的工艺分析

3.4.1.1　推出复位系统的构成及种类

在注射成型的每一个循环周期中,塑件都必须由模具型腔中脱出,模具中脱出塑件的机构称为推出机构,也称脱模机构。

推出机构的推出过程(以推杆推出机构为例)如图 3-24 所示。推出过程包括开模、推出、取件、闭模、推出复位等过程。

推出机构由以下几部分组成:推出机构——推杆、拉料杆、推杆固定板、限位钉;导向零件——导柱、导套;复位零件——复位杆。推杆将塑件从型芯上推出,复位杆在闭模过程中使推杆复位;推杆固定板与推板连接和固定所有推杆和复位杆,传递推出力并使整个推出机构能协调运动。

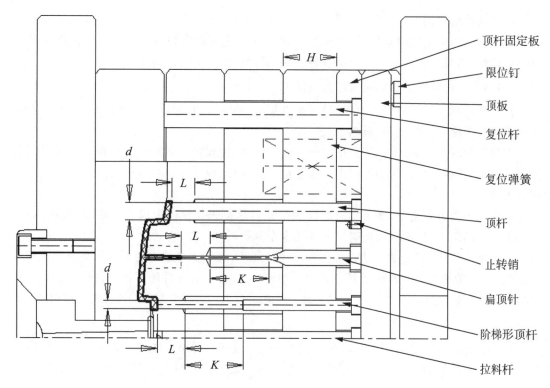

图 3-24　推出机构

根据推出机构的驱动方式不同,通常可分为以下几类。

1. 手动推出机构

它是在开模以后用人工操作推出结构来推出塑件。对一些不带孔的扁平塑件,由于它和模具的黏附力不大,在模具结构上可不设计推出机构,而直接用手或钳子夹出塑件,这种推出机构推出动作平稳、对塑件无撞击、操作安全,脱模后制品不易变形,但工人劳动强度大、生产效率低,并且推出力受人力限制不可能很大,在大批量生产中不宜采用这种脱模方式。

手动推出机构多设在注射机不设顶出装置的定模一边,有时在复杂模具结构中为防止因操作秩序先后颠倒而损坏模具时,也用手动推出机构。

2. 机动推出机构

它是利用注射机的开模动作推出塑件。开模时塑件先随动模一起移动到一定位置,推出机构被注射机上固定不动的顶杆顶住而不再随动模移动,动模继续移动时,推出机构便将塑件从动模型芯上推出。机动推出机构具有生产效率高、工人劳动强度低且推出力大等优点,是生产中广泛应用的一类推出机构。但机动推出机构对塑件会产生撞击,制件会存在变形。

3. 液压推出机构

它是在注射机上设置专用顶出油缸,当开模到一定距离后,通过油缸活塞驱动推出机构实现脱模。这种推出机构推出动作平稳,推出力可以控制,但需设置专用液压装置。

4.气动推出机构

它是利用压缩空气,通过型腔里微小的顶出气孔或气阀将塑件吹出。气动推出的推出力也可控制,而且在塑件上不留顶出痕迹,但也需设置专门的气动装置。

3.4.1.2 设计推出机构时应考虑的因素

1.结构可靠。推出机构应工作可靠、运动灵活、制造方便、配换容易,机构本身要具有足够的刚度和强度,足以克服脱模阻力。

2.保证塑件不变形、不损坏。由于塑件收缩时包紧型芯,因此脱模力作用位置尽可能靠近型芯,同时脱模力应施于塑件刚度和强度最大的部位,如凸缘、加强筋等处,作用面积也尽可能大些。

3.保证塑件外观良好,要求推出塑件的位置应尽量选在塑件内部或对塑件外观影响不大的部位,尤其在使用推杆退出时更要注意这个问题。

4.尽量使塑件留在动模一边。因为利用注射机顶出装置来推出塑件时模具的推出机构较为简单。若因塑件机构形状的关系不便留在动模时,应考虑对塑件的形状进行修改或在模具机构上采取强制留模措施,实在不容易处理时才在定模上设置较为复杂的推出机构推出塑件。

3.4.1.3 简单脱模机构介绍

塑件在顶出零件的作用下,通过一次顶出动作,就将塑件全部脱出。这种类型的脱模机构,也称为一次顶出机构。它是最常见的、也是应用最广的一种脱模具机构,一般有以下几种形式。

1.顶杆脱模机构(推杆脱模机构)

(1)顶杆机构的组成和动作原理

顶杆脱模机构是最典型的简单脱模机构(见图3-25),它结构简单,制造容易而且维修方便。它是由顶杆1、顶杆固定板2、顶杆垫板5、拉料杆6、调节支承钉8和复位杆7等所组成的。顶杆、拉料杆/复位杆都装在顶杆固定板上,然后用螺钉将顶杆固定板和顶杆垫板连接固定成一个整体,当模具打开并达到一定距离后,注射机上的机床顶杆将模具的顶出机构挡住,使其停止随动模一起移动,而动模部分还在继续移动,于是塑件连同浇注系统一起从动模中脱出合模时,复位杆首先与定模分型面相接触,使顶出机构与动模产生相反方向的相对移动,模具完全闭合后,顶出机构便回复到了初始的位置(由调节支承钉保证最终停止位置)。

(2)复位装置

顶杆将塑件顶出后,必须返回其原始位置,才能合模进行下一次注塑成型。最常用方法是复位杆回程。这种方法经济、简单,回程动作稳定可靠,图3-26所示就是常用复位杆的形式。

其工作过程如图3-25所示,当开模时,顶杆一起向上顶出,这时复位也同时突出模具的表面;当注塑模闭合时,复位杆与定模分型面接触,注塑机继续闭合时,则迫使复位杆随同顶出机构一同返回原始位置。

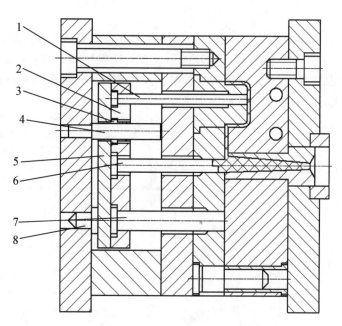

1—顶杆；2—顶杆固定板；3—推板导套；4—推板导柱；5—顶杆垫板；
6—拉料杆；7—复位杆；8—调节支承钉。

图 3-25 顶杆一次顶出机构

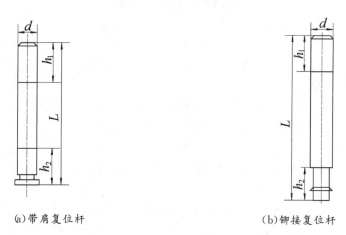

(a)带肩复位杆　　　　　　　　　　　　　(b)铆接复位杆

h_1 段为淬硬段；h_2 段为配合段

图 3-26 复位杆

有时，需要在模具闭合之前使顶杆复位，一般采用弹簧回程的办法。图 3-27 所示就是弹簧回程的顶出机构。工作过程是：注塑成型后，注塑机的另一顶杆推动顶板 2，这时，弹簧 5 受到压缩，同时顶杆 3 将塑件顶出。合模时，弹簧 5 在弹性回复力作用下回复到原有长度，将顶板 2 与顶杆 3 一同弹回原来的位置。

虽然弹簧回程经常被采用，但有时由于回程负荷的不均衡，不能准确可靠地使顶出装置复位。

（3）导向装置

对大型模具设置的顶杆数量较多或由于塑件顶出部位面积的限制，顶杆必须加工成细长形时，以及顶出机构受力不均衡时，顶出后，顶出板可能发生偏斜，造成顶杆弯曲或折断，此时应考虑设置导向装置，以保证顶出板移动时不发生偏斜。一般采用导柱、导套来实现导向，导柱与导向孔或导套的配合长度不应小于10mm。

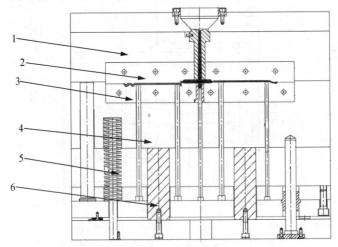

1—定模板；2—定模镶块；3—动模镶块；4—动模板；5—复位弹簧；6—支承柱。

图 3-27 弹簧复位机构

（4）顶杆的形式

在模具加工制造中，顶杆常采用标准件，顶杆材料多用 45 号钢，T8A 或 T10A，头部要淬火，硬度应达到 40HRC 以上，表面粗糙度为 $R_a 0.63 \sim 1.25 \mu m$。

（5）顶杆的固定方法

顶杆与固定孔间应留一定的间隙，装配时顶杆轴线可做少许移动，以保证顶杆与型芯固定板上的顶杆孔之间的同轴度，钻孔时采用配合加工的方法。

顶杆与顶杆孔间为间隙配合，其配合间隙兼有排气作用，但不应大于所用塑料的排气间隙，以防漏料。顶杆端面因其已构成型腔的一部分应精细抛光。为了不影响塑件的装配和使用，顶杆端面应高出型腔表面 0.05mm。

为满足装配要求，模具上装插顶杆和复位杆的各孔在各板上有较严格的位置要求。一般可采用将各板重叠、用一次性钻铰的加工方法来达到。也可将各有关模板分别加工，用线切割坐标镗床加工等保证每个模板上孔系的相对位置精度。顶杆和复位杆在加工时应加长一些，最后在装配中通过配磨等确定最后长短。

2.推管脱模

它常用于圆筒状塑件的推出。它提供了均匀脱模力，且在塑件上不留任何推出痕迹，适用于一模多腔成型，但对于一些软质塑料塑件或薄壁深筒形塑件，不宜采用单一的推管推出，通常要用其他推出元件（如推杆等）同时采用才能达到理想的效果。推管脱模机构将型腔和型芯均设计在动模上，可保证制件孔与其外圆的同轴度。图 3-28 所示是常见推管脱模的两种结构形式。

推管脱模要求推管内外表面都能顺利滑动。推管在推出位置与型芯应有 8～10mm 的配合长度,推管壁厚应在 1.5mm 以上。

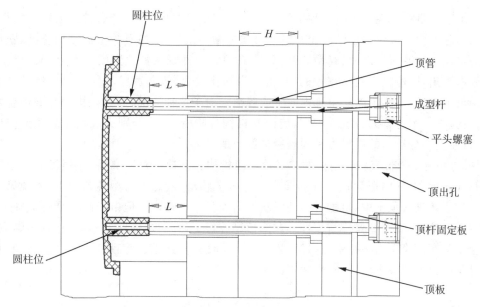

图 3-28　推管脱模的结构

3.推板脱模

它是在模具分型面处从壳体塑件的周边将塑件推出,推出力大且均匀。对侧壁脱模阻力较大的薄壁体制件,推出后外观上几乎不留痕迹。适宜成型透明塑件时的推出。

推板脱模机构不需要采用复位杆复位。一般推板由模具的导柱导向机构定位,以防止推板孔与型芯间的磨损和偏移,如图 3-29 所示。这种结构推板与型芯之间要有高精度的间隙,均匀的动配合,要使推板灵活脱模和回复,又不能有塑料熔体溢料,最大单向间隙应限制在 0.05mm 以下。推板脱模的分型面应尽可能为简单无曲折的平面。

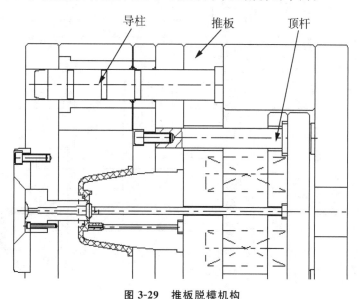

图 3-29　推板脱模机构

3.4.1.4 二级脱模机构

一级脱模机构是在脱模机构顶推运动中一次将塑件脱出的,这些塑件因为形状简单,仅仅是从型芯上脱下或仅从型腔脱出。对于形状复杂的塑件,因模具分型面结构复杂,塑件被顶推的半模部分既有型芯,又有型腔一部分,必须将塑件既从被包紧的型芯上,又从被黏附的型腔中脱出,脱模阻力是比较大的,若由一次动作完成,势必造成塑件变形、损坏,或者在一次顶出动作后,仍然不能从模具内取下或脱落。对于这种情况,模具机构中必须设置两套脱模机构,在一个完整的脱模行程中,使两套机构分阶段工作,分别完成相应的顶推塑件的动作,以便达到分散总的模阻力和顺利脱件的目的。

图 3-30 所示为带有斜楔结构的二级顶出模机构。开模一定距离后,注塑机的推顶装置通过顶杆底板 12 同时驱动顶杆 9 和凹模型腔板 7 移动,使制品与型芯 8 脱离,实现第一次顶出动作。在这次顶出中,斜楔 6 推动滑块 4 向模具中心移动。但由于此时滑块 4 与推杆 2 还存在平面接触,推杆 2 保持与顶杆 9 和凹模型腔板 7 做同步运动。一旦一次顶出结束,推杆 2 会坠落在滑块 4 的圆孔中,这样凹模型腔板 7 便停止运动。而顶杆 9 在继续运动,直到把制品从凹模型腔板中脱出,实现第二次顶出。

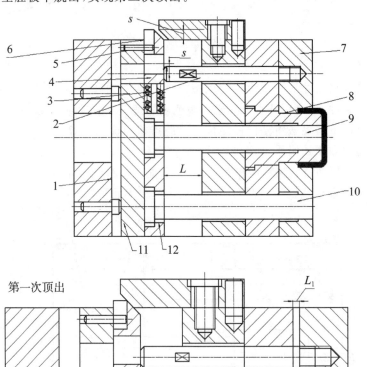

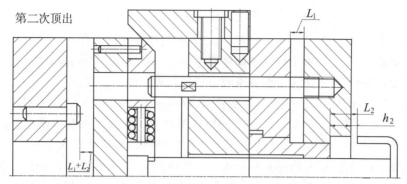

第二次顶出

1—动模座；2—推杆；3—压缩弹簧；4—滑块；5—限位销；6—斜楔；
7—凹模型腔板；8—型芯；9—顶杆；10—复位杆；11—顶杆固定板；12—顶杆底板。

图 3-30　斜楔滑块式单顶板二级顶出模机构

3.4.2　推出复位系统的孔加工

3.4.2.1　坐标镗床机构

坐标镗床是高精度机床的一种。它是坐标位置的精密测量装置。坐标镗床可分为单柱式坐标镗床、双柱式坐标镗床和卧式坐标镗床。

（1）单柱式坐标镗床。主轴带动刀具做旋转主运动，主轴套筒沿轴向做进给运动。特点：结构简单，操作方便，特别适宜加工板状零件的精密孔，但它的刚性较差，所以这种结构只适用于中小型坐标镗床。

（2）双柱式坐标镗床。主轴上安装刀具做主运动，工件安装在工作台上随工作台沿床身导轨做纵向直线移动。它的刚性较好，目前大型坐标镗床都采用这种机构。双柱式坐标镗床的主参数为工作台面宽度。

（3）卧式坐标镗床。工作台能在水平面内做旋转运动，进给运动可以由工作台纵向移动或主轴轴向移动来实现。它的加工精度较高。

坐标镗床是一种高精度孔加工的精密机床，主要用于加工零件各面上有精确孔距要求的孔。所加工的孔不仅具有很高的尺寸精度和几何精度，而且有极高的孔距精度。孔的尺寸精度可达 IT6、IT7，表面粗糙度取决于加工方法，一般可达 $R_a 0.8\mu m$，孔距精度可达 0.005 ～0.01mm。

在模具零件加工中常用立式坐标镗床，包括单柱和双柱坐标镗床，图 3-31 所示为双柱光学坐标镗床。

图 3-31　双柱光学坐标镗床

3.4.2.2 坐标镗床在模具零件制造工艺中的应用

坐标镗床适宜加工多孔系、孔位置精度高、孔径精度较高的零件。

在机械制造中,一般常用于较大型箱体类零件上的孔加工。而在模具零件的制造中,一般常用于尺寸较大、孔之间位置精度要求较高的模具零件加工。

如模具上导柱导套的装配孔分别在定模板、动模板上,为了使模具在注塑成型过程中分合模定位准确,就要求模板上对应的孔之间位置要统一。在加工制造中使用坐标镗床进行加工,不仅能控制孔的位置精度,还能较方便地控制导柱孔和导套孔大小不一的尺寸要求。塑料模具成型制件的过程中,需用拉料杆拉出流道内的余料,需用组合推杆推出包紧在型芯上的制件,然后用多根复位杆复位,这些推杆、复位杆、拉料杆在大型模具的制件脱模与复位过程中,数量均较多,而且都必须移动灵活,制造加工时除孔壁的粗糙度值要求较小外,孔与孔之间的位置精度就显得十分重要,使用坐标镗床进行加工,这些要求相对容易得到保证。

加工实例:多孔系模具零件加工。

零件如图 3-32 所示。

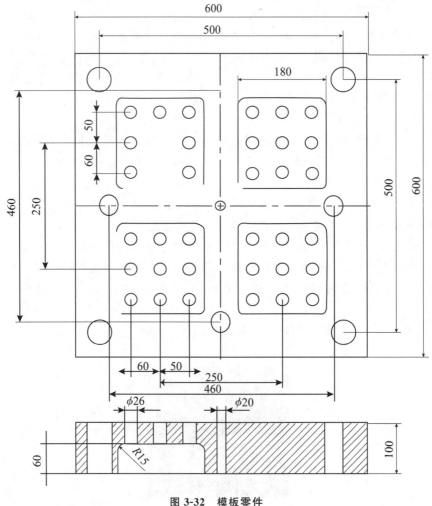

图 3-32　模板零件

该模具零件上需要加工的内孔较多,孔径相对较大,相互之间的位置要求较高,可选择采用坐标镗床进行加工。其孔的制造加工工艺过程如下。

①备料:45 号钢,610mm×610mm×110mm 模板。

②铣削:粗铣六面,单边留 0.4mm 磨削余量,铣削时注意保证各面间垂直度。

③磨削:磨削六面,基准面之间的垂直度不大于 0.02mm,表面粗糙度 $R_a \leqslant 1.6\mu\mathrm{m}$。

④钳工:按图画线,画出各孔间的尺寸位置线,以供定位和找正时作参考用。

⑤钻孔:选择相应的钻头,在所画线位置钻底孔,镗削前的底孔直径应小于图样上孔径 2～5mm。

⑥坐标镗床加工。

a.将模具零件放置在坐标镗床工作台上,用磁力表座固定百分表或千分表,按零件外侧基准面进行找正,使零件上两互相垂直的基准面与坐标镗床的 X、Y 轴平行,600mm 长度内平行度不大于 0.02mm。

b.利用找正时的坐标值计算出模具零件的平面中心位置,并使镗床主轴(Z 轴)中心线与模具零件平面中心线同轴。此时的零件平面中心点即为工件坐标原点。

c.按零件图样孔之间精度要求,以工件坐标系原点为基点,分别计算出各孔中心位置相对工件坐标原点的相对值,以供实际镗削时使用。

d.镗中心位置 $\phi20\mathrm{mm}$ 孔,正确选择刀杆和刀尖伸出长度,粗、精镗孔。粗加工中注意试切削、测量孔径、调整刀具,精加工采用标准浮动镗刀精镗内孔,加工孔至图样尺寸要求。

e.根据第 3 步计算所得各孔中心坐标值,移动工作台,使待加工孔中心与 Z 轴中心一致,镗孔。

⑦检验。

⑧待继续加工。

3.4.2.3　推出复位系统孔系的钳加工

尺寸较大的模具上推出复位系统孔系的孔径大、深,用坐标镗床进行加工比较经济,中小型模具上推出复位系统孔系的加工可采用数控铣削或加工中心来完成,而小型的塑料模具上的推出复位系统的孔系加工,由于孔径较小、精度较高,如受设备条件限制,可用钳工配钻铰削的方法来保证,而且具有方便、灵活等特点。

加工实例:

(1)将与推件杆、复位杆、拉料杆相组合配合的模具零件组合装夹成组件。

a.将已加工好的型芯按要求装配于型芯固定板。

b.将动模具型腔板、动模板、型芯固定板用导柱导套导向定位组装,动模支承板与型芯用螺钉、定位销紧固,装配成组件(一),如图 3-33 所示。

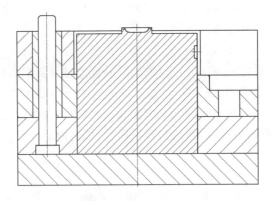

图 3-33　装配组件(一)

c.按图样要求在组件(一)上,分别画出各孔中心位置线,并检查、冲眼和夹紧定位。

d.将固定板、顶杆固定板按装配要求画线、钻孔、攻螺纹。

e.将推杆件固定板置于组件(一)模具装配位置,用平行夹具夹牢成一体,形成组件(二),如图 3-34 所示。

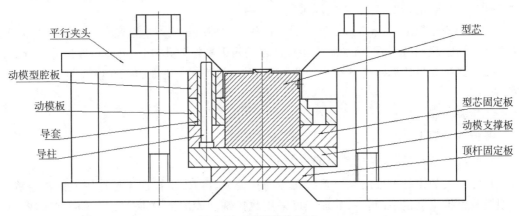

图 3-34　装配组件(二)

(2)将组件(二)置于钻床工作台上,分别选用相应钻头钻孔 $4\times\phi7.8$、铰孔 $4\times\phi8H7$、配入标准复位杆,使组件(二)的装夹各模具零件的相对位置固定,减少钻削过程中的相对位移误差。

(3)在组件(二)所画在型芯表面的推件杆孔中心位置,逐一配钻 $6\times\phi3.8$ 孔,铰削 $6\times\phi4H7$ 孔(型芯上表面向下有效深度 8mm);钻 $\phi5.8$、铰 $\phi6H7$(型芯上表面向下有效深度 15mm)拉料杆孔。

(4)将组件(二)各模具零件拆开,按图样对各孔实际使用要求进行钻扩孔。

a.型芯底部推件杆孔进行扩孔至 $\phi5$,拉料杆孔扩孔至 $\phi7$,其主要作用是减小推件杆、拉料杆工作状态时的摩擦。

b.顶杆固定板底部钻扩推件杆、复位杆、顶料杆的沉头孔。

c.动模支承板上的孔按图样要求加工,扩钻复位杆为 $4\times\phi8.5$,拉料杆孔为 $\phi6.5$,推件杆孔为 $6\times\phi5$。

思考题

1. 塑料模具的制造过程有哪些?
2. 型腔加工工艺一般有哪些?
3. 型芯加工工艺一般有哪些?
4. 滑块的加工工艺有哪些?
5. 坐标镗床在模具加工的适用范围有哪些?

第4章 冲压模具加工基础知识

4.1 冲裁模具零件的加工基础

4.1.1 工艺的制定

1. 制定冲压工艺的主要内容

制定冲压工艺时,先要分析制件的工艺性,即根据产品图纸认真分析制件能否用冲压加工的方法制造,产品结构是否都合理,需要对产品提出哪些修改意见。通常在分析制件的工艺性尚属合理以后,列出几种不同的冲压工艺方案(包括工序性质、工序数、工序顺序、工序合并等),进行综合分析、比较,然后确定适合具体生产条件的最经济的合理方案,并在最经济的原则下决定毛坯的形状、尺寸和下料方式,确定材料的消耗量。最后,根据制定的工艺方案和制件的形状特点、精度要求、生产批量,模具加工条件,操作习惯与安全性,以及现有设备的自动化装置等,确定冲模类型,选定设备的类型和压力大小。合理选用冲压设备时,应根据现有设备情况,同时要照顾到生产的平衡,并应能满足所要完成冲压工序的性质以及所需要的总变形力、变形功,且模具的闭合高度应在冲压设备的允许装模高度之内。

2. 工序性质的确定

冲孔或落料是使材料分离的常见工序,弯曲、拉伸、成型等是使材料变形的常见工序。冲压工序性质,就是根据制件的结构形状,按各种工序的变形性质和应用范围确定的。例如,平板件采用冲裁工序,弯曲件采用弯曲工序,空心筒形件采用拉伸工序,深度较大的无底筒形件可采用拉伸、冲孔、翻边等复合工序。应该指出,工序性质的确定常常受到具体条件的限制,因此在确定时要紧密结合生产和设备条件。

在一般情况下,工序性质可以直接从制件图予以确定,但有时要通过计算、分析才能准确地确定。如图 4-1 所示的制件,材料为 A3,从表面看似乎可以用落料、冲孔与翻边三道工序或冲孔、落料复合与翻边两道工序完成。但计算分析表明,由于翻边系数($K = d/D = 56/92 = 0.61$)小于极限值,该制件采用冲孔、翻边的工序达不到所要求的高度,因而应改用落料、拉伸、冲孔、翻边工序,如图 4-2(b)所示,或落料、拉伸、整形、切底等工序。而图 4-2(a)所示制件因翻边高度小,所以可以采用落料冲孔复合与翻边两道工序完成。

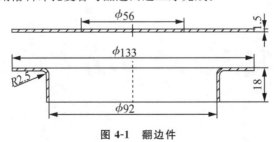

图 4-1 翻边件

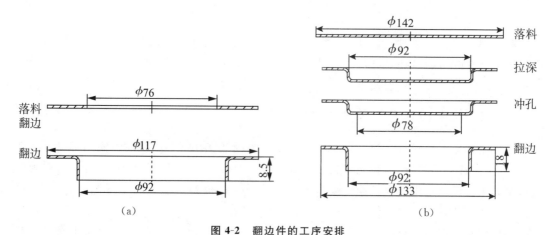

图 4-2　翻边件的工序安排

3.工序数的确定

在保证制件质量的前提下,按生产和经济的要求,工序数应尽量少些。工序数主要由制件的几何形状复杂程度、尺寸精度和材料性质决定。确定工序数时,对各种不同性质的工序,应遵守下列原则:

①冲裁形状简单的制件,一般只用单工序完成。冲裁形状复杂的制件,由于受到模具结构和强度的限制,其内外轮廓应分成几个部分,需用多副模具或用级进模分段冲裁,因而其工序数由孔与孔之间距离、孔的位置和孔的数量来决定。

②弯曲件的工序数取决于弯角的多少、弯角相对位置和弯曲方向。

③拉伸件的工序数与制件材料性质、拉伸阶梯数、拉伸高度与直径的比值以及材料厚度与毛坯直径的比值等有关,一般都要经过计算才可确定。

④尺寸精度要求较高的冲裁件,一般可采用精冲。采用精冲有困难,可用普通冲裁,然后增加一道整修工序。此外,还有一些要求平整的板件,可在落料工序后增加一道校平工序。

4.工序先后顺序的安排

冲压工序先后顺序的安排,主要根据工序性质、材料变形规律、制件形状特征、尺寸精度要求等决定。安排工序顺序时,要注意技术上的可能性,保证前后工序不相互影响,并应保证质量的稳定性和经济上的合理性。因此,确定工序顺序一般遵守如下原则:带有缺口或孔的平板形制件,使用简单冲模时,一般先落料后冲缺口和孔;用级进模冲,则应先冲切口和孔然后落料。成型件、弯曲件上的孔,在尺寸精度要求允许的情况下,应尽量在毛坯上先冲出孔(先冲出的孔可作后道工序定位用)。如果孔的形状位置要求很高,则应在成型、弯曲后再用冲模单独加工孔。在制件上同时存在两个直径不同的孔,且其位置又较近,应先冲大孔后冲小孔,以避免由于冲大孔时变形大而引起小孔变形。若孔在制件弯曲区内,必须先弯曲后冲孔,以避免弯曲时变形。对于多角弯曲件,如分几次弯曲时,应先弯外角,再弯内角。拉伸件上所有的孔,应在拉伸成型后再冲孔,以防拉伸时变形。拉伸复杂制件时,一般先拉伸内部形状,后拉伸外部形状。对于校正、整形、矫平等工序,一般在冲裁、弯曲和拉伸工序之后进行。

5. 工序的合并

制定冲压工艺方案时,当工序的性质、工序数和工序顺序确定之后,应充分考虑这些工序是否有合并的可能与必要,即各单工序能否组合在一起,采用复合模或级进模等冲压模具生产。

4.1.2　冲裁模具零件的加工基础

冲模制造应根据模具结构、模具材料、尺寸精度、形位精度、工作特性和使用寿命等项要求,综合考虑各方面的特点,并充分发挥现有设备的一切特长,选取最佳加工方案,有效地制造出高质量的模具。由于模具设计要求千变万化,设备、操作水平和加工习惯差异甚多,因而模具制造工艺是灵活多变的。

国内模具制造在较长的时间里采用的是传统的加工方法。其中,一部分属于模具的基本加工技术,应作为经验继续使用和促其发展;另一部分则将为新的技术逐步取代。近年,新工艺新技术开始在模具制造技术中得到应用和推广,如无接触仿形装置、坐标磨削、三坐标测量以及 CAD、CAM 的多种技术等。这里仅简要介绍几项现代的制模技术和工艺。

在线切割机床方面,不仅实现了数控,而且向高精度、自动化和多功能发展。线切割加工中心具备的特点有:自动定位、自动转换工具、自动穿丝、自动补偿和自动加工,并具有断丝复原的功能;操作者可与机器对话;设有遥控装置;长时间工作时能自动更换工作液;在无人管理的情况下进行精加工;利用带 U-V 坐标的十字工作台实现可变锥角,工作高度为66mm 时最大锥角可达±30°,且可以实现方圆转换(工件的底为方形而顶为圆形),甚至可以实现扭转。

冲模刃口的加工方法,已由传统的加工方法演变为数控线切割加工方法或线切割后坐标磨削的加工方法。对精度冲裁模,采用数控连续轨迹坐标磨床磨去电加工后的表面硬化层(线切割后留磨削余量 0.05mm),可进一步保证模具的质量和寿命。坐标磨床的精度一般在 X、Y 坐标任意 30mm 长度以内为 0.8μm,能够磨削的最小孔径为 0.5mm。

近年来检测技术和精密计量技术也有很大发展。如光学投影仪用放大图,以前由人工绘制,现在可由计算机绘制;检测圆度误差以前用千分尺量椭圆度,现在可用圆度仪。而三坐标测量机可以完成型孔或三维的各种复杂型面的测量。在模具装配方面,可用模具装配机进行安装、修配、钻孔、攻丝等项工作,对小型模具还可以在装配机上进行试冲。

随着模具材料的发展,硬质合金、钢结硬质合金、粉末高速钢等的应用逐渐增多,这些都给热处理和磨削加工等带来一些新的困难,要求在工艺上有所突破,另外,在模具选材方面还在不断创新。如国外模具中有一种导套采用玻璃钢制造,将其在润滑剂中浸后使用,有良好的润滑效果。还有的用耐磨铸铁制造模座,从而不再需要安装导套。而从西德引进的多工位模具中,其卸料板型孔使用高强度、高硬度的环氧树脂,在卸料板上加工型孔时,只需每面留出约 0.3mm 的间隙,组装时将所有凸模插入凹模,四周加垫以保持间隙均匀、垂直,在凸模与卸料板配合的一段长度上涂以阻胶剂(亦称脱模剂),避免被环氧树脂粘住,注入环氧树脂后凸模与凹模即可脱离,此时卸料板上所有与凸模配合的型孔均由环氧树脂注成。这种方法加工方便,导向性好,耐磨性亦可满足使用要求,浇注 24 小时后就可试冲模具。

模具结构的发展,也推动着制模工艺的开展。如滚动导向机构已在精密模架中广泛使用;高速冲床的发展进一步提高了多工位模具的技术难度;各类组合冲模、调整式冲模多数都由极其精密的元件组成;精冲冲模在模具的精密程度和复杂程度上有更多的要求;各种简易冲模,如锌合金模具、聚氨酯橡胶模具、环氧树脂模具等广泛使用各种非金属或轻合金材料制造。这些都会给模具制造工艺带来新的课题。

近年来,模具的延寿已成为共同关心的问题,并已从许多方面取得了成果,实例很多。如化学气相沉积法(简称 CVD 法),在 Cr12、Cr12MoV、9SiCr 模具上涂复 $3\sim10\mu m$ 的 TiN 薄层,可以提高模具的使用寿命 $1\sim20$ 倍。由于 TiN 与模具结合牢固、硬度高(几乎是硬质合金的两倍)、摩擦系数小、耐氧化、耐腐蚀、不黏膜,因此可广泛用于冲裁模、拉伸模、挤压模以及其他类型模具。

4.1.3　冲模制造的工艺与生产特点

4.1.3.1　冲模制造的工艺特点

一般说来,冲模是专用的工艺装备,专用冲模制造属于单件生产。尽管采取了一些措施,如模架标准化、毛坯专用化、零件商品化等,适当集中模具制造中的部分内容,使其带有批量生产的特点,但对整个模具的制造过程,尤其对工作零件的制造过程仍然属于单件生产。有关单件生产的特点有以下几个方面:

第一,不用或少用专用工具加工,尽量采用万能的加工方法。这就要求操作者能熟练地使用各种机床的各种附件。算料和下料时要按照单件生产的特点留出必要的夹头,有时也可用两个零件互为夹头,而有时则加大某一尺寸,以便加工工艺基准面或镗出工艺基准孔。

第二,为了缩短模具制造周期,除制造少数必不可少的专用量具(如型面样板)外,一般尽可能用通用的方法检测,这就要求操作者和检验人员熟悉各种通用量具和量仪,熟练掌握绝对测量法和提高模具质量。

第三,单件生产较批量生产的工序集中,从而可以减少工序间周转,简化管理,并便于将同一工种的任务相对固定地分配给一人完成,或采取钳工负责的管理方式,这有利于加快制造进度和提高模具质量。

第四,不宜采用互换性生产或分组装配的方法,而是采用配制配合。某些模具零件的基本尺寸允许稍大或稍小一点,但有配合关系的孔或轴必须保证规定的配合公差,以保证允许的间隙或过盈的变动量,这样既保证模具质量,又可避免不必要的零件报废。

冲压件的形状有的是极为复杂的。而模具作为实现这些复杂形状的工具,就必然具有复杂的型孔和型面。如冲裁模的工作零件,不但要符合被加工零件的图形,而且要按其原有尺寸公差合理压缩,以制订出模具工作件的制造公差;弯曲模的凸模、凹模,不但要符合其弯成的形状,而且要考虑修正材料弯曲后的回弹量,尤其对复杂的形状的零件的回弹修正,不但在设计时而且往往要在试模中反复修正,直至压出合格的零件;拉伸模凸模、凹模的圆角大小以及圆滑过渡的状况,不但影响拉伸模的成败,而且可以导致工序的增减。所有这些都显示出,加工模具工作件的复杂型孔和型面,是模具制造过程中的重要环节。

为了保证冲压件的精度和模具的寿命以及模具的工作的可靠性,对模具零件的尺寸精度、形位精度和表面粗糙度都须有较高的要求。以模具工作零件的精度与相应的冲压件精度相比较,在冲裁模和弯曲模中,尺寸公差提高 $1\sim3$ 级,形位公差提高 $1\sim2$ 级,表面粗糙度

R_a 为 0.4～0.8。在拉伸模中,尺寸公差和形位公差提高 1～2 级,表面粗糙度 R_a 为 0.10～0.20。多孔(槽)复合模的位置精度和多工位模具的位置精度更有严格的要求,很多非工作件也具有较高的尺寸或形位精度要求。如导柱外圆的公差带代号为 h5～h6,圆柱度公差为 0.003～0.006mm,表面粗糙度 R_a 为 0.05～0.10μm;导套孔的公差带代号为 H6～H7,圆柱度公差为 0.003～0.006mm,用于滑动导向的粗糙度 $R_a=0.20\mu$m,用于滚动导向的粗糙度 $R_a=0.05\mu$m。上述大部分都需要用成型磨削、坐标磨削、手工研磨、机械研磨及珩磨加工的方法达到要求。

在冲裁加工中,冲孔的尺寸取决于凸模的实际尺寸,落料的尺寸取决于凹模的实际尺寸。随着凸模的磨损,冲孔尺寸会逐渐减小;而随着凹模的磨损,落料尺寸会逐渐加大。鉴于以上原因,制造模具时,对凸、凹模多采用配合加工的形式,以保证任何复杂的型面上保持均匀的间隙,且能获得正确的落料或冲孔尺寸。配合加工时,落料凹模按图纸公差的中下差加工,其凸模按凹模完工后的实际尺寸配做,保持间隙要求;冲孔凸模按图纸公差的中上差加工,凹模按凸模完工后的实际尺寸配做,保持间隙要求。但有时为避免热处理变形而破坏配合尺寸,只能本着先难后易的原则颠倒加工顺序。如落料冲孔复合模中,凸凹模热处理时最容易变形,为了避免成套报废,就先加工凸凹模,然后配做凹模及凸模。此时,应将凸模和凹模的尺寸逐一换算至凸凹模上,而模具制造公差带的实际位置应保持不变。如果采用数控线切割机,则可对淬硬的工件直接进行精加工,免除复杂的换算。

4.1.3.2　冲模制造的生产特点

冲模的应用很普遍,许多工厂企业都设有模具制造车间,此外,还有专业生产模具的工厂,他们专门为社会提供服务。对于非专业厂的模具车间,其生产一般是不均衡的,设备的利用率也不高。为了尽可能缩短模具制造周期,可开展包括设计、工艺和出图形式的标准化工作。在设计标准方面,主要是模具结构的形式和规格要适合本企业产品零件的特点,以达到提高设计工作质量和缩短设计周期的目的。工艺标准化则是在设计标准化的基础上,将各类模具的零件的工艺路线和工艺方法规范化,甚至可预制出带工序哑图的工艺规程,使用时只要填写主要尺寸公差值等即可迅速发到生产现场。这样做一方面可以防止在编制工艺文件过程中产生不必要的差错并尽可能缩短编制工艺规程的周期,另一方面还有利于工时定额的标准化,为提高模具的生产管理水平创造了有利的条件。实行出图形式标准化,本部门或本企业内部对模具出图形式的规定,一般有一张代替装配图的模具说明图和若干张工作零件图。在模具说明图中画出工件的装配位置,其他零件只用双点画线示意,并在图纸一角画出制件的排样图等工序图。但实行出图形式标准化要具有模具标准件和标准毛坯的储备,否则就体现不出其优越性。

具有一定规模的专业模具厂与一般工厂企业的模具车间相比,其优越性有:设备利用率高,生产相对均衡;有利于集中技术优势,便于攻克难关,有利于实现标准化和质量管理;部分零件转变为批量生产,有利于提高模具质量并可降低成本;有利于实现模具产品商品化,增强市场竞争能力;有利于先进技术的推广,便于开展模具的科学研究,培养模具专业的骨干力量。

随着工业改革的深入发展,模具专业生产行业也必然会发生深刻变化。尤其在实现分工专业化和标准件商品化的基础上,模具制造将实现精加工设备 CNC(计算机数控)化,并配备数显装置。CNC 机床加工的最大特点在于精度的再现性极佳,从而可使模具的制造主要由设备来保证,以减少对人工技巧的依赖性。对冲模刃口的加工方法,也将由成型磨削方法为主演变为线切割加工方法以及线切割后坐标磨削的方法。此外,计算机辅助设计(CAD)和计算机辅助制造(CAM)的应用也将得到发展。CAD 是指利用计算机帮助设计者确定方案,在计算机系统上绘图,并对绘图的结构进行分析计算,对关键结构参数进行优化,设计者可以任意调用已存入数据库中的标准零件供设计使用。计算机系统不仅能完成装配图和零件图的设计,还可以给出零件和材料清单,甚至报价单。CAM 是指利用计算机编制数控机床程序,用程序在数控机床上进行加工,并可利用程序在数控测量机上对工件进行测量。

4.1.3.3　冲模的生产流程

冲模的生产流程与设备状况、人员配置及其业务水平等多种因素有关。一般标准规模工厂冲模生产全过程的流程如图 4-3 所示。

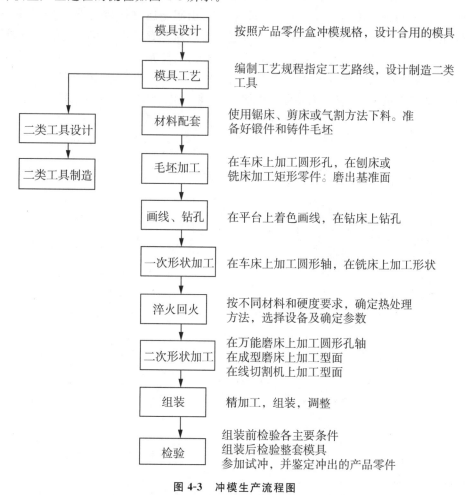

图 4-3　冲模生产流程图

4.1.4　凸凹模的电加工方案与加工

4.1.4.1　电火花加工

1.电火花加工原理、特点及应用

电火花加工就是利用电极和工件之间脉冲放电时产生的电腐蚀现象去除多余金属,达到加工的目的。图4-4所示是简单的电火花加工装置原理图,其中工具电极2和工件3相对置于绝缘的工作液4(如煤油)中,并分别与直流电源 E 的负极、正极相连接。当接通100~250V直流电源 E 后,经限流电阻 R 向电容器 C 充电,于是 C 的两端电压 U_c 由零按指数曲线逐渐升高,电极与工件之间的电压也同时升高。当电压升到一定值时,电极与工件之间的间隙被电离击穿而产生火花放电,电容器所储存的能量在电极与工件之间瞬时放出,形成脉冲电流,如图4-5所示。由于放电时间很短,能量高度集中,放电区的电流密度达到 10^4~10^7A/mm^2,从而可使温度达到5000~10000℃以上,引起金属材料熔化或气化,使电极和工件表面被腐蚀成一小凹坑,如图4-6所示。当电容器 C 所储存的电能在瞬时放尽后,间隙中的介质立即恢复绝缘状态,电容器再次充电,并重复上述放电过程。其频率一般为5~10kHz。经过多次火花放电,电极和工件的表面便形成无数小凹坑,如图4-7所示。加工时,工具电极自动向下进给,金属表面不断被蚀除,从而便使电极的轮廓形状复印在工件上。

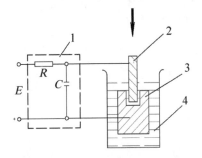

1—电源装置;2—电极;3—工件;4—工作液。

图4-4　电火花加工装置原理图

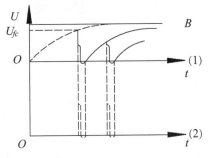

(1)间隙电压波形　(2)间隙电流波形

图4-5　RC 脉冲电源波形图

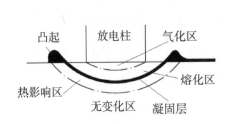

图4-6　小凹坑的形成

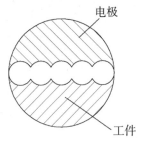

图4-7　间隙放大图

电火花加工具有如下特点:

①能够加工用机械方法难于加工或无法加工的特殊材料,包括各种淬火钢、硬质合金、耐热合金等。

②加工时,工具电极与工件材料不接触,无切削力作用,因而工具电极材料无须比工件材料硬,且便于加工小孔、深孔、窄缝零件以及各种复杂的型孔和型腔。

③便于实现自动控制和加工过程自动化。

在模具制造中,电火花可用于加工冲裁模、复合模、级进模等各种冲模的凹模、凹凸模、固定板、卸料板等零件的型孔,以及拉丝模、拉伸模等复杂零件的型孔;对淬硬钢件、硬质合金工件进行平面、内外圆、坐标孔或曲面电火花磨削,以及成型磨削;加工锻模、塑料模、压铸模、挤压模等各种模具的型腔;切割各种冲模的凹模、固定板、卸料板、顶板及导向板等各种内外成型零件,以及各种复杂零件的窄槽、小孔等。此外,还可用于刻制文字、花纹,对金属表面做渗碳和涂覆特殊材料等表面强化处理,以及回转加工螺纹环规等。电火花加工模具的主要缺点是:加工速度慢,加工面的粗糙度尚须提高。

2.电火花成型加工机床

电火花加工机床一般由脉冲电源、自动控制系统和机床本体以及工作液循环过滤系统组成。机床本体包括床身、立柱、主轴头、工作台、工作液槽等。图 4-8 所示为电火花成型加工机床。

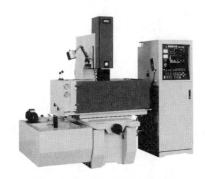

图 4-8　电火花成型加工机床

电火花放电加工过程一般在液体介质中进行,放电蚀除物一部分以气态形式抛出,其余大部分球状固体微粒分散悬浮在工作液中。随着放电加工的进行,电蚀产物越来越多,从而会容易引起二次放电现象,破坏加工的稳定性,影响加工的速度、精度及表面粗糙度。工作液通过循环过滤,一方面可排出电蚀产物,另一方面也可排出放电过程中的大量热量,从而使工作液始终保持清洁和良好的绝缘性能。

3.电火花加工用电极

电火花加工的工具电极要求为导电材料,并具有良好的电加工性能,以达到损耗小、加工效率高、加工稳定性好的目的。常用的电极材料有石墨、铸铁、钢、铜和钨合金等。铸铁的放电加工较稳定、加工效率较高、价廉、机械加工性能好、与凸模粘接在一起成型磨削方便,而缺点是加工表面粗糙度较差、易有砂眼、易积聚电蚀产物、易拉弧烧伤工件表面,故可用于穿孔加工。钢(如 Cr12、T10 等)材料在放电加工过程的损耗低于铸铁,易得到加工清角,且机械加工性能也较好,精度易保证,加工表面光洁。纯铜具有良好的电加工性能、损耗低,适于加工贯通模和型腔模,若采用细管电极可加工小孔,也可用电铸法做电极加工复杂的三维形状。铜钨、银钨合金具有良好的机械加工和电加工性能,是精密模具加工较理想的电极材料,缺点是成本较高,材料来源不广泛。

设计电极时,应先了解所用机床的特性,其中包括主轴头承载能力、工作台尺寸及承重大小、脉冲电源各加工规准的工艺指标及加工参数、电极损耗、加工间隙、加工锥度、加工表面粗糙度等。然后,根据工作型孔尺寸的精度要求、表面粗糙度、配合间隙等决定电极的结构形式、轮廓尺寸及其精度、电极长度等。电极的结构形式有整体式、镶拼式、组合式三种类型,可根据模具类型、型孔尺寸、电极装夹形式和经济效果等选定。整体式电极是用得较多的结构形式,其制造简单,装夹方便,适用于落料模、级进模、复合模加工。对于体积较大和较重的电极,可在电极上开减轻孔,以减轻电极重量。

化学腐蚀液配方如表 4-1 所示。腐蚀液配好后,不加热直接使用。新配制液体腐蚀速度快,随着使用次数增加,腐蚀速度降低。天冷时,酸液可以加热至 $50 \sim 60 \, ^{\circ}\mathrm{C}$ 使用。电极或工件的腐蚀要一次完成,避免反复多次,以免腐蚀不均匀,产生台阶或锥度。

表 4-1 化学腐蚀液配方

成分	种类								
	1	2	3	4	5	6	7	8	9
硫酸				50%	17%	18%			
硝酸	100%	40%	14%	50%	17%	10	60ml	80ml	60ml
盐酸				17%	10%	8ml	30ml	30ml	
磷酸					5%	2ml		30ml	
氢氟酸			6%		2%				
水		60%	80%		49%	55%			
速度 (mm/min)	0.06	0.04	0.01	0.01	0.01	$0.01 \sim 0.04$	$0.03 \sim 0.05$	$0.01 \sim 0.015$	$0.02 \sim 0.03$
表面粗糙度 (μm)	$R_a = 1.6$	$R_a = 1.6$	$R_a = 3.2$	$R_a = 3.2$	$R_a = 1.6$	$R_a = 3.2$	$R_a = 3.2$	$R_a = 3.2$	
腐蚀对象	纯铜黄铜	纯铜	T8 Cr12	纯铜黄铜	铸铁	Cr12	合金工具钢	合金工具钢	合金工具钢

镶拼式电极是将几块电极用电极托板固定成一整体,这种结构易得到"清角",精度也易保证。组合电极是将多个电极用电极固定板组合在一起,用于一次加工多孔落料模或级进模。组合电极常采用低熔点合金或环氧树脂黏结剂进行整体组合浇注,也可采用专用组合电极夹具进行组合装夹。这种方法有利于提高加工效率和模具制造精度。

电极长度取决于模具的结构形式、模板厚度(即加工深度)、电极材料、型孔的复杂程度、装夹形式、使用次数、电极制造工艺等一系列因素,图 4-9 为电极长度计算说明图,其估算公式如下:

$$L = KH + H_1 + H_2 + (0.4 \sim 0.8)(n-1)KH$$

式中:L 为所需电极的长度;H 为需电火花加工的厚度(刃口高度);H_1 为某些模板后部挖空时电极所需加长的部分;H_2 为某些较小电极端部不宜开连接螺纹孔,而必须用夹具夹持电极尾部时需增加的夹持部分长度,一般取 $10 \sim 20$ mm;n 为一个电极使用的次数(一般情况下,每多用一次,电极需比原有效长度增加 $0.4 \sim 0.8$ 倍);K 为与电极材料、加工方式、型孔复杂程度等因素有关的系数,根据不同电极材料,按经验取纯铜为 $2 \sim 2.5$、石墨为 $1.7 \sim 2$、铸铁为 $2.5 \sim 3$、钢为 $3 \sim 3.5$。

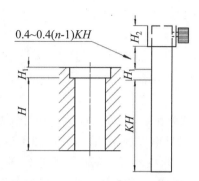

图 4-9　电极长度计算说明图

加工硬质合金时,由于电极损耗较大,电极应加长部分等于凹模加工深度。若采用凸模作电极,除电火花加工时所需长度外,还要加上加工后将切去的损耗部分。

电极的截面尺寸 d,应考虑电极轮廓要比预定型孔均匀缩小一个加工间隙值,即

$$d = D - 2\delta_i$$

式中:D 为加工后型孔尺寸;δ_i 为单边加工间隙。

若按凸模尺寸和公差确定电极截面尺寸,则随凸、凹模配合间隙的不同可分为三种情况:配合间隙 δ_p 等于电火花加工间隙 δ_i 时,电极截面尺寸和凸模截面尺寸完全相同;$\delta_p > \delta_i$ 时,电极截面尺寸应大于凸模截面尺寸,即每边均匀放大一个数值,但形状相似;$\delta_p < \delta_i$ 时,电极截面尺寸应小于凸模截面尺寸,即每边均匀缩小一个数值,但形状相似。电极每边放大或缩小的数值 a_1 可按下式计算:

$$a_1 = 1/2(\delta_p - \delta_i)$$

式中:δ_p 为凸、凹模双面配合间隙;δ_i 为单边加工间隙。

电极截面尺寸公差一般取凸凹模基本尺寸公差的 $1/3 \sim 1/2$。

为了充分发挥粗规准加工的高速度和电极损耗小的优点,使精加工余量降低到最小值,可采用阶梯电极。图 4-10 为阶梯电极示意图。阶梯电极阶梯部分缩小的单位尺寸 a 可按下式确定:

$$a = \delta_{ck} - \delta_{jk} + \varepsilon + A$$

式中:δ_{ck} 为粗加工时凹模上口加工间隙;δ_{jk} 为精加工时凹模上口加工间隙;ε 为单面精加工余量,一般取 $0.02 \sim 0.03\text{mm}$;A 为安全系数,一般取 $0.02 \sim 0.03\text{mm}$。

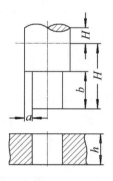

图 4-10　阶梯电极示意图

阶梯电极阶梯高度尺寸按下式确定：

$$b=h+cH \text{ 或 } b=(1.5～2)h$$

式中：b 为阶梯电极腐蚀的高度；h 为凹模刃口高度；H 为电极有效加工长度；c 为电极长度相对损耗，一般取 $20\%～30\%$ 刃口高度。

4. 电火花加工工艺

电火花加工的工艺方法有直接配合法、间接配合法和修配凸模法等。其中，直接配合法是指直接用加长的钢凸模作为工具电极加工凹模，并将加工后的损耗部分切除或作凸模固定端用。采用这种方法当冲模要求的凸、凹模配合间隙 δ_p 等于电火花加工的加工间隙 δ_j 时，可直接以钢凸模作为工具电极进行放电加工，加工后的凹模尺寸，可保证其配合间隙的均匀性。若 $\delta_p<\delta_j$，则可采用多列配方的化学腐蚀法（简称酸蚀法），按 $\delta_j-\delta_p$ 的数值将钢电极均匀侵蚀缩小，加工后的凹模与未进行腐蚀的凸模的另一端配合，便可保证配合间隙的要求（应当指出，进行"酸蚀"时，应先用聚氯乙烯清漆涂覆凸模的刃口部分，将其保护起来，并经凉干或烘干后再进行酸蚀）。如果 $\delta_p>\delta_j$，可将钢电极刃口部分保护起来后，按 $\delta_p-\delta_j$ 数值将电极部分镀铜或镀锌，然后用此部分打凹模，则未电镀部分与加工后的凹模可得到所要求的配合间隙。当在备有一定精度的平动头的电火花加工机床上加工时，则可用粗规准将凹模穿透，然后在精规准采用平动头的旋转扩大间隙的方法，加工后即可达到所要求的配合间隙。

间接配合法是将凸模和电极黏结在一起，用成型磨削法同时磨出。电极材料一般选用铸铁，可提高加工速度，并能保证配合间隙的均匀性。但对于纯铜或石墨电极材料，则不宜同时磨出。此时可与直接法配合使用，以达到大（或小）配合间隙的要求。

修配凸模法是指电极与凸模分别用机械加工方法加工，但凸模留有加工余量，即一定的待修配量（一般是指凹模尺寸配凸模时所采用的工艺方法）。也就是电极尺寸是按凹模尺寸要求并考虑电火花加工间隙而制作的，按加工后的凹模实际尺寸修配凸模，并达到配合间隙的要求。

在电火花加工时，工件型孔部分要在淬火前加工预孔，并留有电火花加工余量，一般每边留 $0.3～1mm$，力求均匀。工件的螺纹孔、销钉孔也应在淬火前加工，然后进行热处理。工件淬火后须磨光上下平面。若需利用基准面找正，则要对角尺磨好基准面。磨后应检查有无淬火裂纹，并经去磁处理。此外，在电火花加工前要将电极和工件借助通用或专用工夹具及测量仪器进行装夹和校正定位。利用电极柄或电极夹具将电极安装在机床主轴上，安装时先用直角尺找正电极相对于工件的垂直度，再用止动螺钉把夹具或电极柄顶紧。电极与工件的相互位置可先用目测，通过工作台纵横坐标的移动予以调整，然后接通脉冲电源弱规准，放电后打出浅印观察找正结果，最后利用量具、块规、卡尺等找正定位。采用组合电极加工时，其找正方法同单电极一样。

加工时，常选择粗、中、精三种规准。钢打钢时，粗规准主要用于蚀除加工余量的大部分，一般脉冲宽度为 $20～60\mu s$，电极损耗在 10% 以下，表面粗糙度为 $R_a 6.3\mu m$。由粗规准转为精规准时，须用中规准加工 $1～2mm$，其脉冲宽度一般为 $6～20\mu s$。精规准主要是实现各项技术指标，如配合间隙、刃口斜度、表面粗糙度等，脉冲宽度一般 $2～6\mu s$。冲模加工规准转换的程序是，先按选定的粗规准加工，当阶梯电极的台阶处进给到刃口部位时，经中规准过渡,再转为精规准加工。如果精规准选用两挡,则依次转换,用末挡修穿。在粗规准加工时,排屑容易,冲油压力应小些。转入精修时,加工深度增加,间隙小,排屑困难,冲油压力应逐渐增大。当电极快穿透工件时,冲油压力要适当减小。若要求加工斜度小以及精度和表面粗糙度较好时,冲油应改为抽油方式。冲油压力一般为 $(0.98 \sim 9.8) \times 10^4$ Pa。一般间隙冲模加工规准转换参见表 4-2 和表 4-3。

表 4-2　一般间隙冲模加工规准转换

序号	高压脉宽 (μs)	低压脉宽 (μs)	停歇时间 (μs)	高压回路峰值电流(A)	低压回路峰值电流(A)	进给深度
1	20	60	60～100	5.4	48	1.2h
2	10	2	20～30	5.4	48	h
3	10	2	20～30	5.4	24	修穿
备注	h——刃口高度;电极腐蚀两双边 0.7mm;腐蚀高度 1.2h;刃口 R_a=1.6μm;斜度 2°～4°;放电时间隙双边 0.04mm					

表 4-3　一般间隙冲模加工规准转换(用微精加工修光)

序号	高压脉宽 (μs)	低压脉宽 (μs)	停歇时间 (μs)	高压回路峰值电流(A)	低压回路峰值电流(A)	精微电容 (μF)	进给深度	备注
1	10	10	3040	5.4	48		1.5h	h——刃口高度;阶梯部分腐蚀量双边 0.01mm,腐蚀高度为 1.5h;刃口 R_a=3.2μm;电火花间隙双边 0.04mm;斜度 3°～4°
2	10	2	2030	5.4	32		0.5h	
3	10	2	2030	5.4	11		0.5h	
4	10		20	5.4		0.05	0.5h	
5	5		20	5.4		0.03	1.5h	

表 4-4 所示是 JO$_2$ 定子复式冲模加工实例的电参数。工件与电极均为 Cr12 钢,加工周长为 3460mm,刃口高度为 15mm,双边间隙为 0.055mm,表面粗糙度 R_a=1.6μm,总加工时间为 13 小时。

表 4-4　JO$_2$ 定冲模的电参数

类型	高压电压 (V)	低压电压 (V)	高压脉宽 (μs)	低压脉宽 (μs)	高压电流 (A)	低压电流 (A)	脉冲间隔 (μs)	加工深度 (mm)	加工时间 (s)
粗加工	250	60	10.5	22	1.25	20	50	20	4.5
精加工	200	60	3.5	2	1～2	2	40	25	8.5

4.1.4.2　电火花线切割加工

1.电火花线切割加工的原理与特点

电火花线切割加工采用电极丝作为工具电极,它不需要制作成型电极,其加工原理如图

4-11 所示。

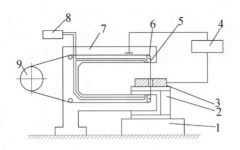

1—工作台；2—夹具；3—工件；4—脉冲电源；5—电极丝；6—导轮；7—机床；8—线圈架；9—滚轮。

图 4-11　电火花线切割加工原理

脉冲电源的正极接工件，负极接电极丝，在电极丝与工件之间充有液体介质，电极丝以一定的速度移动，不断进入或离开放电区域，通过有效地控制电极丝相对工件运动的轨迹和速度，就可切割出一定形状和尺寸的工件。其运动轨迹通过坐标工作台纵、横拖板的运动形成。

电火花线切割加工与电火花成型加工相比，其主要特点有：

（1）工件预加工量少；

（2）直接选用精加工或半精加工规准一次加型，一般不需中途转换规准；

（3）采用长电极丝进行加工，单位长度电极丝的损耗较小，因而对加工精度的影响较小；

（4）自动化程度高，操作简便，加工周期短，成本低。

电火花线切割加工的应用范围很广，可用于大、中、小型冲模的凸模、凹模、固定板、卸料板等的加工，粉末冶金模、镶拼型腔模、拉丝模、波纹成型模、冷拔模等的加工，成型刀、样板的加工，微细孔槽、任意曲线、窄缝（如异形孔喷丝板、射流元件、激光器件、电子器件等微孔与窄缝）的加工，各种特殊材料和特殊结构的零件（如电子器件、仪器仪表、电机电器、钟表等零件以及凸轮、薄壳器件等）的加工，以及各种导电材料的切断等。

2. 电火花线切割加工机床

电火花线切割加工机床由机床本体、控制系统和脉冲电源、工作液循环系统组成。机床本体包括床身、走丝机构、丝架、坐标工作台。其中，床身是支承坐标工作台、走丝机构和丝架的基体，应具有一定的刚度和强度，并备有台面水平调整机构。走丝机构用来带动电极丝按一定线速度移动（走丝速度一般在 5～10m/s 范围内无级或有级可调或恒速运转），并将电极丝整齐排绕在丝筒或线盘上。丝架与走丝机构组成电极丝运动系统，它的主要用途是当电极丝按给定线速度运动时，对电极丝起支撑作用。坐标工作台主要由拖板、导轨、丝杆运动副、齿轮或蜗轮传动副等组成。

控制系统按控制方式可分为靠模仿型控制、光电跟踪控制以及目前被广泛应用的数字程序控制、计算机控制（CNC）与群控等。数字程序控制是根据工件的要求按一定的格式编排程序，通过穿孔机穿成带孔的纸带，由输入机构（光电式或电极头式）转变为专用计算机能够识别的电信号，并进行运算发出进给脉冲，以控制机床纵、横拖板的运动，完成对切割轨迹的控制。数字程序控制系统方框图如图 4-12 所示，该系统一般是连续插补的开环系统，能够控制加工同一平面上由直线和圆弧组成的任何图形的工件。而计算机控制则是用带内存的多功能小型通用计算机,代替普通无内存的专用计算机进行各种控制。改变小型通用计算机的软件,可增加各种控制功能,如插补运算、间隙自动偏移、斜度控制、短路自动回退、数控纸带记忆、自动编程、多参数最佳控制以及多台线切割机床多种功能同时控制等。计算机控制系统方框图如图 4-13 所示。计算机数控线切割机如图 4-14 所示。

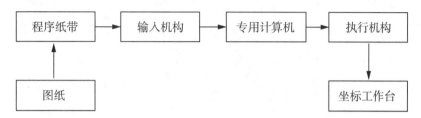

图 4-12　数字程序控制系统方框图

图 4-13　计算机控制系统方框图

3. 电火花线切割加工工艺及应用

用电极丝作为工具电极进行放电加工,如图 4-15 所示,因电极丝半径为 R,加工间隙为 δ_j,间隙补偿量为 f,$f = R + \delta_j$。如图 4-16 所示,加工凸模零件时电极丝中心轨迹应放大;加工凹模零件时,电极丝中心轨迹应缩小。此外,在加工工件的凹角处不能得到"清角",而是半径等于 f 的圆弧。对于形状复杂的精密冲模,在凸、凹模图纸上应注明拐角处的过渡圆弧半径 R'。加工凹角时,$R' \geqslant R + \delta_j$;加工凸角时,$R' = R - \Delta$($\Delta$ 为配合间隙)。

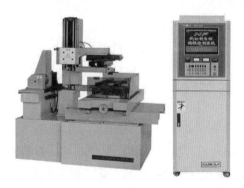

图 4-14　计算机数控线切割机

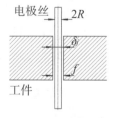

图 4-15　电极丝与工件放电位置关系

131

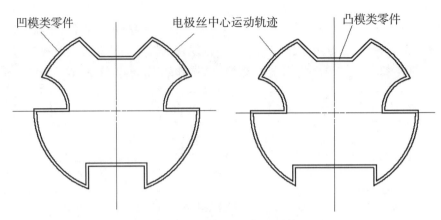

图 4-16　电极丝与工件放电位置关系

对采用线切割加工的工件表面粗糙度的要求,一般可较钳工修研法降低 0.5～1 级。这是因为在相同粗细程度的情况下,其耐用度比钳工加工的表面好。目前所能达到的表面粗糙度为 $R_a 3.2$ 或略高,精度一般为 IT6 级(采用高精度线切割加工例外)。

加工前,应仔细检查机床的导轮 V 形槽和保持器,纵、横向拖板丝杆副间隙,尤其加工高精度工件前要认真检查与调整。对于工作液的选择,一般快速走丝加工时多数选用乳化液,其浓度为 10% 左右;慢速走丝加工时多数选用去离子水。工作液循环系统应保持通畅,并可调节喷流压力。电极丝应选用具有良好的耐蚀性和导电性,并有较高熔点和抗拉强度的材料。目前常用的电极丝有黄铜、钨钼合金、钼丝等。其直径为 0.12～0.20mm。走丝机构要保证丝的排绕整齐并调整电极丝具有一定的张力。加工前要找正电极丝对工作台面(工件)的垂直度。

工件的校正和加工基准如图 4-17 所示,可以外形为校正和加工基准(见图(a)),也可以外形为校正基准、内孔为加工基准(见图(b))。工件切割前,还应在不影响工件要求的位置加工穿丝孔(对淬火工件应在淬火前钻孔),一般穿丝孔直径为 2～10mm。如图 4-18 所示,切割凸模时可从 a 点切入,切割凹模时应在 b 点处钻穿丝孔。

工件装夹的位置应有利于工件的找正。工件装夹的几种方式如图 4-19 所示,有悬臂支撑式、两端支撑式、桥式支撑式和板式支撑式。工件的找正有拉表法、画线法、固定基面靠定法。确定电极丝相对工件的基准面、基准线或基准孔的坐标位置,一般采用目视法、火花法、电阻法等。

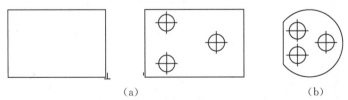

(a)　　　　　　　　　　　(b)

图 4-17　工件的校正和加工基准

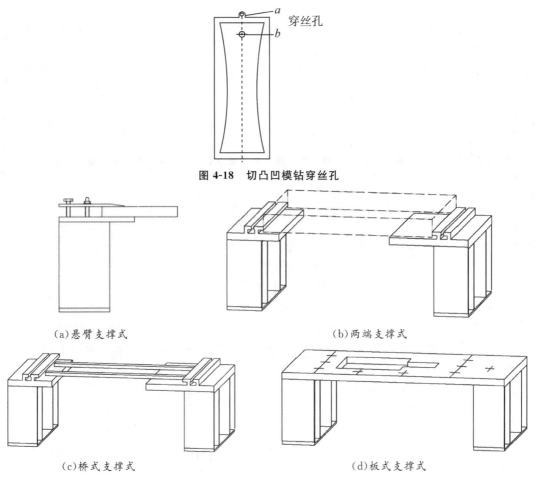

图 4-18　切凸凹模钻穿丝孔

（a）悬臂支撑式　　　　　　　　　　　　　　（b）两端支撑式

（c）桥式支撑式　　　　　　　　　　　　　　（d）板式支撑式

图 4-19　工件装夹方式

　　电火花线切割加工机的指令输入有光电机输入、电极头输入、磁带机输入和键盘输入等几种方式，又以五单元标准纸带输入为多。其程序编制有手工编程和自动编程，五单元标准纸带（见图 4-20 和图 4-21）共有六排孔，中间一排小孔称为同步孔，记为 I_0，其余五排大孔分别记为 I_1、I_2、I_3、I_4、I_5。其编码规定是：用有孔和无孔分别表示二进制的"1"和"0"；I_5 为奇偶校验孔，$I_1 \sim I_5$ 总孔数应为偶数；$I_1 \sim I_5$ 全孔表示为废码（机器不接受废码，作为修改纸带使用）。3B 编码指令格式（BXBYBJGZ）每段加工程序之间可留出一段空带，作为区分程序段的标记，程序段最后穿孔停级符"D"（为奇数孔）作为停机码。"Φ"码为废码（即全孔码），仅在纸带穿孔出错而需修改时使用，输入后不起作用，其应用实例如图 4-21 所示。程序格式中的 B 为分隔符，用以区分开坐标值 X、Y 和计数长度 J 数码（均以 μm 为单位）。加工圆弧时，坐标原点取在圆心。X、Y 为圆弧起点坐标值；加工斜线时，坐标原点取在起点，X、Y 为线段终点坐标值。对圆弧 X 或 Y 为 0 时，可以不写。对加工直线，平行于坐标轴时应取 $X=Y=0$，可以不写。对于控制长度 J，则应写足六位数，如 $J=1970\mu m$，应写为 $J=001970$。

名称	数码										加工指令													输入指令		停机码	废码
记号	0	1	2	3	4	5	6	7	8	9	SR₁	SR₂	SR₃	SR₄	NR₁	NR₂	NR₃	NR₄	LR₁	LR₂	LR₃	LR₄	B	G_X	G_Y	D	ø
I₅		○	○		○			○	○		○			○			○			○		○		○	○		○
I₄									○																		
I₀	●	●	●	●	●	●	●	●	●	●	●	●	●	●	●	●	●	●	●	●	●	●	●	●	●	●	●
I₃				○	○	○	○	○	○	○			○	○	○	○	○	○	○	○	○	○	○	○	○	○	○
I₂			○	○	○	○				○		○	○	○		○	○	○		○	○	○		○	○	○	○
I₁		○		○		○		○		○		○	○		○	○		○	○	○		○	○	○		○	○

图 4-20　五单元标准纸带

计数方向 G 选取的准则是以 x 轴±45°为分界线。对于直线,以电极丝开始所在的位置为起点,电极丝所要达到直线的终点决定计数方向。如图 4-22 所示,终点坐标值 $|x|>|y|$ 时取 G_X,$|x|<|y|$ 时取 G_Y,$|x|=|y|$ 时计数方向取 G_X 或 G_Y 任意。对于圆弧以电极丝开始所在位置为起点,由所要达到的圆弧终点决定计数方向。如图 4-23 所示,终点坐标值 $|x|>|y|$ 时取 C_Y,$|x|<|y|$ 时取 G_X;$|x|=|y|$ 时有两种情况,即终点坐标位于第一、三象限时取 G_X,终点坐标位于第二、四象限时取 G_Y。

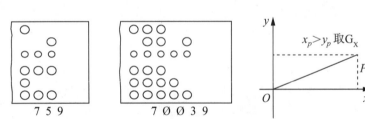

7 5 9　　　　7 0 0 3 9

图 4-21　φ 码应用实例

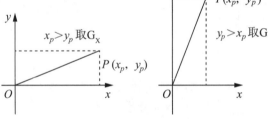

图 4-22　直线计数方向的选取

计数方向确定后,计数长度 J 就等于该直线段计数方向的坐标轴上的投影,如图 4-24 所示。$|x|>|y|$ 时取 $J=X_p$,$|x|<|y|$ 时取 $J=Y_p$。圆弧计数长度等于该圆弧段在方向坐标轴上度的总和,如图 4-25 所示。

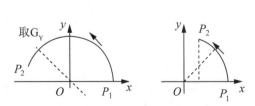

图 4-23　圆弧计数方向的选取

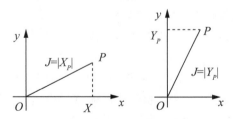

图 4-24　直线段计数长度的计算

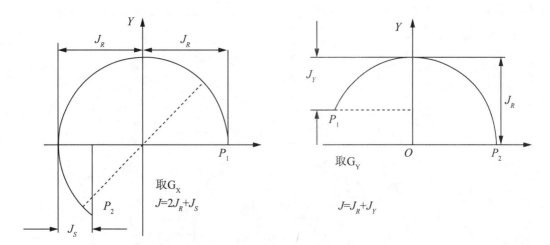

图 4-25　圆弧线段长度的计算

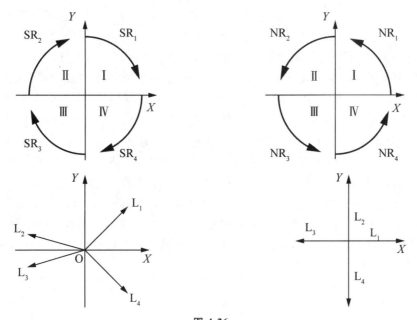

图 4-26

根据加工的线段是圆弧或是直线,规定加工指令 Z 共有 12 种,如图 4-26 所示。圆弧加工指令的确定,取决于圆弧起点在第几象限(包括起点在坐标轴上)和加工切割的方向。如果顺圆加工,起点分别位于第一、二、三、四象限内,则加工指令对应用 SR_1、SR_2、SR_3、SR_4 表示;若逆圆加工,起点分别位于第一、二、三、四象限内则加工指令对应用 NR_1、NR_2、NR_3、NR_4 表示。平行于坐标轴的线为直线,由于其所在坐标轴的不同位置,它和斜线一起在四个象限内的指令分别用 L_1、L_2、L_3、L_4 表示。

例 1　如图 4-27 所示工件,编制加工程序为:①～② B27000B B054000C,NR_1;②～③ B5000B B010000C, NR_3;③ ～ ④ B17000B　B034000C, SR_2;④ ～ ① B5000B B010000C, NR_3。

例 2　切割如图 4-28 所示工件,其加工程序(分成四段编制程序)为:①～② B B

B040000G$_X$ L$_1$；②～③ B1B9090000G$_Y$L$_1$；③～④ B30000B40000B060000G$_X$NR$_1$；④～①
B1 B9   B090000G$_Y$L$_4$。

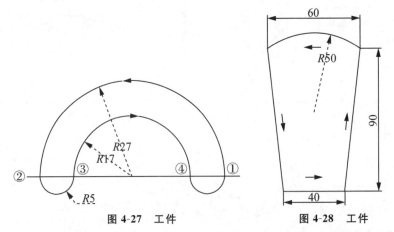

图 4-27 工件　　　　　　　图 4-28 工件

　　在计算坐标和编制程序以前，先选择某一直角坐标系，一般应尽量选择图形的对称轴为
坐标轴，以简化计算。然后根据图纸尺寸（计算时应取中差）计算出电极丝中心轨迹的交点，
线与线、圆弧与圆弧、圆弧与线的交点的坐标值。求交点坐标值一般有作图法、解析几何法、
一般几何法、计算法和计算机法等几种方法。作图法是在方格纸上作放大若干倍的图，并直
接在图上量出交接点及圆心的坐标值（此法简便不易出错，但受尺寸大小及精度的限制）。
简易编程计算法是利用向量投影的原理求图形的交接点及圆心位置坐标值，这种方法计算
方便。计算机法是通过专用软件对非圆曲线等复杂曲线求点坐标，并实现自动编程。计算
坐标点时，如图 4-29 所示，由于冲孔时制作尺寸以凸模尺寸为准，凹模的交点坐标还应考虑
凸模和凹模的配合间隙。因此，电极丝中心离图形的垂直距离 $f=1/2$ 电极丝直径＋双边放
电间隙－凸、凹模配合间隙（双边）。为便于计算坐标点，可把凸模的直角坐标系选择得与凹
模一样。此时，$f=1/2$（电极丝直径＋双边放电间隙）。对于落料凹模程序的编制，由于冲件
以凹模尺寸为准，所以在计算凹模各交点坐标值时只需考虑电极丝直径和放电间隙。此时，
$f=1/2$（电极丝直径）。

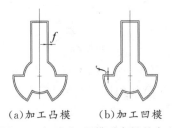

(a)加工凸模　　(b)加工凹模
图 4-29　加工凸、凹模时电极丝中心轨迹

　　图 4-30 所示为数字冲裁模凸凹模的加工实例。材料为 CrWMn，凸凹模与相应凹模和
凸模的双面间隙为 0.01～0.02mm。淬火前，先在工件坯料上钻穿丝孔（图中 ϕ2.3 孔）。所
有非光滑过渡的交点，应用半径为 0.1mm 的过渡圆弧连接。加工时，先切割两个直径为
2.3mm 的小孔，再由辅助穿丝孔位置开始进行凸凹模的外形加工。采用数控线切割机切
割，工艺参数选择为：晶体管矩形波脉冲电源、空载电压峰值为 80V、脉冲宽度为 8μs、脉冲间
隔为 30μs、平均电流为 1.5A、用快速走丝方式；走丝速度为 9m/s、电极丝为直径 0.12mm 钼

丝、工作液为乳化液、切割速度为 $20\sim30\mathrm{mm}^2/\mathrm{min}$。可得表面粗糙度 R_a 为 $1.6\mu\mathrm{m}$。通过与相应凸模、凹模的试配或做必要研磨,可直接使用。

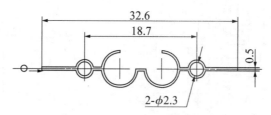

图 4-30　数字冲模凸凹模加工图

4.2　单工序冲裁模具制造

4.2.1　单工序冲裁模具认知

4.2.1.1　识读单工序冲裁模装配图

单工序冲裁模是指在压力机一次行程内只完成一个冲压工序的冲裁模,如落料模、冲孔模、切边模、切口模等。

1.图样分析

①基本图样。包括主视图、俯视图,如图 4-31 所示。

②表达方法。主视图采用了阶梯剖视,俯视图表达外形,采用了假想画法。

③附加图样。配置了排样图、冲压制件外形图。

2.识别主要零部件

①工作零件。凸模、凹模。

②导向零件。导柱、导套。

③模座零件。下模座、上模座、凸模固定板、模柄。

④其他零件。固定卸料板、钩形固定挡料销。

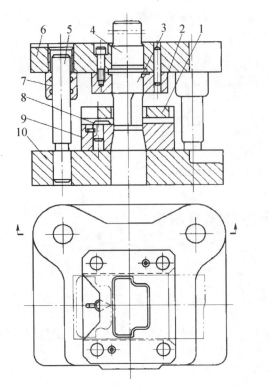

冲件图

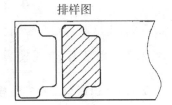

排样图

1—固定卸料板;2—凸模固定板;3—凸模;4—模柄;5—导柱;6—上模座;
7—导套;8—钩形固定挡料销;9—凹模;10—下模座。

图 4-31 导柱式固定卸料落料模

3.单工序冲裁模的结构特征

(1)无导向单工序模。

它的特点是结构简单、重量轻、尺寸较小、模具制造容易、成本低廉。特征是上模与下模没有直接导向关系,靠冲床导轨导向。冲模使用安装时麻烦,模具寿命低,冲裁件精度差,操作也不安全。无导向简单冲模适合用于精度要求不高、形状简单、批量小或试制的冲裁件。

(2)导板式简单冲裁模。

模精度高、寿命长、使用安装简单、操作安全,但制造比较复杂。一般适用于形状较简单、尺寸不大的工件。

这种模具的特点是上模通过凸模利用导板上的孔进行导向,导板兼作卸料板。工作时凸模始终不脱离导板,以保证模具导向精度。因此,要求使用的压力机行程不大于导板厚度。

(3)导柱式简单冲裁模。

由于这种模具准确可靠,能保证冲裁间隙的均匀,冲裁的工件精度较高、模具使用寿命长。该冲模利用了导柱和导套实现上、下模精确导向,而且在冲床上安装使用方便,因此导柱式冲裁模是应用最广泛的一种冲模,适合大批量生产。

4.2.1.2　装配工艺分析

1. 冲裁模的分类

①按工序性质分类。可分为落料模、冲孔模、切断模、切口模、切边模和剖切模等。

②按工序组合方式分类。可分为单工序模(俗称简单模)、复合模和级进模(俗称连续模,也称跳步模)。

③按上、下模的导向方式分类。可分为无导向的敞开模和有导向的导板模、导柱模。

④按凸、凹模的材料分类。可分为硬质合金冲模、钢皮冲模、锌基合金冲模、聚氨酯冲模等。

⑤按凸、凹模的结构和布置方法分类。根据结构可分为整体模和镶拼模;根据布置方法可分为正装模和倒装模。

⑥按自动化程度分类。可分为手工操作模、半自动模、自动模。

2. 单工序冲裁模的种类

单工序冲裁模有无导向冲裁模和有导向冲裁模两种类型。对于无导向冲裁模,可按图样要求将上、下模分别进行装配,其凸、凹模间隙是冲模被安装到压力机上时进行调整的。而对于有导向冲裁模,装配时要选择好基准件(一般多以凹模为基准件),然后以基准件为准装配其他零件并调整间隙。

3. 单工序冲裁模的装配工艺分析

将导套、模柄、导柱分别装入上、下模座,并注意安装后使导柱、导套配合间隙均匀,上、下模座相对滑动时无发涩及卡住现象,模柄与上模座上平面保持垂直。

(1)装配凹模。

把凹模装入凹模固定板中,装入后应将固定板与凹模上表面在平面磨床上一起磨平,使刃口锋利。同时,其底面也应磨平。

(2)装配下模。

先在装配好凹模的固定板上安装定位板,然后将装配好凹模和定位板的固定板安装在下模座上,按中心线找正固定板的位置,用平行夹头夹紧,通过固定板上的螺钉孔在下模座上钻出锥窝。拆开固定板,在下模座上按锥窝钻螺纹底孔并攻丝,再将凹模固定板组件置于下模座上,找正位置后用螺钉紧固。最后钻铰销钉孔,打入定位销。

(3)装配凸模。

将凸模压入固定板,铆合后将凸模尾部与固定板一起磨平。同时为了保持刃口锋利,还应将凸模的工作端面在平面磨床上刃磨。

(4)装钻卸料螺钉过孔。

将卸料板套装在已装入固定板的凸模上,在卸料板与固定板之间垫入适合高度的等高垫铁,用平行夹头夹紧。然后以卸料板上的螺钉定位,在固定板上画线或钻出锥窝,拆去卸料板,以锥窝或画线定位在固定板上钻螺钉过孔。

(5)装配上模。

将装入固定板上的凸模插入凹模孔中,在凹模与凹模固定板之间垫入等高垫铁,装上上模座,找正中心位置后用平行夹头夹紧上模座与固定板。以固定板上的螺纹孔和卸料螺钉过孔定位,在上模座上钻锥窝或画线,拆开固定板,以锥窝或画线定位在上模座上钻孔。然

后,放入垫板,用螺钉将上模座、垫板、固定板连接并稍加固紧。

(6)调整凸、凹模间隙。

将装好的上模套装在下模导柱上,调整位置使凸模插入凹模型孔,采用适当方法(如透光法、垫片法、镀层法等)并用手锤敲击凸模固定板侧面进行调整,使凸、凹模之间的间隙均匀。

(7)试切检查。

调整好冲裁间隙后,用与冲件厚度相当的纸片作为试切材料,将其置于凹模上定位,用锤子敲击模柄进行试切。若冲出的纸样轮廓整齐、无毛刺或毛刺均匀,则说明间隙是均匀的。如果只有局部有毛刺或毛刺不均匀,则应重新调整间隙直至均匀。

(8)固紧上模并安装卸料装置。

间隙调整均匀后,将上模连接螺钉紧固,并钻铰销钉孔,打入定位销。再将卸料板、弹簧用卸料螺钉连接。装上卸料装置后,应能使卸料板上、下运动灵活,且在弹簧作用下,卸料板处于最低位置时凸模的下端面应缩入卸料板孔内约 0.5mm。

4.2.2 工作零件的加工

4.2.2.1 圆形凸模零件的加工方法

冷冲模凸模的结构总的来说包含两大部分,即凸模的工作部分和安装部分。其工作部分是直接冲压加工的。它属于长轴类零件,工作表面的加工方法与尺寸、形状和精度有关。

由于成型制件的形状各异、尺寸差别较大,因此凸模刃口的轮廓形状种类也是多种多样的。对于不同刃口轮廓形状,凸模加工的方法也不同。按凸模的断面形状,大致可分为圆形凸模和非圆形凸模两类。安装部分是将凸模安装在凸模固定板上,然后固定在模座上,使之成为一体构成上模。

凸模加工主要有以下两个工艺要点:①工作表面的加工精度和表面质量要求高;②热处理变形对加工精度有影响。

圆形凸模主要由外圆柱面、端面及过渡圆角组成,它的工作面和固定端一般都是圆形的。

圆形凸模典型结构如图 4-32 所示,它的加工比较简单,毛坯一般采用棒料,热处理前在车床上对棒料先进行粗加工和半精加工,留有适当的磨削余量,热处理后在外圆磨床上进行精磨,然后对凸模的工作部分进行抛光、刃磨即可。

圆形凸模常见的加工方法有双顶尖法和工艺夹头法两种。

(1)双顶尖法。它可以保证车销、磨削外圆时安装基准相同。它是先车削出圆形凸模的两端面,然后按中心孔设计要求钻两端顶尖孔,再用双顶尖装夹圆形凸模毛坯,车削及磨削圆柱面。此方法适用于细长圆形凸模的加工。

(2)工艺夹头法。用它加工圆形凸模,它是先车削出圆形凸模两端、外圆及工艺夹头,然后用三爪自定心卡盘,再一次装夹磨削 3 个台阶圆。此方法适用于长径比不大的圆形凸模加工。

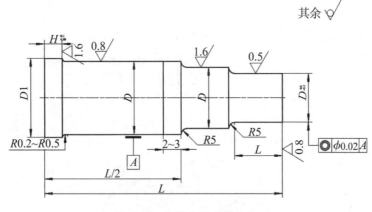

图 4-32　圆形凸模典型结构

4.2.2.2　凹模零件的加工

1.圆形凹模型孔的加工

①单圆形凹模型孔的加工

加工过程为:锻造→退火→钻孔→扩孔→镗孔→淬火、回火→粗磨→精磨。

孔的精度尺寸为 IT5~IT6,表面粗糙度 R_a 可达 $0.2~0.8\mu m$。

②多圆形凹模型孔的加工

a.用普通钻床加工。

b.用立式铣床加工(见图 4-33)。在铣床上附加量块、百分表测量装置,孔距精度可达 0.02mm。

③用坐标镗床加工。坐标镗床的定位精度一般可达 0.002~0.0025mm。

a.对各孔中心逐点打中心样冲眼。

b.对各型孔钻出适当大小的定心空。

c.再对各定心孔进行钻、扩、绞和镗孔加工。

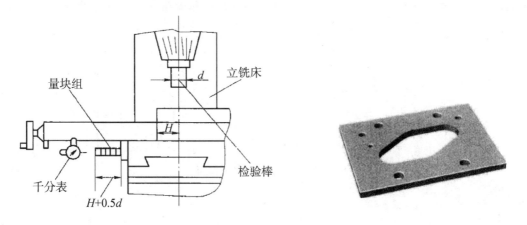

图 4-33　用立式铣床加工孔系

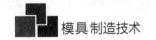

2. 异形凹模型孔的加工

① 锉削加工

加工过程为：在凹模上画线→沿型孔轮廓线钻孔（图4-34）→锉成通槽→修锉型孔壁。

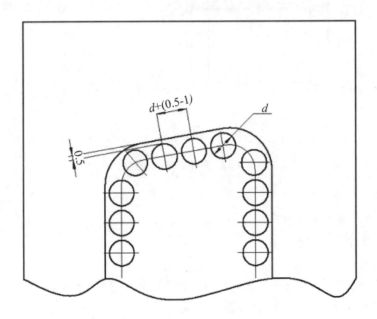

图 4-34 沿型孔轮廓线钻孔

② 压印锉修

在锉削的基础上，再进行凸模压印凹模的型孔，并对凹模型孔进行修锉加工。

③ 线切割加工

多用于加工凹模（图4-35），型孔形状复杂、带有尖角和狭缝模具。其加工过程为：毛坯→刨六面→磨平面→画线→去废料→热处理→磨平面→线切割型孔→热处理→修配。

④ 电火花加工

适合于型孔周长比较长、多型孔的加工，特别适合小孔和小异形孔的加工。其加工程序为：毛坯→刨六面→磨平面→画线→去废料→加工螺孔和销孔→平磨→退磁→电火花加工型孔。

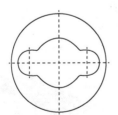 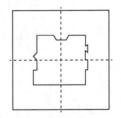

图 4-35 非圆形型孔凹模

3.坐标磨床加工

坐标磨床与坐标镗床的加工工艺步骤相似,也是用坐标法对孔系进行加工,只是将镗刀改为砂轮。

①外圆磨削

外圆磨削是利用砂轮的高速自转、行星运动和轴线的直线往复(图 4-36)进行外孔磨削,即行星运动直径的缩小实现径向进给,如图 4-37 所示。

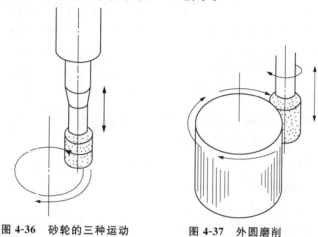

图 4-36　砂轮的三种运动　　　　图 4-37　外圆磨削

②内圆磨削

内圆磨削是利用砂轮的高速自传、行星运动和轴线的直线往复进行外孔磨削,即行星运动直径的增大实现径向进给,如图 4-38 所示。

③侧磨

侧磨能对方形、槽形及带倾角的内表面进行磨削加工,如图 4-39 所示。

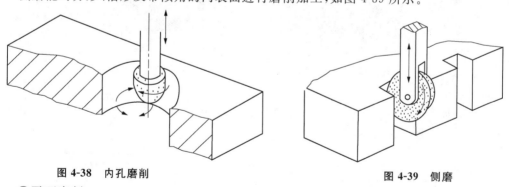

图 4-38　内孔磨削　　　　　　　　图 4-39　侧磨

④平面磨削

砂轮只做高速自转不做行星运动,通过移动工作台实现送进运动。适合于平面轮廓的精密加工,如图 4-40 所示。

⑤锥孔磨削

锥孔磨削是由机床上的专门机构使砂轮在轴向进给,同时连续改变行星运动半径来实现磨削加工,如图 4-41 所示。

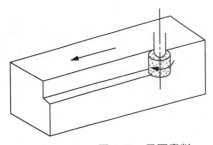

图 4-40　平面磨削

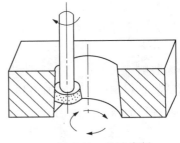

图 4-41　锥孔磨削

4.2.3　导向零件的加工

4.2.3.1　导柱的加工

在冷冲模模架(图 4-42)和塑料模模架(图 4-43)中的导套和导柱是机械加工中常见的套类和轴类零件,主要是对内外圆柱表面的加工。

1.导柱的技术要求

①导柱工作部分圆柱度公差。

②导柱与固定模座配合部位直径的同轴度公差。

③导柱各部分尺寸精度、表面质量要求。

④导柱工作表面的热处理要求。

⑤导柱工作表面应具有耐磨性。

图 4-42　冷冲模模架

图 4-43　塑料模模架

2.柱的加工工艺过程

导柱的加工工艺过程为:下料→车端面、钻中心孔→车外圆→检验→热处理→研磨中心孔→磨外圆→研磨→检验,如图 4-44 所示。

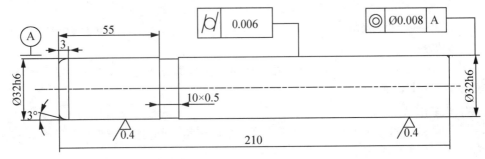

图 4-44　导柱加工工艺过程

3.导柱的光整加工

①中心孔的修磨。

a.磨削方法:效率高、质量好,但砂轮易磨损。

b.研磨方法:配合精度高,但效率较低。

c.挤压中心孔方法:效率很高,但质量稍差。

②导柱的研磨加工。

a.大批量的,在专业研磨机床上进行。

b.小批量的,用简单研磨工具在车床上研磨。

4.2.3.2　导套的加工

1.导套的技术要求

标准导套的结构如图 4-45 所示。

①导套与导柱配合面的表面粗糙度 $R_a < 0.4\mu m$。

②导套加工后其工作部分圆柱度公差。

③导套加工后渗碳处理。

④导套与固定模座装合部位直径的同轴度公差。

⑤导套加工后的形状及尺寸精度要求。

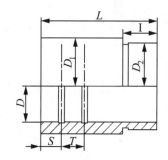 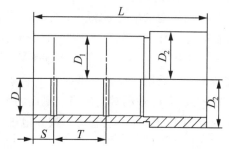

图 4-45　标准导套结构

2.导套的加工工艺过程与导套的光整加工

导套的加工工艺过程为:下料→车外圆及内孔→检验→热处理→磨内、外圆→研磨→检验。

①磨削导套外圆柱。在小锥度心轴带动导套旋转下,磨削导套外圆柱面。

②用可胀研磨工具来研磨导套内孔。通过调节两端的螺母可调整研磨套的外径的收缩来控制研磨量的大小。

③用挤压的方法加工导套内孔。在挤压前,内孔应留 $0.25 \sim 0.3 mm$ 余量。

4.2.4　模架零件

4.2.4.1　冷冲模标准模架

冷冲模标准模架包括对角导柱模架、中间导柱模架、后侧导柱模架和四导柱模架,如图 4-46 所示。

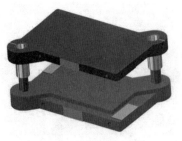

（a）对角导柱模架

（b）中间导柱模架

（c）后侧导柱模架

（d）四导柱模架

图 4-46　冷冲模模架

1.模架的技术要求

①导柱与导套的配合要求。Ⅰ级精度模架的导柱和导套的配合精度为 H6/h5；Ⅱ级精度模架的导柱和导套的配合精度为 H6/h6。

②模架装配后，上模座在导柱滑动平稳。

③装配后。模架上模座上平面对下模座下平面的平行度；导柱的轴线对下模座下平面的垂直度；导套孔的轴线对上模座上平面的垂直度。

④模架的工作表面不应有碰伤或其他机械损伤。

2.其他结构零件的加工工艺

其他结构零件的加工工艺为：备料铣磨平面→铣侧面→钳工→热处理→铣磨平面→铣侧面→铣孔→钳工→镗孔→检验。

4.2.4.2　上下模架的加工

模座的材料包括铸铁（HT200、QT400-18）和铸钢（ZG310-570）。

1.模座的技术要求

①模座上、下平面的平行度公差。

②上、下模座导柱、导套安装孔间距尺寸应保持一致。

③导柱、导套安装孔的轴心线应与基准面垂直。

④模座上、下工作面精磨后表面粗糙度 R_a 为 0.4～1.6μm。

⑤模座未标注公差尺寸按 IT14 级精度加工。

2.模座的加工工艺过程

模座的加工工艺过程为：备料→刨平面→画线→铣前平面→钻削→刨削→磨削→镗削→铣削→检验→钳工。

3.上、下模座孔的加工

①调节两主轴间的距离。

②安装镗刀(图 4-47)。

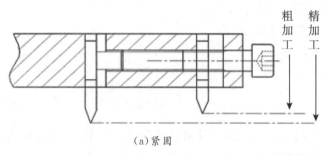

（a）紧固　　　　　　　　　　　　　（b）对刀

图 4-47　安装镗刀

③模座的定位与装夹。

a.把套与芯棒插入定位件。

b.移动定位件,使芯棒对准镗刀柄。

c.把定位件紧固。

d.将套插入模座的毛坯孔,并将芯棒插入套孔。

e.启动电动机,使压板将模座压紧。

④镗孔。镗孔前,要先取去芯棒等工具,然后进行镗孔。

4.2.5　单工序冲裁模的装配

4.2.5.1　模具装配的组织形式

模具装配过程是按照模具技术要求和各零件间的相互关系,将合格的零件连接并固定为构建、部件,直至装配成合格的模具。它可以分为构件装配和总装配等。

1.模具装配的内容

①准备阶段。

a.研究装配图。装配图是进行装配工作的依据,因此,装配前必须读懂和熟悉模具装配图,掌握模具的结构特点和主要技术要求以及各零件的安装部位,了解有关零件的连接方式和配合性质,从而确定合理的装配基准、装配方法和装配顺序。

b.清理检查零件。根据装配图上的零件明细表,清点和清洗零件,检查主要工作零件的尺寸和形状精度,查明各配合面的间隙以及有无变形和裂纹缺陷。

c.准备装配工具。根据模具装配顺序分析,该模具应先装下模,然后以下模为基础装配上模。在完成模架、凸模、凹模组装后进行总装。

②组件装配阶段。

③总装配阶段。

④检验调试阶段。

147

2.模具装配的要求

为了保证模具的正常工作性能,必须使其达到规定的装配精度。装配精度是装配工艺的质量指标,是制定装配工艺规程的主要依据,也是合理地选择装配方法和确定零件加工精度的依据。它不仅关系到产品的质量,也影响产品制造的经济性,所以应正确规定产品的装配精度。模具的装配精度通常包含相互配合精度、相互位置精度、相对运动精度、相互接触精度4个方面。

①装配尺寸链的精度能满足封闭的要求。

②装配好的模具生产出的工件能满足规定的要求。

③符合配用设备的安装和生产要求。

④能保证模具使用性能与寿命。

3.模具装配的组织形式

①固定装配

a.分散装配。把产品装配的全部工作分散为各种部件装配和总装配,各分散在固定的工作地点完成。装配工人增多,生产面积增大,生产效率高,装配周期短。

b.集中装配。从零件装配成部件或产品的全过程均在固定工作地点,由1组(或1个)工人来完成。对工人技术水平要求较高,工作地面积大,装配周期长。

②移动装配

a.按自由节拍。装配工序是分散的。每一组装配工人完成一定的装配工序,每一装配工序无一定的节拍。产品是经传送工具自由地(按完成每一工序所需时间)送到下一工作地点,对装配工人的技术要求较低。

b.按节拍周期。装配的分工原则同前一种组织形式。每一装配工序是按一定的节拍进行的,产品经传送工具按节拍周期性(断续)地送到下一工作地点。对装配工人的技术水平要求较低。

c.按速度连续移动。装配分工原则同上。产品通过传送工具以一定速度移动,每一工序的装配工作必须在一定的时间内完成。

4.2.5.2　模具零件的固定方法

1.紧固件固定法

紧固件固定法主要通过定位销和螺钉将零件相连接。其特点是工艺简单,固定方便。

①螺钉紧固式,如图4-48所示。

②斜压块紧固式,如图4-49所示。

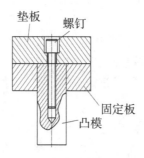

图4-48　螺钉紧固式

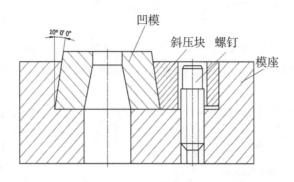

图 4-49 斜压块紧固式

2.压入固定法

压入固定法(图 4-50)的特点是连接牢固可靠、配合精度高,但加工成本高。适用于冲裁板厚 $t \leqslant 6$mm 的冲裁凸模和各类模具零件,利用台阶结构限制轴向移动,应注意台阶结构尺寸,使 $H > \Delta D$,$\Delta D > 1.5 \sim 2.5$mm,$H = 3 \sim 8$mm。

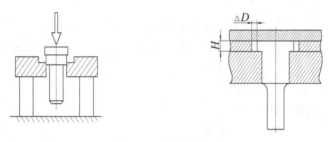

图 4-50 压入固定法

3.挤紧固定法

挤紧固定法是把凸模通过凹模压入固定板型孔→挤紧→复查间隙→修整。

4.铆接固定法

铆接固定法适用于冲裁板厚 $t \leqslant 2$mm 的冲裁凸模和其他轴向拔力不大的零件。凸模和型孔配合部分保持 $0.01 \sim 0.03$mm 的过盈量,凸模铆接端硬度不大于 30HRC,固定板型孔铆接端倒角为 $C0.5 \sim C1$。

5.热套固定法

热套固定法(图 4-51)主要用于固定凹模和凸模拼块以及硬质合金模块。

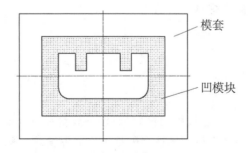

图 4-51 热套固定法

热套法装配的过盈量控制在$(0.001～0.002)D$范围内。

6. 焊接固定法

焊接固定法(图 4-52)主要用于硬质合金模。焊接前要在 $700～800℃$ 进行预热,并清理焊接面,再用火焰钎焊或高频钎焊在 $1000℃$ 左右焊接,焊缝为 $0.2～0.3mm$,焊料为黄铜,并加入脱水硼砂。

焊后放入木炭中缓冷,最后在 $200～300℃$ 中保温 $4～6h$ 去除内应力。

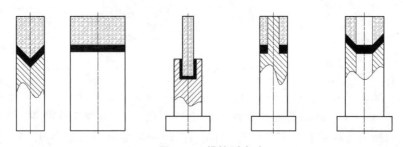

图 4-52　焊接固定法

7. 低熔点合金固定法

低熔点合金是指用铋、铅、锡、锑、铟等金属元素配置的一种合金。

低熔点合金在冷凝时体积膨胀,可以在模具装配中固定凸模、凹模、导柱和导套,以及浇注成型卸料板等。

①清洗、去油、预热 $100～150℃$。

②放固定板,并放等高铁块。

③放凸凹模,由凹模定位控制好间隙。

④浇注低熔点合金。

⑤冷却固化。

8. 环氧树脂黏接固定法

环氧树脂是一种有机合成树脂,当其硬化后对金属和非金属材料有很强的黏接力。

环氧树脂固定法常用于固定凸模、导柱、导套和浇注成型卸料孔等。

①将环氧树脂加热到 $70～80℃$。

②烘干铁粉加入环氧树脂中调匀。

③再加入邻苯二甲酸二丁酯搅拌均匀。

④降至 $40℃$ 时,再加入乙二胺继续搅拌。

⑤没有气泡后,立即浇注到黏结缝隙中。

⑥待环氧树脂凝固硬化。

⑦检查质量,12h 后可使用。

4.2.5.3　凸、凹模间隙的控制方法

1. 垫片法

垫片法(图 4-53)的加工工艺过程为:固定凸模→放垫片→合模观察、调整→切纸试冲→固定凸模。初步定位,在凹模刃口四周适当的地方安放厚薄均匀的金属垫片,垫片的厚度应等于单边间隙值,间隙较大时叠放两片以上,合模观察凸模是否顺利进入凹模与垫片接触良好,如果间隙不均匀可采用敲击法调整。

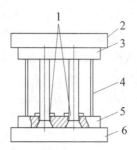

1—垫片;2—上模座;3—凸模固定板;4—等高垫铁;5—凹模;6—下模座。

图 4-53　垫片法

2.镀铜法

镀铜法的加工工艺过程为:物化处理(镀中层间)→镀铜(碱性溶液)→镀铜加厚(酸性溶液)。对于形状复杂、凸模数量又多的冲裁模,用上述方法控制间隙比较困难。这时可以将凸模表面镀上一层软金属,如镀铜等。

镀层厚度等于单层冲裁间隙值。然后按上述方式调整、固定、定位。镀层在装配后不必去除,在使用中冲裁时自然脱落。

在凸模表面镀铜,镀层均匀,厚度为单边间隙值,镀铜前先用丙酮去污,再用氧化镁粉擦净,镀层在冲压时会自行脱落,装配后不必专门去除。

3.涂层法

涂层法是在凸模表面涂上一层如磁漆或氢基醇酸漆之类的薄膜,涂漆时应根据间隙大小选择不同黏度的漆,或通过多次涂漆来控制其厚度。

涂漆后将凸模组件放入烘箱内,于 $100\sim120℃$ 烘烤 $0.5\sim1h$,直到漆层厚度等于冲裁间隙值,并使其均匀一致。

涂淡金水法控制凸、凹模间隙,即是在装配时将凸模表面涂上一层淡金水干燥后,再将机油干研磨调合成很薄的涂料,均匀地涂在凸模表面上,然后将其垂直插入凹模相应孔内即可装配。

在凸模表面涂漆层,使用小间隙冲模。

4.腐蚀法

先将凸模与凹模做成相同尺寸,装配后用酸将凸模均匀地腐蚀一层,以达到间隙要求。腐蚀后要用水清洗干净。

①20%硝酸+30%醋酸+50%水。

②55%蒸馏水+(20%～25%)草酸+(1%～2%)硫酸。

5.透光法

透光法是利用上、下模合模后,从凸模与凹模间隙中透过光缝大小来判断模具间隙均匀程度的一种办法。对小型模具简便易行,可凭肉眼来判断光缝的大小,也可以借助模具间隙测量仪器来检测。这种方法适合于薄料冲裁模。

6.切纸法

切纸法是检查和精确调整间隙的方法,在凸凹模之间放上一张厚薄均匀的纸代替毛坯,

根据切纸周边是否切断、有无毛边及毛边均匀程度来判断间隙情况。

7.测量法

测量法是将凸模组件、凹模分别固定于上模座及下模座的合适位置,然后将凸模插入凹模型孔内,用厚薄规(塞尺)分别检查凸凹模不同部位的配合间隙,根据核查结果调整凸、凹模之间的相对位置,使间隙在水平四个方向上一致。

该方法只适用于凸、凹模配合间隙(单边)在 0.02mm 以上,且四周间隙为直线形状的模具。

8.工艺定位器

工艺定位器法(图 4-54)是利用工艺定位器控制凸、凹模的间隙可以保证上、下模同轴。

适用于大间隙的冲模,如冲裁模、拉深模等;对复合模尤为适用,待凸模和凸模固定板用定位销固定后拆去定位器即可。

9.酸腐蚀法

酸腐蚀法是将凸模的尺寸先做成凹模型孔的尺寸并进行装配,从而获得凸、凹模的正确安装位置,在确定凸、凹模位置后再将凸模取出,将其工作段部分用配制的酸液腐蚀出所需间隙(间隙大小由腐蚀时间长短控制)的装配方法。

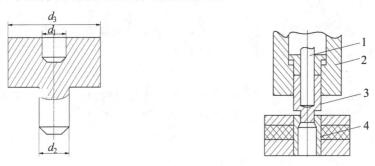

1—凸模;2—凹模;3—工艺定位器;4—凸凹模。

图 4-54　工艺定位器法

4.3　复合冲裁模具制造

4.3.1　复合冲裁模具认知

4.3.1.1　复合冲裁模的概念、种类及特点

1.定义

冲床一次行程中,在模具同一位置上能完成几个不同冲裁工序的模具。

2.结构特点

在一副模具中,有一个凸凹模,既是落料的凸模又是冲孔的凹模,既是落料的凸模又是拉伸的凹模。

3.结构原理

凸凹模与落料凹模作用完成落料工序,同时凸凹模与冲孔凸模作用完成冲孔工序(图 4-55)。

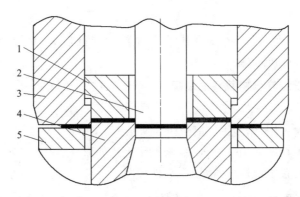

1— 推件块;2—冲孔凸模;3—落料凹模;4—凸凹模;5—卸料板。

图 4-55 复合模的结构原理图

4.3.1.2 复合冲裁模的种类

按落料凹模的安装位置分为:正装式,落料凹模安装在下模部分;倒装式,落料凹模安装在上模部分。

1.正装式复合冲裁模

(1)结构特点。落料凹模、冲孔凸模装在下模上,凸凹模则装在上模处。

(2)工作状态(冲裁完成后)。

①条料卡在凸凹模上,由弹性卸料装置卸下。

②制件卡在落料凹模内,由顶件块顶出。

③冲孔废料卡在凸凹模内,由顶杆进行顶出。

(3)应用。制件平面和直冲线度要求较高或冲裁时易弯曲的大而薄的制件。

(4)缺点。操作不方便,也不安全,不适用于多孔制件的冲裁。

2.倒装式复合冲裁模

(1)结构特点。落料凹模、冲孔凸模装在上模上,凸凹模则装在下模处。

(2)工作状态(冲裁完成后)。

①条料紧箍在凸凹模上,由弹性卸料装置卸下。

②制件卡在落料凹模内和箍在冲孔凸模上,由推件装置推下。

③废料卡在凸凹模洞口内,在冲孔凸模的推动下从下模出来。

(3)优点。操作方便、安全。

(4)应用。平面和直线度要求不高的多孔厚板制件的冲裁。

4.3.1.3 复合冲裁模的特点

1.特点(从整体来看)

(1)制件形位尺寸精度较高。

(2)制件冲孔与落料的毛刺同在一侧。

(3)节省材料,可利用短条料或边角余料冲裁。

(4)模具的体积较小,模具结构紧凑。

(5)制件内、外形尺寸直接影响凸凹模强度。

(6)生产效率高,一副模具能同时完成几道工序。

2. 应用

由于凸凹模的壁厚受到限制,复合模适宜冲裁生产批量大、精度要求高、厚度不大于 3mm 的形状复杂的软料和薄料。

4.3.1.4 识读正装复合冲裁模的装配图

1. 图样分析

(1)基本图样。主视图、俯视图,如图 4-56 所示。

(2)表达方法。主视图采用了全剖视,俯视图表达外形。

(3)附加图样。配置了排样图、冲压制件外形图。

2. 识别主要零部件

(1)工作零件:凸凹模、落料凹模、冲孔凸模。

(2)导向零件:导柱、导套、固定挡料销。

(3)模座零件:下模座、上模座、凹模固定板、凸模固定板、模柄。

(4)其他零件:卸料螺钉、卸料板、顶件块、打杆、销钉。

3. 弄清复合冲裁模的结构特征

凸凹模结构特点:在复合冲裁模中,由于内外缘之间的壁厚取决于冲裁件的孔边距,所以当冲裁件孔边距较小时必须考虑凸凹模强度。为保证凸凹模强度,其壁厚应不小于允许的最小值。如果小于允许的最小值,就不宜采用复合模进行冲裁。

4.3.1.5 正装复合冲裁模的加工工艺分析

1. 复合冲裁模装配要领

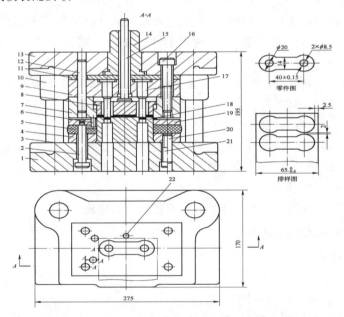

1—下模板;2—卸料螺钉;3—导柱;4—固定板;5—橡胶;6—导料销;7—落料凹模;8—推件块;
9—固定板;10—导套;11—垫板;12、20—销钉;13—上模板;14—模柄;15—打杆;16、21—螺钉;
17—冲孔凸模;18—凸凹模;19—卸料板;22—挡料销。

图 4-56 冲孔落料复合冲裁模

154

复合冲裁模一般以凸凹模作为装配基准件(冲孔落料复合冲裁模如图 4-56 所示)。其装配顺序如下:

(1)装配模架。

(2)装配凸凹模组件(凸凹模及其固定板)和凸模组件(凸模及其固定板)。

(3)将凸凹模组件用螺钉和销钉安装固定在指定模座(正装式复合模为上模座,倒装式复合模为下模座)的相应位置上。

(4)以凸凹模为基准,将凸模组件及凹模初步固定在另一模座上,调整凸模组件及凹模的位置,使凸模刃口分别与凸凹模的内、外刃口配合,并保证配合间隙均匀。后固紧凸模组件与凹模。

(5)试冲检查合格后,将凸模组件、凹模和相应模座一起钻铰销孔。

(6)卸开上、下模,安装相应的定位、卸料、推料或顶出零件,在重新组装上、下模,并用螺钉和定位销紧固。

2.复合模装配分析

(1)装配模架。将导套、导柱分别装入上、下模座,并注意安装后使导柱、导套配合间隙均匀,上、下模座相对滑动时无发涩及卡住现象,装配凸凹模,将凸凹模固定在凸凹模固定板中,装入后将固定板与凸、凹模上平面在平面磨床上一起磨平,使刃口锋利。同时,其底面磨平。

(2)装配下模。在装配好凸凹模的凸凹模固定板上安装垫板,然后将装配好凸凹模和垫板的固定板安放在下模座上,按中心线找正固定板的位置,用平行夹头夹紧,通过固定板上的螺钉孔在下模座上钻出锥窝。

拆开固定板,在下模座上按锥窝钻孔并锪平端孔,再将凹模固定板组件置于下模座上,找正位置后用螺钉紧固。最后钻铰销孔。

(3)组装凸模。先将冲孔凸模装入冲孔凸模固定板中,再将冲孔凸模、冲孔凸模固定板、上模座组装在一起。

(4)调整冲孔凸、凹模间隙。将上、下模组合在一起,用透光法调整凸凹模的间隙。轻轻敲击凸凹模固定板,使凸凹模间隙均匀。

(5)紧固上模。间隙调整均匀后,将上模连接螺钉紧固,并钻铰销钉孔,打入定位销。

(6)调整落料凸、凹模间隙。将准备好的垫片安装在凸、凹模上,再将凹模板放置在凸凹模垫片上,装入上模座,并用螺钉将上模座与凹模板拉紧。再将上、下模拉开,通过凹模板上的销钉孔配作上模座的销钉孔。

(7)安装卸料板。先将活动挡料销装在卸料板上,再将卸料板、卸料螺钉与橡皮组成的弹性卸料系统安装在下模座上,用卸料螺钉把卸料板拉紧,调节预紧力,使之均衡。

(8)装配上模。将模柄装入上模座,用防转销固定。放入打杆,将上模座放在等高垫铁上,再将上垫板放在上模座上,将凸模固定板放在垫板上,配入销钉。放入推杆,放入推件板,放入凹模板,配入销钉,并用螺钉将上模各板连接起来。

(9)试切检查。将上、下模合模,进行试切检查。

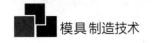

4.3.2 非圆形凸模零件的加工

4..2.1 非圆形凸模的加工方法一

非圆形凸模加工比较复杂,生产中常采用压印锉修、刨削加工、线切割加工和成型磨削等加工方法。但是这些方法都是在热处理前进行的,因此加工的精度不高,生产效率也比较低。

1. 压印锉修

压印锉修是用凹模压印制造凸模的一种钳工制造方法。在缺少专用制模设备的情况下,此法十分有效。

(1)压印的方法是:利用凹模压印,如图 4-57 所示。压印时,在压力机上将未淬火的凸模压入已淬硬的成型凹模内,凸模上的多余金属由于压力的作用被凹模挤出,此时凸模上会出现凹模压痕,然后再根据压痕将多余的金属锉去。如此经过反复多次,直到凸模刃口达到所要求的尺寸为止(图 4-58)。压印结束后,再按照图样的要求间隙锉修凸模,并留有双面 0.01～0.02mm 的钳工研磨余量,检验合格后经热处理,再经刃磨修整即可。

(2)压印时应注意事项。

①为减少压印摩擦和提高凸模表面质量,对压印凹模工作刃口表面质量要求较高,其表面粗糙度值 $R_a < 0.4\mu m$。此外在压印前凸模表面上应涂一层少量的硫酸铜。

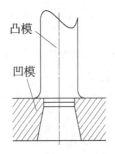

图 4-57 压印的方法

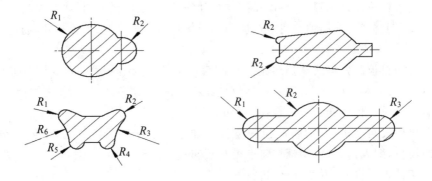

图 4-58 凸模的刃口形状

②用手扳动压力机或油压机。每次压印压痕不宜过深，首次压印应控制在 0.2mm 以内，以后可逐渐增加到 0.5～1.5mm。

③在进行压印的时候，要将凸模正确地放在凹模刃口内，使四周余量分布均匀，要在压印凹模表面与凸模中心线垂直之后，才可进行挤压。

④凹模刃口的上、下平面要磨平，并要将压印凹模和凸模坯料进行退磁处理，避免其碎铁屑附在刃口上，造成刃口划伤，影响压印质量。

⑤锉修时不允许碰到已压印的表面。

⑥锉修后留下的余量要均匀，以免下次压印时产生不必要的倾斜。

（2）刨削加工

刨削主要是加工模具的外形平面和曲面，尺寸精度为 0.05mm，表面粗糙度 R_a 为 1.6～6.3μm。刨削后需经热处理淬硬，一般都留有精加工余量。其加工工艺流程为：刨削前准备→刨削→热处理→研磨→检验。

4.3.2.2　非圆形凸模的加工方法二

1.电火花线切割加工

电火花线切割加工工艺流程为：准备毛坯→刨或铣六面→钻穿丝孔→加工螺纹孔→热处理→磨削→退磁处理。

2.成型磨削的加工

（1）成型砂轮磨削法（图 4-59）。它是将砂轮修整成与工件被磨削表面完全吻合的相反型面。

①修整砂轮圆弧的夹具。

②修整砂轮角度的夹具。

（2）数控成型磨削法。

①横向切入磨削方式。

②复合磨削方式。

③夹具成型磨削法。

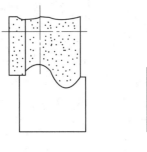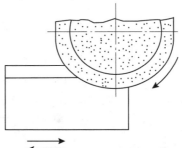

图 4-59　成型砂轮磨削法

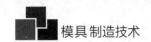

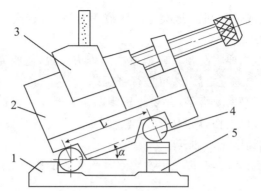

1—底座;2—精密平口钳;3—工件;4—正弦圆柱;5—量块。

图 4-60　正弦精密平口虎钳

（4）夹具成型磨削法。

①正弦精密平口虎钳,如图 4-60 所示。

②正弦磁力夹具。

③万能夹具,如图 4-61 所示。

a.直接用螺钉与垫柱装夹。

b.用精密平口虎钳装夹。

c.用电磁台装夹。

（5）导磁铁。

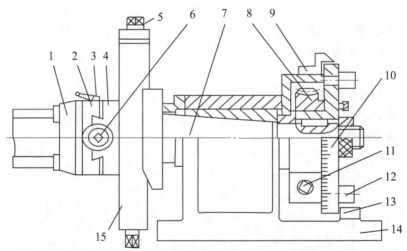

1—转盘;2—小滑板;3—手柄;4—中滑板;5、6—丝杆;7—主轴;8—蜗轮;9—游标;
10—正弦分度盘;11—蜗杆;12—正弦圆柱;13—量块垫板;14—夹具体;15—滑板座。

图 4-61　万能夹具

4.3.3　卸料零件的加工

卸料零件包括卸料、推件和顶件装置,其作用是当冲模完成一次冲压之后,把制件或废料从模具工作零件上卸下来,以便冲压工作继续进行。

卸料是指把制件或废料从凸模上卸下来,推件和顶件是指把制件或废料从凹模中卸下来。

4.3.3.1 卸料装置

卸料装置的作用是将冲裁后卡箍在凸模上或凸凹模上的制件或废料卸掉,保证下次冲压正常进行。

1.刚性卸料

刚性卸料采用固定卸料板结构(图 4-62)。刚性卸料的模具中板料是处于无压料状态,冲制出来的零件有明显的翘曲现象。

(1)应用。常用于较硬、较厚且精度要求不高的工件冲裁后的卸料。

(2)安装。卸料板一般装在下模。

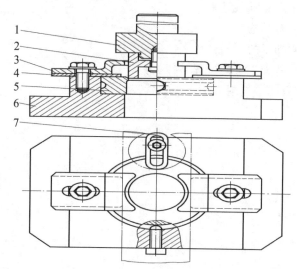

1—上模座;2—凸模;3—卸料板;4—导料板;5—凹模;6—下模座;7—定位板。

图 4-62 刚性卸料装置

2.弹性卸料

弹性卸料装置如图 4-63 所示,其工作原理是:合模时其中的弹簧或橡胶等弹性元件受压,开模时它们回弹使卸料板相对凸模有相对运动,实现将落料件或冲孔废料从凸模上卸下。同时,弹压卸料还有压料的作用,所加工的零件平直度高,质量好。所以弹性卸料装置常用于要求较高的冲压件或薄板冲压中,包括弹压卸料板、橡皮块或弹簧、卸料螺钉等。

弹性卸料装置一般装在上模。有时卸料力很大时,模具采用倒装的形式,弹性卸料装置布置在下模。

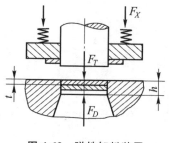

图 4-63 弹性卸料装置

4.3.3.2 推、顶件装置

推件装置和顶件装置都是从凹模中卸下制件或废料,安装在上模内的称为推件装置,安装在下模内的称为顶件装置。

1.推件装置

推件装置一般是刚性的,装在上模,包括打杆、推板、连接推杆和推件块。

2.顶件装置

顶件装置一般是弹性的,装在下模,包括顶杆、托板和顶件块。顶件力由装在下模座底部的橡皮块缓冲器通过顶杆传给托板。这种结构除起顶件作用外,一般还起压料作用。

思考题

1. 冲压模具的制造有哪些过程?

2. 凸模加工工艺有哪些?

3. 电火花线切割加工的原理是什么?

4. 异形凹模型孔的加工工艺过程是什么?

5. 凸、凹模间隙有哪些控制方法?

第5章 模具典型零件加工

5.1 杆类零件的加工

5.1.1 导柱的加工

各类模具应用的导柱的结构种类很多,但其主要结构是不同直径的同轴圆柱表面,因此,可根据导柱的结构尺寸和材料要求,直接选用适当尺寸的热轧圆钢为毛坯料。

在机械加工过程中,除保证导柱配合表面的尺寸和形状精度外,还要保证各配合表面之间的同轴度要求。导柱的配合表面是容易磨损的表面,应有一定的硬度要求,在精加工之前要安排热处理工序,以达到要求的硬度。

关于导柱的制造,下面以塑料注射模具滑动式标准导柱为例(见图5-1)进行介绍。

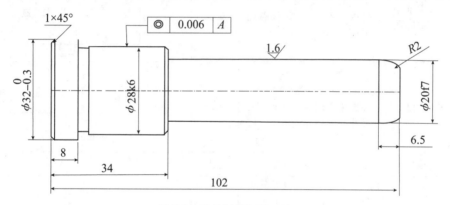

图 5-1　导柱(材料 GCr15)

1.导柱加工方案的选择

导柱的加工表面主要是外圆柱面,外圆柱面的机械加工方法很多。图5-1所示导柱的制造过程为:备料→粗加工→精加工→热处理→精加工→光整加工。

2.导柱的制造工艺过程

图5-1所示导柱的加工工艺过程见表5-1。

导柱加工过程中的工序划分、工艺方法和设备选用是根据生产类型和零件的形状、尺寸、结构及工厂设备技术状况等条件决定的。不同的生产条件采用的设备及工序划分也不尽相同。

3.导柱加工过程中的定位

导柱加工过程中为了保证各外圆柱面之间的位置精度和均匀的磨削余量,对外柱面的车削和磨削一般采用设计基准和工艺基准重合的两端中心孔定位。因此,在车削和磨削之前需先加工中心孔,为后继工序提供可靠的定位基准。中心孔加工的形状精度对导柱的加

工质量有着直接影响,特别是加工精度要求高的轴类零件。另外,保证中心孔与顶尖之间的良好配合也是非常重要的。导柱中心孔在热处理后需修正,以消除热处理变形和其他缺陷,使磨削外圆柱面时能获得精确定位,保证外圆柱面的形状和位置精度。

中心孔的钻削和修正,是在车床、钻床或专用机床上按图纸要求的中心定位孔的型式进行的。图 5-2 是在车床上修正中心孔的示意图。用三爪卡盘夹持锥形砂轮,在被修正中心孔处加入少许煤油或机油,手持工件,利用车床尾座顶尖支撑,利用车床主轴的转动进行磨削。此方法效率高,质量较好,但砂轮易磨损,需经常修整。

表 5-1 导柱的加工工艺过程

工序号	工序名称	工序内容	设备	工序简图
1	下料	按图纸尺寸 $\phi35\times105$	锯床	$\phi35$；105
2	车端面,打中心孔	车端面保持长度 103.5 打中心孔。调头车端面至尺寸 102 中心孔	车床	102
3	车外圆	粗车外圆柱面至尺寸 $\phi20.4\times68$、$\phi28.4\times26$,并倒角。调头车外圆 $\phi32$ 尺寸并倒角、切槽 3×0.5 至尺寸	车床	$\phi32$；$\phi28.4$；$\phi20.4$；3×0.5；26
4	检验			
5	热处理	按热处理,工艺对导柱进行处理保证表面硬度 HRC $50\sim55$		
6	研中心孔	研中心孔,两头研另一端中心孔	车床	
7	磨外圆	磨 $\phi28k6$、$\phi20f7$ 外圆柱面,留研磨余量 0.01,并磨 $10°$ 角	磨床	$\phi28.005$；$\phi20$
8	研磨	研磨外圆 $\phi28k6$、$\phi20f7$ 至尺寸,抛光 $R2$ 和 $10°$ 角	磨床	$\phi28k6$；$\phi20f7$；$10°$
9	检验			

如果用锥形铸铁研磨头代替锥形砂轮,加研磨剂进行研磨,可达到更高的精度。

采用图 5-3 所示的硬质合金梅花棱顶尖修正中心定位孔的方法,效率高,但质量稍差,一般用于大批量生产且要求不高的顶尖孔的修正。它是将梅花棱顶尖装入车床或钻床的主轴孔内,利用机床尾座顶尖将工件压向梅花棱顶尖,通过硬质合金梅花棱顶尖的挤压作用,修正中心定位孔的几何误差。

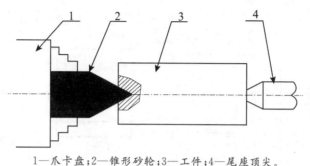

1—爪卡盘;2—锥形砂轮;3—工件;4—尾座顶尖。

图 5-2　锥形砂轮修正中心定位孔

图 5-3　硬质合金梅花棱顶尖图

4.导柱的研磨

研磨导柱是为了进一步提高其表面质量,即提高表面精度和降低表面粗糙度以达到设计的要求。为保证图 5-1 所示导柱表面的精度和表面粗糙度 $R_a=0.63\sim0.16\mu m$,增加了研磨加工。

5.1.2　模柄与顶杆的加工

常用模柄有压入式模柄、旋入式模柄、凸缘模柄、槽型模柄、浮动模柄等,其主要结构为台阶轴形状。顶杆虽然有各种形状但最常用的仍然是台阶轴形状,因此可将二者合并讨论。

模柄的设计已经标准化,其最高尺寸精度为 IT6,在形状精度方面,如端面跳动为 8 级,则表面粗糙度 $R_a=0.8\mu m$。此类零件一般采用中心孔作为半精加工和精加工的定位基准,最终加工采用精磨工艺,并靠磨端面保证端面跳动要求。

5.1.3　套类零件的加工

导套、护套及套类凸模均属套类零件,其加工工艺基本相同。

导套和导柱一样,是模具中应用最广泛的导向零件。尽管其结构形状因应用部位不同而各异,但构成导套的主要表面是内外圆柱表面,可根据其结构形状、尺寸和材料的要求,直接选用适当尺寸的热轧圆钢为毛坯。

在机械加工过程中,除保证导套配合表面的尺寸和形状精度外,还要保证内外圆柱配合表面的同轴度要求。导套的内表面和导柱的外圆柱面为配合面,使用过程中运动频繁,为保证其耐磨性,需有一定的硬度要求。因此,在精加工之前要安排热处理,以提高其硬度。

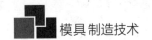

在不同的生产条件下,导套的制造所采用的加工方法和设备不同,制造工艺也不相同。现以图 5-4 所示的冲压模滑动式导套为例,介绍导套的制造过程。

1.导套加工方案的选择

根据图 5-4 所示导套的精度和表面粗糙度要求,其加工方案可选择为:备料—粗加工—半精加工—热处理—精加工—光整加工。

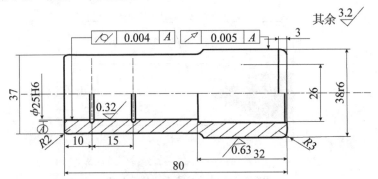

材料 20 钢,表面渗碳深度 0.8~1.2mm,HRC58~62

图 5-4　冲压模具滑动式导套

2.导套的加工工艺过程

图 5-4 所示冲压模导套的加工工艺过程如表 5-2 所示。

表 5-2　导套的加工工艺过程

工序号	工序名称	工序内容	设备	
1	下料	按尺寸 φ42×85 切断	锯床	
2	车外圆及内孔	车端面保证长度 82.5; 钻 φ25 内孔至 φ23; 车 φ38 外圆至 φ38.4 并倒角 镗 φ25 内孔至 φ24.6 和油槽至尺寸 镗 φ26 内孔至尺寸并倒角	车床	
3	车外圆倒角	车 φ37.5 外圆至尺寸,车端面至尺寸	车床	
4	检验			

工序号	工序名称	工序内容	设备	
5	热处理	按热处理工艺进行,保证渗碳层深度为 0.8～1.2mm,硬度为 HRC58～62		
6	磨削内、外圆	磨 $\phi38$ 外圆达图纸要求;磨内孔 $\phi25$ 留研磨余量 0.01mm	万能磨床	
7	研磨内孔	研磨 $\phi25$ 内孔达图纸要求,研磨 $R2$ 圆弧	车床	
8	检验			

在磨削导套时正确选择定位基准,对保证内、外圆柱面的同轴度要求是非常重要的。对单件或小批量生产,工件热处理后在万能外圆磨床上利用三爪卡盘夹持 $\phi37.5$ 外圆柱面,一次装夹后磨出 $\phi38$ 外圆和 $\phi25$ 内孔。这样可以避免多次装夹而造成的误差,能保证内外圆柱配合表面的同轴度要求。对于大批量生产同一尺寸的导套,可先磨好内孔,再将导套套装在专用小锥度磨削芯轴上,以芯轴两端中心孔定位,使定位基准和设计基准重合。借助芯轴和导套内表面之间的摩擦力带动工件旋转,磨削导套的外圆柱面,能获得较高的同轴度。这种方法操作简便、生产率高,但需制造专用高精度芯轴。

导套内孔的精度和表面粗糙度要求较高,对导套内孔配合表面进行研磨可进一步提高表面的精度和降低表面粗糙度,达到加工表面的质量和设计要求。

5.2　板类零件的加工

5.2.1　板类零件加工质量的要求

板类零件的种类繁多,模座、垫板、固定板、卸料板、推件板等均属此类。不同种类的板类零件其形状、材料、尺寸、精度及性能要求不同,但每一块板类零件都是由平面和孔系组成的。板类零件的加工质量要求主要有以下几个方面:

(1)表面间的平行度和垂直度

为了保证模具装配后各模板能够紧密贴合,对于不同功能和不同尺寸的模板其平行度和垂直度均按 GB 1184—2008 执行。具体公差等级和公差数值应按冲模国家标准(GB/T 2851～2875—2008)及塑料注射模国家标准(GB 4169.1～11—2006)等加以确定。

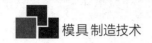

（2）表面粗糙度和精度等级

一般模板平面的加工质量要达到 IT7～IT8，$R_a = 0.8～3.2\mu m$。对于平面为分型面的模板，加工质量要达到 IT6～IT7，$R_a = 0.4～1.6\mu m$。

（3）模板上各孔的精度、垂直度和孔间距的要求

常用模板各孔径的配合精度一般为 IT6～IT7，$R_a = 0.4～1.6\mu m$。对安装滑动导柱的模板，孔轴线与上下模板平面的垂直度要求为 4 级精度。模板上各孔的间距应保持一致，一般误差要求在 $\pm 0.02mm$ 以下。

5.2.2　冲压模座的加工

1. 冲压模座加工的基本要求

为了保证模座工作时沿导柱上下移动平稳，无阻滞现象，模座上下平面应保持平行。上下模座的导柱、导套安装孔的间距应保持一致，孔的轴心线与模座的上下平面要垂直（对安装滑动导柱的模座其垂直度为 4 级精度）。

2. 冲压模座的加工原则

模座的加工主要是平面加工和孔系加工。在加工过程中为了保证技术要求和加工方便，一般遵循"先面后孔"的原则。模座的毛坯经过刨削或铣削加工后，再对平面进行磨削可以提高模座平面的平面度和上下平面的平行度，同时容易保证孔的垂直度要求。

上、下模座孔的锉削加工，可根据加工要求和工厂的生产条件，在铣床或摇臂钻等机床上采用坐标法或利用引导元件进行加工，批量较大时可以在专用镗床、坐标镗床上进行加工。为保证导柱、导套的孔间距离一致，在镗孔时经常将上、下模座重叠在一起，一次装夹同时镗出导柱和导套的安装孔。

3. 获得不同精度平面的加工工艺方案

模座平面的加工可采用不同的机械加工方法，其加工工艺方案不同，获得加工平面的精度也不同。具体方案要根据模座的精度要求，结合工厂的生产条件等具体情况进行选择。

4. 加工上、下模座的工艺方案

上下模座的结构形式较多，现以图 5-5 所示的后侧导柱标准冲模座为例说明其加工工艺过程。加工上模座的工艺过程见表 5-3，下模座的加工基本同上模座。

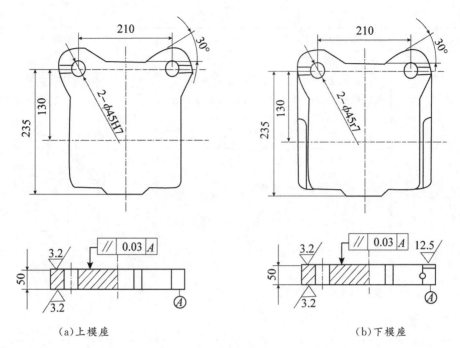

（a）上模座　　　　　　　　　　　（b）下模座

图 5-5　冲模模座

表 5-3　加工上模座的工艺过程

工序号	工序名称	工序内容	设备	工序简图
1	备料	铸造毛坯		
2	刨平面	刨上、下平面，保证尺寸 50.8。	牛头刨床	
3	磨平面	磨上、下平面，保证尺寸 50	平面磨床	
4	钳工画线	画前部平面和导套孔中心线		
5	铣前部平面	按画线铣前部平面	立式铣床	

续　表

工序号	工序名称	工序内容	设备	工序简图
6	钻孔	按画线钻导套孔至 $\phi43$	立式钻床	
7	镗孔	和下模座重叠。一起镗孔至 $\phi45H7$	镗床或立式铣床	
8	铣槽	按画线铣 R2.5 的圆弧槽	卧式铣床	
9	检验			

5.2.3　模板孔系的坐标镗削加工

由于模板的精度要求越来越高,某些模板类零件用普通机床加工已不能达到其加工要求,因此需要特别精密的机床进行加工。精密机床的种类很多,在模板类零件精密机械加工中广泛应用的是坐标镗床。

1.坐标镗削加工前的准备工作

(1)对上道工序的要求

坐标镗削加工应在精加工之后进行,且加工前应在恒温室内保持一段时间,以减少温度对尺寸精度的影响。加工前还要确定坐标原点,并对工件已知尺寸进行坐标转换,模板平面孔系坐标尺寸的换算如图 5-6 所示。

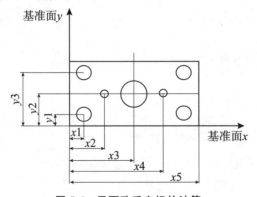

图 5-6　平面孔系坐标的计算

（2）工件的定位装夹

工件装夹中要确定基准并找正。根据模板的形状特点，其定位基准主要有以下几种：①工件表面上的线；②圆形工件已加工好的外圆或孔；③矩形件或不规则外形工件已加工好的孔；④矩形件或不规则外形工件已加工好的相互垂直的面。

工件的找正方法有多种，应根据零件及其要求和设备条件等选定。一般圆形工件的基准是使其轴心线与机床主轴轴心线重合；矩形工件是使其侧基面与机床主轴轴心线对齐，并与工作台坐标方向平行，具体说明见表 5-4。

表 5-4　基准面找正

方式	简图	说明
外圆柱面找正	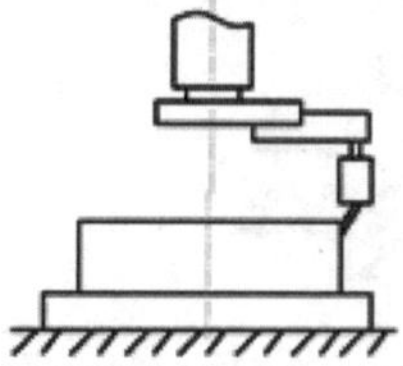	百分表架装在主轴孔内，转动主轴找正外圆，使机床主轴轴心线与工作外圆轴心线重合
内孔找正	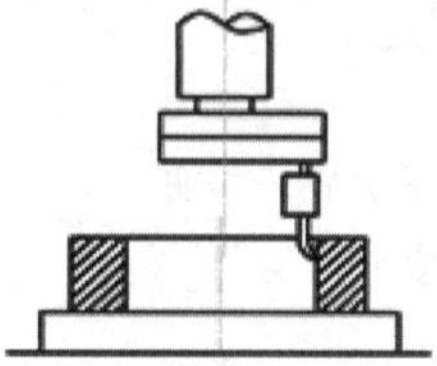	与找正外圆相似
用专用槽块找正矩形工件侧基准面	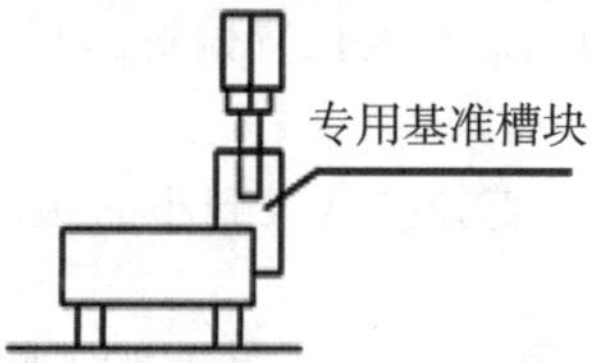 专用基准槽块	百分表在相差 180° 方向上找正专用槽块，若两侧读数相等，则此时主轴轴心线便与侧基准面对齐
用标准槽块找正矩形工件侧基准面	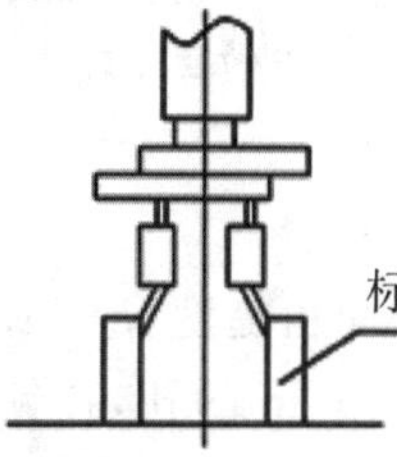 标准槽块	首先找正工件侧基准面与工作台坐标方向平行；用百分表找正标准槽块，并记下表的读数，移动工作台并转动主轴，使百分表靠上工件侧基准面，使得表的极值读数与找正槽块的读数相等，此时主轴轴心线与侧基准面的距离为 1/2 槽宽
用块规辅助找正矩形工件侧基准面	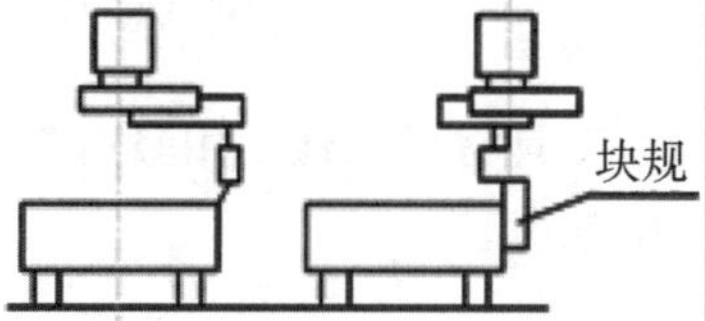 块规	转动主轴使百分表靠上工件侧基准面，得一极值读数，主轴转过 180°，让表靠上与侧基准面贴紧的块规表面又得一极值读数，两读数之差的 1/2 便是主轴轴心线与侧基准面之间的距离

2.坐标镗削加工

在模板已经安装的基础上，可按下述步骤进行坐标镗削加工。

（1）孔中心定位

根据已换算的坐标值，在各孔中心用弹簧中心冲确定孔的位置（即打样冲点）。弹簧中心冲如图 5-7 所示。打样冲点时转动手轮 3,使手轮上的斜面将柱销向上推,从而使顶尖 4 被提升并压缩弹簧 1。当柱销 2 达到斜面最高位置时继续转动手轮 3,则弹簧 1 将顶尖 4 弹下即打出中心点。

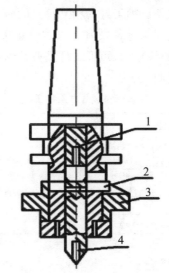

1—压缩弹簧;2—柱销;3—手轮;4—顶尖。

图 5-7 弹簧中心冲

(2)钻定心孔

在孔中心钻定心孔,以防直接钻孔时轴向力引起钻的位置偏斜。

(3)钻孔

以定心孔定位钻孔。钻孔时应根据各个孔的直径按从大到小的顺序钻出所有的孔,以减少工件变形对加工精度的影响。

钻孔的质量要高,以便为钻孔后的镗削打下良好的基础。钻孔时要按加工性质要求依粗加工、半精加工、精加工的顺序安排加工工序。为提高生产效率,减少工作台移动的时间,应优先加工相邻的孔。

(4)镗孔

当工件直径小于 20mm,精度要求为 IT7 级以下,表面粗糙度 $R_a \geqslant 1.25\mu m$ 时,可以铰孔代替镗孔。对于精度要求高于 IT7,表面粗糙度 $R_a < 1.25\mu m$ 的孔,在钻孔后应安排半精镗和精镗加工。

(5)切削用量的选择

坐标镗削的加工精度和生产率与工件材料、刀具材料及镗削用量有着直接关系。表 5-5 为坐标镗床加工孔的切削用量,可在镗削加工中参考。

(6)辅助工具的选择

在用坐标镗床加工时,应备有回转工作台、倾斜工作台、块规、镗刀头、百分表等辅助工具,以满足加工工件上轴线不平行孔系、回转孔系等的要求。

表 5-5　坐标镗床加工孔的切削用量

加工方式	刀具材料	切削深度/mm	进给量(mm/min)	切削速度/(mm/min)			
				软钢	中硬钢	铸铁	铜合金
钻孔	高速钢		0.08~0.15	20~25	12~18	14~20	60~80
扩孔	高速钢	2~5	0.1~0.2	22~28	15~18	20~24	60~90
半精镗	高速钢	0.1~0.8	0.1~0.3	18~25	15~18	18~22	30~60
	硬质合金	0.1~0.8	0.08~0.25	50~70	40~50	50~70	150~200
精钻精铰	高速钢	0.05~0.1	0.08~0.2	6~8	5~7	6~8	8~10
精镗	高速钢	0.05~0.2	0.02~0.08	25~28	18~20	22~25	30~60
	硬质合金	0.05~0.2	0.02~0.06	70~80	60~65	70~80	150~200

5.2.4　模板零件的坐标磨削

坐标磨削加工和坐标镗削加工的有关工艺步骤基本相同。坐标磨削和坐标镗削加工一样，是按准确的坐标位置来保证加工尺寸精度的。只是将镗刀改成了砂轮。它是一种高精度的加工工艺方法，主要用于淬火或高硬度工件的加工，对消除工件热处理变形、提高加工精度尤为重要。坐标磨削范围较大，可以加工直径 1~200mm 的高精度孔，加工精度可达 0.005mm，表面粗糙度 R_a 可达 0.08~0.32μm。坐标磨削对于位置、尺寸精度和硬度要求高的多孔、多型孔的模板和凹模，是一种较理想的加工方法。

1. 工件的找正与定位

坐标磨床工件的定位和找正方法与坐标镗床类似，常用的定位找正工具及其操作如下：

(1)百分表找正

可用来找正工件基准侧面与主轴轴线重合的位置。

(2)开口型端面规找正

找正工件基准侧面与主轴轴线重合的位置，如图 5-8 所示。将百分表装在主轴上，永磁性开口型端面规 2 吸在被测工件 1 的侧面，移动工件使百分表测端面规的开口槽面，在 180°方向上读数相等时，再移动工件 10mm，工件侧基准面与主轴轴心线重合时，即可完成找正。

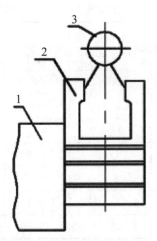

1—工件；2—开口型端面规；3—百分表。

图 5-8　开口型端面规找正

（3）中心显微镜找正

找正工件侧基准面或孔的轴线与主轴轴线重合的位置可用中心显微镜。中心显微镜装在机床主轴上，保证两者中心重合。在显微镜上刻有十字中心线和同心圆。移动工件（工作台）使其侧基准面或孔的轴线对正显微镜的十字中心线。为了确保位置正确，可在 180°方向上找正重合。

（4）芯棒、百分表找正

为找正孔位，可将与小孔相配的芯棒（如钻头柄等）插入小孔后再用百分表找正芯棒，使小孔和机床主轴轴线重合。

当工件侧基准面的垂直度低或工件被测棱边不清晰时，找正工件基准侧面与主轴中心线重合还可用 L 型端面面规。

2.坐标磨削方法

坐标磨床的磨削能完成 3 种基本运动，即砂轮的高速自转运动、行星运动（砂轮轴心线的圆周运动）及砂轮沿机床主轴轴线方向的直线往复运动，如图 5-9 所示。

在坐标磨床上进行坐标磨削加工的基本方法有以下几种：

（1）内孔磨削

进行内孔磨削时，由于砂轮的直径受到孔径大小的限制，磨小孔时多取砂轮直径为孔径的 3/4 左右。砂轮高速回转（主运动）的线速度一般不超过 35m/s，行星运动（圆周进给）的速度大约是主运动线速度的 0.15 倍。慢的行星运动速度将减小磨削量，但对加工表面的质量有好处。砂轮的轴向往复运动（轴向进给）的速度与磨削的精度有关。粗磨时行星运动每转 1 周，往复行程的移动距离略小于砂轮高度的 2 倍，精磨时应小于砂轮的高度，尤其在精加工结束时要用很低的行程速度。

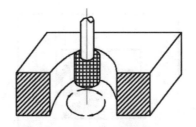

图 5-9　砂轮的 3 种基本运动

（2）外圆磨削

外圆磨削也是利用砂轮的高速自转、行星运动和轴向直线往复运动实现的，如图 5-10（a）所示。

（3）锥孔磨削

磨削锥孔是通过利用机床上的专门机构，使砂轮在轴向进给的同时连续改变行星运动的半径实现的（图 5-10（b））。锥孔的锥顶角大小取决于两者的变化比值，一般磨削锥孔的最大锥顶角为 12°，磨削锥孔的砂轮应修正出相应的锥角。

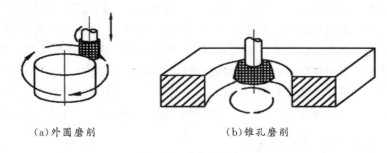

（a）外圆磨削　　　　　　　　　　（b）锥孔磨削

图 5-10　坐标磨削加工

（4）综合磨削

将以上几种基本的磨削方法进行综合运用，可以对一些形状复杂的型孔进行磨削加工，如图 5-11 和图 5-12 所示。

图 5-11 所示为磨削凹模型孔，在磨削时用回转工作台装夹工件，逐次找正工件回转中心与机床主轴轴线重合，磨出各段圆弧。

图 5-12 所示是利用磨槽附件对清角型孔轮廓进行磨削加工。磨削中 1、4、6 是采用成型砂轮进行磨削。2、3、5 是利用平砂轮进行磨削。磨削中心 O 的圆弧时要使中心 O 与主轴线重合，操纵磨头来回摆动磨削圆弧至要求的尺寸。

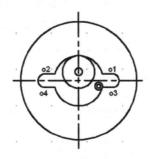

图 5-11　凹模型孔磨削

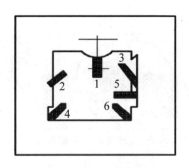

图 5-12　清角型孔磨削

5.3　滑块的加工

滑块和斜滑块是塑料注射模具、塑料压制模具、金属压铸模具等广泛采用的侧向抽芯及分型导向零件，其主要作用是侧孔或侧凹的分型及抽芯导向。工作时滑块在斜导柱的驱动下沿导滑槽运动。随模具不同，滑块的形状、大小也不同，有整体式也有组合式的滑块。

滑块和斜滑块多为平面和圆柱面的组合，斜面、斜导柱孔和成型表面的形状、位置精度和配合要求较高。加工过程中除保证尺寸、形状精度外，还要保证位置精度。对于成型表面还要保证有较低的表面粗糙度，滑块和斜滑块的导向表面及成型表面要求有较高的耐磨性，其常用材料为工具钢或合金工具钢，锻制毛坯在精加工前要安排热处理以达到硬度要求。

现以图 5-13 所示组合式滑块为例介绍滑块的加工过程。

5.3.1　滑块加工方案的选择

图 5-13 所示滑块斜导柱孔的位置和表面粗糙度要求较低，孔的尺寸精度较低，所以主要还是要保证各平面的加工精度和表面粗糙度。另外滑块的导轨和斜导柱孔要求耐磨性好，必须进行热处理以保证硬度要求。

滑块各组成平面中有平行度、垂直度的要求，对位置精度的保证主要是选择合理的定位基准。图 5-13 所示的组合式滑块在加工过程中的定位基准是宽度为 60mm 的底面和与其垂直的侧面，这样在加工过程中可以准确定位、装夹方便可靠。对于各平面之间的平行度则由机床运动精度和合理装夹保证。在加工过程中，各工序之间的加工余量根据零件的大小及不同加工工艺而定。经济合理的加工余量可查阅有关手册或按工序换算得出。为了保证斜导柱内孔和模板导柱孔的同轴度，可用模板装配后进行配加工。内孔表面和斜导柱外圆表面为滑动接触，其粗糙度值要低并且有一定硬度要求，因此要对内孔研磨以修正热处理变形及降低表面粗糙度。斜导柱内孔的研磨方法基本同导套的研磨方法一样。

5.3.2　滑块加工工艺过程

根据滑块的加工方案，图 5-13 所示的组合式滑块的加工工艺过程如表 5-6 所示。

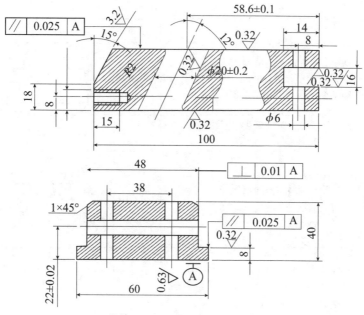

材料 T8A；热处理 HRC54～58

图 5-13　组合式滑块

5.3.3　导滑槽的加工

导滑槽是滑块的导向装置，要求滑块在导滑槽内运动平稳、无上下窜动和卡紧现象。导滑槽有整体式和组合式两种，结构比较简单，大多数都由平面组成，可采用刨削、铣削、磨削等方法进行加工。其加工方案和工艺过程可参阅板类零件和滑块加工的有关内容。

在导滑槽和滑块的配合中，上、下和左、右两个方向各有一对平面是间隙配合，它们的配合精度一般为 H7/f6 或 H8/f7，表面粗糙度 $R_a = 0.63 \sim 1.25 \mu m$。导滑槽材料一般为 45、T8、T10 等钢，热处理硬度为 HRC52～56。

表 5-6　滑块的加工工艺过程

工序号	工序名称	工序内容	设备	工序简图
1	备料	锻造毛坯		
2	热处理	退火后硬度≤HBS240		
3	刨平面	刨上下平面保证尺寸 40.6； 刨削两侧面尺寸 60 达到图纸要求； 刨削两侧面保证尺寸 48.6 和导轨尺寸 8； 刨削 15°斜面保证距底面尺寸 18.4； 刨削两侧面保证尺寸 101； 刨削两端面凹槽保证尺寸 15.8，槽深达图纸要求	刨床	

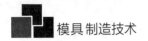

工序号	工序名称	工序内容	设备	工序简图
4	磨平面	磨上、下平面保证尺寸 40.2；磨两端面至尺寸 100.2；磨两侧面保证尺寸 48.2	平面磨床	
5	钳工画线	画 $\phi20$、M10、$2-\phi6$ 孔中心线；画端凹槽线		
6	钻孔镗孔	钻 M10 攻丝底孔并攻丝；钻 $\phi20.8$ 斜孔至 $\phi18$，镗 $\phi20.8$ 斜孔至尺寸，留研磨余量 0.4；钻 $2-\phi6$ 至 $\phi5.9$	立式铣床	
7	检验			
8	热处理	对导轨、15°斜面、$\phi20.8$ 内孔进行局部热处理，保证硬度 HRC53～58		
9	磨平面	磨上下平面达尺寸要求；磨滑动导轨至尺寸要求；磨两侧面至尺寸要求；磨凹槽至尺寸要求；磨斜角 15°至尺寸要求；磨端面尺寸	平面磨床	
10	研磨内孔	研磨 $\phi20.8$ 至要求（可与模板配装研磨）		
11	钻孔铰孔	与型芯配装后钻 $2-\phi6$ 孔并配铰孔	钻床	
12	钳工装配	对 $2-\phi6$ 安装定位销		
13	检验			

5.4 凸模的加工

凸模、型芯类模具零件是用来成型制件内表面的,它和型孔、型腔类零件一样,是模具的重要成型零件。它们的质量直接影响着模的使用寿命和成型制件的质量。因此,该类模具零件的质量要求较高。

由于成型制件的形状各异、尺寸差别较大,所以凸模和型芯类模具零件的品种也是多种多样的。按凸模和型芯的断面形状大致可以分为圆形和异形两类。

圆形凸模、型芯加工比较容易,一般可采用车削、铣削、磨削等进行粗加工和半精加工。经热处理后在外圆磨床上精加工,再经研磨、抛光即可达到设计要求。异形凸模和型芯在制造上较圆形凸模和型芯要复杂得多。本节主要讨论异形凸模和型芯类模具零件的加工。

5.4.1 制造凸模及型芯的工艺过程

凸模、型芯的形状是多种多样的,加工要求不完全相同,各工厂的生产条件又各有差异。这里仅以图 5-14 所示凸模为例说明其工艺过程。

图 5-14 所示凸模的主要技术要求有:材料为 CrWMn,表面粗糙度为 $R_a = 0.63 \mu m$,硬度为 HRC58~62,与凹模双面配合间隙为 0.03mm。

该凸模加工的特点是凸、凹模配合间隙小,精度要求高。在缺乏成型加工设备的条件下,可采用压印锉修进行加工。其工艺过程如下:

(1)下料:采用热轧圆钢,按所需直径和长度用锯床切断。

(2)锻造:将毛坯锻造成矩形。

(3)热处理:进行退火处理。

(4)粗加工:刨削 6 个平面,留单面余量 0.4~0.5mm。

(5)磨削平面:磨削 6 个平面,保证垂直度,上、下平面留单面余量 0.2~0.3mm。

(6)钳工画线:画出凸模轮廓线及螺孔中心位置线。

(7)工作型面粗加工:按画线刨削刃口形状,留单面余量 0.2mm。

(8)钳工修整:修锉圆弧部分,使余量均匀一致。

(9)工作型面精加工:用已经加工好的凸模进行压印后,进行钳工修锉凸模,沿刃口轮廓留热处理后的研磨余量。

(10)螺孔加工:钻孔、攻丝。

(11)热处理:淬火、低温回火,保证硬度为 HRC58~62。

(12)磨削端面:磨削上、下平面,消除热处理变形以便于精修。

(13)研磨:研磨刃口侧面,保证配合间隙。

综合以上所列工艺过程,本例凸模工艺可概括为:备料→毛坯外形加工→画线→刃口轮廓粗加工→刃口轮廓精加工→螺孔、销孔加工→热处理→研磨或抛光。

在上述工艺过程中,刃口轮廓精加工可以采用锉削加工、压印锉修加工、仿形刨削加工、铣削加工等方法。如果用磨削加工,其精加工工序应安排在热处理工序之后,以消除热处理变形,这对制造高精度的模具零件尤其重要。

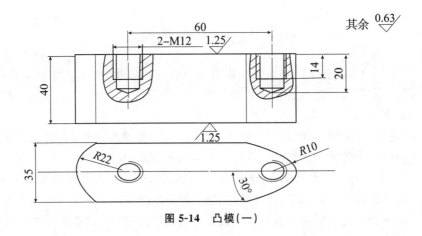

图 5-14　凸模(一)

5.4.2　凸模的刨削加工

模具制造主要是单件或小批量生产,因此用刨床加工模具的零件具有较好的经济效果,在模具制造中应用较多的是牛头刨床和刨模机床。

1. 牛头刨床刨削凸模

牛头刨床主要用于加工模具的外形平面和曲面,必要时亦可加工内孔。其尺寸精度可达 $0.05\mu m$,表面粗糙度 R_a 值可达 $1.6\sim5\mu m$。刨削后需经热处理淬硬,一般都留有精加工余量。

刨削如图 5-15 所示凸模,采用通用夹具——机用平口钳和专用夹具进行加工,其工艺过程如下:

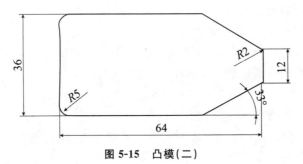

图 5-15　凸模(二)

(1)刨削前的准备

按尺寸锻造成为矩形毛坯,留合适的加工余量,并根据凸模所用的材料进行适当的退火、正火或调质处理。准备好所用的量具、刀具及样板,安装、调整好所用的夹具。

(2)刨削过程

①用平口钳装夹刨削坯料两平面,保证两平面的平行度,使厚度尺寸达到尺寸要求,留余量 0.02mm;刨削坯料两侧面及圆弧,保证圆弧与两平面圆滑过渡,并刨削两端面,使坯料宽度、高度达尺寸要求,留余量 0.02mm(单边)。②用专用工具装夹,刨削两斜面,留余量 0.02mm,用圆弧刨刀刨削圆弧,保证与两平面圆滑过渡。如图 5-16 所示。

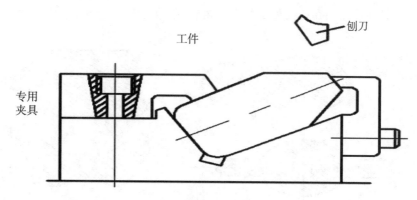

图 5-16　刨削斜面及圆弧

（3）热处理

按热处理工艺进行，淬火硬度达 HRC58～62，并进行低温回火。

（4）研磨

研磨凸模侧面及刃口，保证尺寸精度和表面粗糙度达到设计要求。

（5）检验

测量各部尺寸，检验圆弧 R 和硬度。

2. 靠模刨削凸模

图 5-17 所示的大型曲面凸模，可在牛头刨床上用靠模进行刨削加工。刨削时将牛头刨床工作台的垂直丝杠和床身底座上的平行导轨拆除，换上靠模，用滚轮支撑在靠模上，并使其能沿靠模滚动。当工作台横向走刀和凸模平行移动时，滚轮沿靠模滚动，并带动工作台和凸模相对刀具做曲线运功，刨削出与靠模形状相反的型面。

另外，在牛头刨床上，应用液压仿形装置、供油系统和靠模，也可以加工表面形状复杂的曲面。因液压仿形装置及其系统较复杂，因此只适用于大批量模具零件的加工。

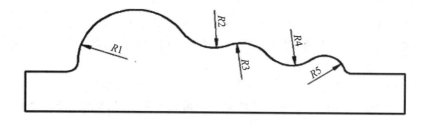

图 5-17　大型曲面凸模

5.4.3　凸模及型芯的成型磨削

成型磨削是在成型磨床或平面磨床上对模具成型表面进行精加工的方法，它具有精度高、效率高的优点。在模具制造中，成型磨削主要应用于凸模、型芯、拼块凹模、拼块型腔等模具成型零件的精加工。

形状复杂的凸模、型芯的轮廓，一般由若干直线和圆弧组成，如图 5-18 所示。应用成型磨削加工，是将被磨削的凸模、型芯的轮廓划分成单一的直线段和圆弧段，然后按照一定的

顺序逐段磨削,并使它们在衔接处平整光滑,符合设计要求。

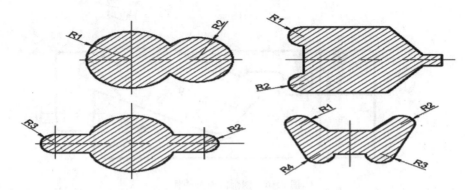

图5-18　凸模与型芯的形状

1.成型砂轮磨削法

成型砂轮磨削法是将砂轮修整成与工件被磨削表面完全吻合的形状,对工件进行磨削加工,获得所需要的成型表面的形状的方法,如图5-19所示。采用这种方法时首要任务是用砂轮修整工具把砂轮修整成所需要的形状,并保证精度。成型砂轮角度或圆弧的修整,主要是应用修整砂轮角度或圆弧的夹具进行的。

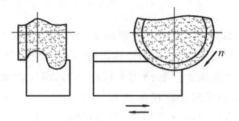

图5-19　成型砂轮磨削法

2.夹具成型磨削法

夹具成型磨削法,是使工件的被磨削表面处于所要求的空间位置上,或者使工件在磨削过程中获得所需的进给运动,磨削出模具零件成型表面的方法。常用的成型磨削夹具有如下几种:

(1)正弦精密平口钳

正弦精密平口钳主要由带正弦尺的精密平口钳和底座组成,如图5-20所示。工件装夹在平口钳上,在正弦圆柱4和底座1的定位面之间垫入一定尺寸的块规,使工件倾斜一定角度,磨削工件上的斜面。其最大倾斜角度为45°,垫入块规的尺寸 H_1 按下式计算:

$$H_1 = L\sin a$$

式中:L——正弦圆柱的中心距;

　　　α——工件需要倾斜的角度。

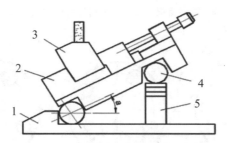

1—底座；2—精密平口钳；3—工件；4—正弦圆柱；5—块规。

图 5-20　正弦精密平口钳

在使用中为了保证磨削精度，工件的定位基准面应预先磨平，并保证平直度和工件在夹具内定位的准确可靠。

（2）正弦磁力台

正弦磁力台的结构原理和应用与正弦精密平口钳相同；它们的区别仅仅在于正弦磁力台是用电磁力替代平口钳的夹紧力。正弦磁力台的最大倾斜角也是 45°，适用于磨削扁平工件。

上述两种磨削斜面的夹具，如配合成型砂轮也能磨削平面与圆弧组成的形状复杂的成型表面。

（3）正弦分中夹具

正弦分中夹具主要用于磨削凸模、型芯等具有同一轴线的不同圆弧面、平面及等分槽，夹具的结构如图 5-21 所示。

磨削时工件支承在前顶尖 1 和尾顶尖 14 上，尾顶尖座 12 可沿底座 10 上的 T 形槽移动，到达适当位置时用螺钉 11 固定。手轮 13 可使尾顶尖 14 沿轴向移动，用以调整工件和顶尖间的松紧程度。前顶尖 1 安装在主轴 2 的锥孔内，转动蜗杆 7 的手轮通过蜗杆 7、蜗轮 3 的传动，可使主轴、工件和装在主轴后端的分度盘 5 一起转动，使工件实现圆周进给运动。安装在主轴后端的分度盘上有 4 个正弦圆柱 6，它们处于同一直径的圆周上，并将该圆分为 4 等分。

磨削时，如果工件回转角度的精度要求不高，其角度可直接利用分度盘上的刻度和分度指针读出。如果工件的回转角要求较高，可在正弦圆柱 6 和块规垫板 8 之间垫入适当尺寸的块规，控制工件转角的大小。

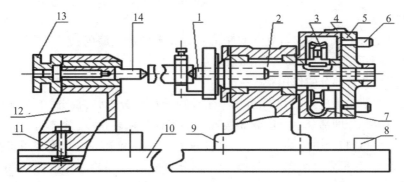

1—前顶尖；2—主轴；3—蜗轮；4—分度指针；5—分度盘；6—正弦圆柱；7—蜗杆；8—块规垫板；
9—主轴座；10—底座；11—螺钉；12—尾顶尖座；13—手轮；14—尾顶尖。

图 5-21　正弦分中夹具

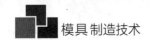

转动前正弦分度盘的位置如图 5-22(a)所示；使工件回转 α 角度，正弦分度盘的位置如图 5-22(b)(c)所示。

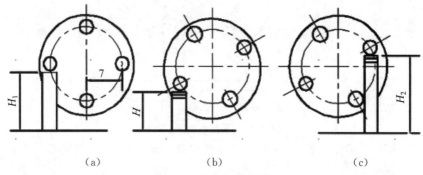

(a)　　　　　　　　(b)　　　　　　　　(c)

图 5-22　分度盘工作原理

在正弦分中夹具上磨削平面或圆弧面时以夹具的回转中心线为测量基准。因此，磨削之前要调整好测量调整器上块规支撑面与夹具回转中心线的相对位置。一般将块规支撑面的位置调整到低于夹具回转中心线 50mm 处。为此，在夹具两顶尖之间需装直径为 d 的标准圆柱，并在块规支撑面上放置尺寸为 $50+d/2$ 的块规，用百分表测量，调整块规座的位置，使块规上平面与标准圆柱面最高点等高后将块规座固定，如图 5-23 所示。当工件的被测量表面位置高于(或低于)夹具回转中心线的距离为 h 时，在块规支撑面上放置尺寸为 $50+h$ 或 $50-h$ 的块规，用百分表测量块规上平面与工件被测量表面，若两者的读数相同即表示工件已磨削到所要求的尺寸。

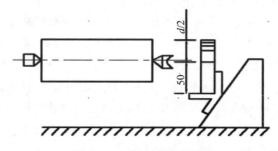

图 5-23　测量调整器的调整

(4)万能夹具

万能夹具是从正弦分中夹具发展起来的更为完善的成型磨削夹具，属成型磨床的主要附件，也可以在平面或万能工具磨床上使用。

1)结构组成及各部分的作用

万能夹具的结构组成如图 5-24 所示。主要由分度部分、回转部分、十字拖板部分及工件装夹部分组成。分度部分由分度盘 3 实现控制工件的回转角度，其结构及分度原理与正弦分度夹具完全相同，利用分度盘和游标直接分度，其精度可达 3′。如果利用正弦圆柱和块规控制转角大小，其精度可达 10°～30°。回转部分由主轴 6、蜗轮 5 和蜗杆(图中未画出)组成。摇动手轮 13 转动蜗杆，通过蜗轮 5 带动主轴 6、分度盘 3、十字拖板及工件一起围绕夹具的轴线回转。十字拖板是由固定在主轴 6 上的拖板座 7、中拖板 12 和小拖板 9 组成。转动丝杆 8 使中拖板 12 沿拖板座上的导轨上下运动。转动丝杆 11 能使小拖板 9 沿中拖板的导轨左、右运动,形成两个方向上互相垂直的运动,使安装在转盘 10 上的工件可以调整到所需要的位置。工件装夹部分主要由转盘 10 和装夹工具组成,其作用是用来装夹工件。

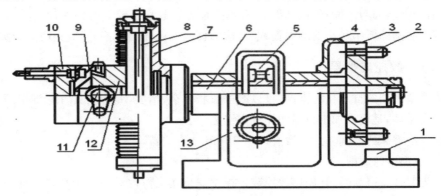

1—块规垫板;2—正弦圆柱;3—分度盘;4—游标;5—蜗轮;6—主轴;7—托板座;8—丝杆;
9—小托板;10—转盘;11—丝杆;12—中托板;13—手轮。

图 5-24 万能夹具

2)工件装夹方法

根据工件形状的不同,其装夹方法通常有以下几种:

①用螺钉与垫柱装夹

在工件上预先制作工艺螺孔,用螺钉和垫柱紧固在转盘 10 上。该法装夹工件,经一次装夹可将凸模、型芯轮廓全部磨削出来。

②用精密平口钳或磁力台装夹

将精密平口钳或磁力台紧固在夹具的转盘 10 上,用平口钳或磁力台夹持工件磨削,但一次装夹只能磨出工件的部分成型表面。

3)成型磨削工艺尺寸的换算

利用万能夹具可磨削由直线和凸、凹圆弧组成的形状复杂的凸模或型芯的轮廓形状。在磨削平面时,需利用夹具将磨削表面调整到水平(或垂直)位置,用砂轮的圆周(或端面)磨削。磨削圆弧时,利用十字拖板将圆弧中心调整到夹具主轴的回转轴线上,进行间断的回转磨削。磨削表面尺寸的测量和正弦分中夹具磨削工件表面尺寸的测量方法一样,用测量调整器、块规和百分表对磨削表面进行比较测量。

应用万能夹具磨削凸模、型芯时,按磨削工艺要求应进行的工艺尺寸换算有下列几方面:①各工序中心的坐标尺寸;②各平面至对应工序中心的垂直距离;③各平面对选定坐标轴的倾斜角度;④不能进行自由回转的圆弧面的圆心角。

在以上计算中,其数值运算应精确到小数点后 3 位,以保证计算的精确。当工件尺寸有公差时,为了减少工序基准与设计基准之间的误差一般采用平均尺寸进行计算。

3.成型磨削的基本原则

成型磨削是凸模、型芯类模具零件的最终加工。由于尺寸精度要求高,工艺过程复杂,所以要求操作人员的技术水平较高而且熟练。为了能顺利地磨削出合格的凸模、型芯零件,在绘制磨削工序图和操作过程中应遵循以下原则:①凸模、型芯的基准面应预先磨削,并保证精度;②与基准面有关的平面优先磨削;③对精度要求高的平面先磨削,避免产生累积误差;④面积较大的平面先磨削;⑤与直角坐标系相平行的平面先磨削,斜面后磨削;⑥与凸圆弧相接的平面与斜面先磨削,凸圆弧面后磨削;⑦与凹圆弧面相接的平面及斜面应先磨削凹圆弧面,后磨削斜面与平面;⑧两凸圆弧相连接时应先磨半径较大的圆弧面;⑨两凹圆弧面相接时应先磨削圆弧半径小的圆弧面;⑩凸圆弧面与凹圆弧面相接时,应先磨削凹圆弧面。

5.4.4　数控成型磨削

数控成型磨削的自动化程度高,可以磨削形状复杂、精度要求高、具有三维型面的凸模、型芯类模具零件,是模具加工技术的先进方法之一。

数控成型磨床的磨削方式大致有以下 3 种基本方式:

(1)用成型砂轮磨削

利用成型砂轮磨削时,首先用数控装置控制安装在工作台上的砂轮修整装置,使它与砂轮架做相对运动而得到所需成型砂轮的形状,如图 5-25(a)所示。然后用该砂轮 1 磨削工件。磨削时工件做纵向往复直线运动,砂轮做垂直进给运动,如图 5-25(b)所示。该方法多用于加工面窄、批量大的工件。

(2)仿形磨削

应用数控装置将砂轮修整成圆形或 V 形,如图 5-26(a)所示。然后,由数控装置控制砂轮架的垂直进给和工件台的横向进给运动,使砂轮的切削刃沿着工件的轮廓进行仿形磨削,如图 5-26(b)所示,该方法适合磨削加工面宽的工件。

(3)复合磨削

复合磨削是上述两种方法的综合运用,磨削前用数控装置将成型砂轮修整成工件形状的一部分,如图 5-27(a)所示。然后用修整的砂轮依次磨削工件,如图 5-27(b)所示。该法主要用来磨削具有多个相同型面的工件,如齿条、等距窄槽等。

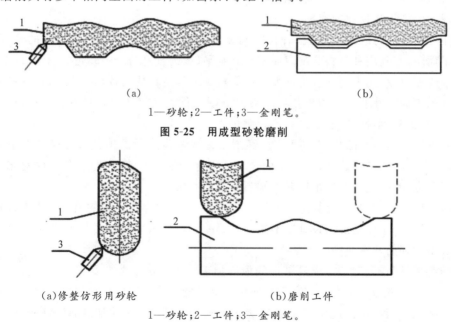

(a)　　　　　　　　　　　　　　　　　(b)

1—砂轮;2—工件;3—金刚笔。

图 5-25　用成型砂轮磨削

(a)修整仿形用砂轮　　　　　　　　(b)磨削工件

1—砂轮;2—工件;3—金刚笔。

图 5-26　仿形磨削

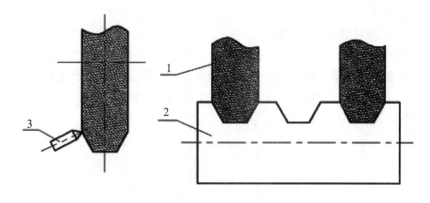

（a）修整成型砂轮　　　　　　　　　　　（b）磨削工件

1—砂轮；2—工件；3—金刚笔。

图 5-27　复合磨削

5.5　凹模的加工

冲模的凹模型孔一般都是不规则的形状，用来成型制件的内、外表面轮廓。其加工质量的好坏直接影响模具的使用寿命和成型制品的质量。

型孔类模具零件在各种模具中都有大量的应用，如冲裁模具中凹模的冲孔、落料型孔，塑料成型模具中的型腔块或型腔等。由于成型制件的形状繁多，所以型孔的轮廓也多种多样，按其形状可分为圆形型孔和异形型孔两类。

具有圆形型孔的模具零件又有单圆型孔和多圆型孔两种。单圆型孔加工比较容易，一般采用钻、锉等加工方法进行粗加工和半精加工，热处理后在内圆磨床上精加工；多圆型孔属于孔系加工，加工时除保证各型孔的尺寸及形状精度外，还要保证各型孔之间的相对位置，一般采用高精度的坐标镗床进行加工。坐标镗床加工的孔距尺寸精度能保证在 0.005～0.01mm 范围内，表面粗糙度 R_a 可达 $1.25\mu m$。采用普通立式铣床，在工作台纵横移动方向上安装块规和百分表测量装置，按坐标法进行各型孔的加工时，其孔间距离的尺寸精度能保证在 0.02mm 左右，表面粗糙度 $R_a = 2.5\mu m$。

模具型孔的工作表面要求较高的硬度，其常用的材料为 T8A、T10A、CrWMn、W18Cr4V 和硬质合金等，一般要进行淬硬处理，硬度为 HRC58～62。热处理后可在高精度坐标磨床上进行加工，也可以在镗孔时留 0.01～0.02mm 的研磨余量，由钳工研磨。

异形型孔也可分为单异型孔和多异型孔两种。单异型孔主要要求尺寸和形状的精度；多异型孔除要求尺寸形状精度外，还要有位置精度的要求。这里主要讨论异形型孔的制造技术。

5.5.1　型孔的压印锉修加工

压印锉修加工型孔是模具钳工经常采用的一种方法，主要应用在缺少机械加工设备的厂家，以及试制性模具、模具凸模和型孔要求间隙很小甚至无间隙的冲裁模具的制造中。这种方法能加工出和凸模形状一致的凹模型孔，但模具型孔精度受热处理变形的影响大。

1.压印锉修方法

图 5-28 为凹模型孔的压印示意图。它将已加工成型并淬硬的凸模放在凹模型孔处,在凸模上施加一定的压力,通过压印凸模的挤压与切削作用,在被压印的型孔上产生印痕,由钳工锉去阴模型孔的印痕部分,然后再压印,再锉修,如此反复进行,直到锉修出与凸模形状相同的型孔。用作压印的凸模称压印基准件,当凹模型孔的热处理变形比凸模大时,也可以凹模型孔为压印基准件来压印凸模。

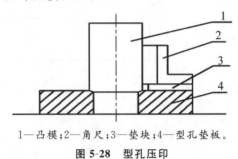

1—凸模;2—角尺;3—垫块;4—型孔垫板。

图 5-28　型孔压印

2.压印锉修前的准备

压印锉修前应对凸模和阴模塑孔进行以下准备工作:

(1)准备凸模

对凸模进行粗加工、半精加工后进行热处理,使其达到所要求的硬度。然后进行精加工,使其达到要求的尺寸精度和表面粗糙度。将压印刀口用油石磨出 0.1mm 左右的圆角,以增强压印过程的挤压作用并降低压印平面的微观不平度。

(2)准备工具

准备用以找正垂直度和相对位置的工具,如角尺、精密方箱等。

(3)选择压印设备

根据压印型孔面积的大小选择合适的压印设备。较小的型孔压印可用手动螺旋式压机,较大的型孔则应用液压机。

(4)准备型孔板材

将型孔板材加工至要求的尺寸、形状精度,确定基准面并在型孔位置画出型孔轮廓线。

(5)型孔轮廓预加工

主要对型孔内部的材料进行去除。

3.压印锉修

完成压印锉修准备工作后,即可进行压印锉修型孔的加工,置凹模板和凸模于压机工作台的中心位置,用直角尺找正凸模和凹模型孔板的垂直度,在凸模顶端的顶尖孔中放一个合适的滚珠,以保证压力均匀和垂直,并在凸模刃口处涂以硫酸铜溶液,启动压机慢慢压下,如图 5-29 所示。

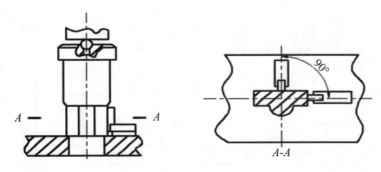

图 5-29　压印过程

第一次压入深度不宜过大,应控制在 0.2mm 左右,压印结束后取下凹模板,对型孔进行锉修,锉修时不能碰到刚压出的表面。锉削后的余量要均匀,最好使单边余量保持在 0.1mm 左右以免下次压印时基准偏斜。经第一次压印锉修后,可重复进行以上过程直到完成型孔的加工。但每次压印都要认真校正基准凸模的垂直度。压印的深度除第一次要浅一些外,以后要逐渐加深。

对于多型孔的凸模固定板、卸料板、凹模型板等,要使各型孔的位置精度一致,可利用压印锉修的方法或其他加工方法加工好其中的一块,然后以这一块作导向,按压印锉修的方法和步骤加工另一块板的型孔,即保证各型孔的相对位置,如图 5-30 所示。

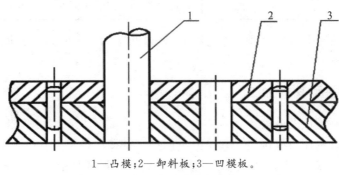

1—凸模;2—卸料板;3—凹模板。

图 5-30　多型孔压印锉修

5.5.2　型孔的电火花加工

型孔的电火花加工主要是对各种模具成型孔的穿孔加工,如冲裁凹模型孔及卸料板、固定板孔等,塑料模具的成型孔、型芯固定孔、镶块固定孔,粉末冶金模、硬质合金模、挤压模的型孔和模具上的小型圆孔、异形孔等。

图 5-31 为 35mm 电影胶片硬质合金冲孔模具型孔板。工件材料为硬质合金,共有 12 个 2.8mm×2mm 的长方孔,4 个 ϕ3.2mm 的圆孔,板厚为 3.5mm,刃口高度为 0.6mm。

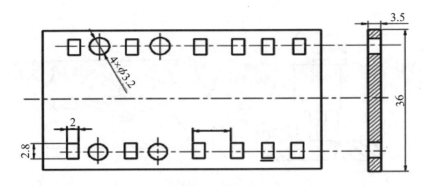

图 5-31 硬质合金冲孔模具型孔板

加工预孔采用 $\phi1.5$ 紫铜棒电极,型孔加工用淬硬钢凸模,采用弛张式脉冲电源,电参数如表 5-7 所示。

表 5-7 硬质合金冲模型孔加工的电参数

工序	电源电压/V	限流电阻/Ω	电容量/μF	充电电感/H	放电电感/μH	工作电压/V
深孔加工	250	500	0.05	0.08	10	110
方孔加工	250	1200	0.004	0.08	10	85
圆孔加工	250	500	0.05	0.08	10	110

加工后的效果:粗糙度 $0.16\sim0.32\mu m$,单边间隙为 0.015mm,斜度为 $4'$,加工时间为 4.5h。

5.5.3 镶拼型孔的加工

1.型孔的镶拼方法及分段

一般镶拼型孔的镶拼有拼接法和镶嵌法两种。拼接法是将型孔分成数段,对各段分别进行加工后拼接起来,如图 5-32 所示。镶嵌法是在型孔形状复杂或狭小细长的部分另做一个嵌件嵌入型孔体内,如图 5-33 所示。

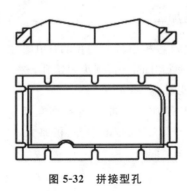

图 5-32 拼接型孔

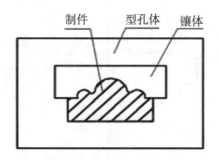

图 5-33　镶嵌型孔

　　镶拼型孔的分段是有一定要求的,一般是将形状复杂的内形表面加工,通过分段镶拼变为外形面加工;或为防止刃口处的尖角部分加工困难,淬火时易开裂等,在尖角处拼接,但镶块应避免做成锐角。凸出或凹进部分容易磨损,要单独分成一段,以便更换;有对称线的制件应沿对称线分段。各段的拼合线要相互错开,并要准确、严密配合装配牢固。

　　2.拼块的制造过程

　　由于制件的形状多种多样,所以镶拼型孔的形状也很多。现以应用光学曲线磨床加工图 5-34 所示定子槽型孔和应用平面磨床磨削等距多槽型孔拼块为例说明其制造过程。

　　(1)光学曲线磨床的投影放大原理

　　光学曲线磨床是按放大样板或放大图进行磨削加工的,主要用于磨削尺寸较小的型孔拼块、凸模和型芯等,其加工尺寸精度可达±0.01mm,表面粗糙度 R_a 达 $0.32\sim0.63\mu m$。

　　光学投影的放大原理如图 5-35 所示,光线从机床下部的光源 1 射出,将砂轮 3 和工件 2 的影像射入物镜,经过棱镜和平面镜的反射,可在光屏上得到放大的影像。将该影像与光屏上的工件放大图进行比较,由于工件留有余量,故影像的轮廓将超出光屏的放大图。操作者根据两者的比较结果,操纵砂轮架在纵、横方向运动,使砂轮与工件的切点沿着工件被磨削轮廓线将加工余量磨去,完成仿形加工。

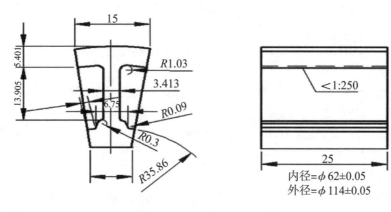

内径=ϕ 62±0.05
外径=ϕ 114±0.05

图 5-34　定子槽型孔拼块

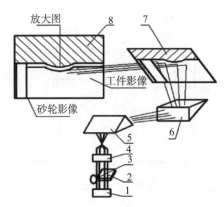

1—光源；2—工件；3—砂轮；4—物镜；5,6—三棱镜；7—平镜；8—光屏。

图 5-35　光学曲线磨床的投影放大原理

对于投影光屏尺寸为 $500 \times 500mm^2$，放大 50 倍的光学投影放大系统，一次能看到的投影区范围为 $10 \times 10mm^2$，当磨削工件轮廓超出 $10 \times 10mm^2$ 时，应将磨削表面轮廓分段，把每段尺寸放大 50 倍制成放大图，其偏差不大于 0.5mm，图线粗细为 $0.1 \sim 0.2mm$。

（2）定子槽拼块的制造过程

当图 5-34 所示定子槽型孔拼块的精度要求较高时，可以安排以下制造工艺过程：

1）锻造毛坯

为了增加材料的密度，提高性能，采用锻造毛坯，毛坯锻造成为 $32 \times 32 \times 20mm^3$ 的长方体。

2）热处理

将已锻造好的毛坯进行球化退火，硬度达 HBS220～240。

3）毛坯外形加工

将退火后的毛坯按图进行粗加工，留单面余量 $0.2 \sim 0.3mm$。

4）坯料检验

对已进行粗加工的坯料，按图和加工余量要求进行检验。

5）热处理

对检验合格的拼块，按热处理工艺进行淬火回火，硬度为 HRC58～62。

6）平面磨削

在平面磨床上按如下顺序磨削（图 5-36）：①以 A' 面为基准磨削 A 面；②将电磁吸盘倾斜 15°，四周用辅助块固定，对侧面进行粗加工；③以 A 面为基准磨削 A' 面，保证高度一致；④将电磁吸盘倾斜 15°，精磨 B、B' 面，修配余量 0.01mm；⑤对所有拼块用角度规定位，同时磨削端面，保证垂直度及总长 25mm。

7）磨削外径

将拼块准确地固定在专用夹具上，磨削拼块外径，达到 $R57$ 和表面粗糙度要求，如图 5-37 所示。

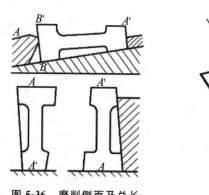

图 5-36　磨削侧面及总长

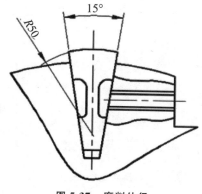

图 5-37　磨削外径

8)细磨平面

对各拼块的拼合面均匀地进行精细磨削后依次镶入内径为 $\phi 114$ mm 的环规中,要求配合可靠、紧密,如图 5-38 所示。

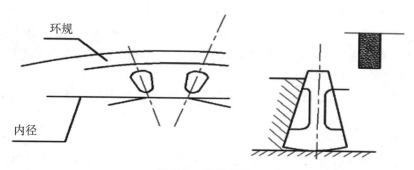

图 5-38　细磨平面

9)磨削刃口部位

将各拼块装夹在夹具上,在光学曲线磨床上根据型孔刃口部位的放大图进行粗加工和精加工,如图 5-39 和图 5-40 所示。

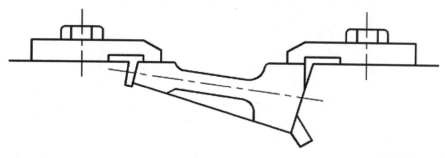

图 5-39　磨削刃口部位

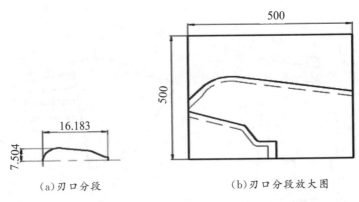

（a）刃口分段　　　　　　　　　（b）刃口分段放大图

图 5-40　分段磨削

10）端面磨削

将拼块压入型孔固定板孔 ϕ114mm 内，对刃口端面进行整体细磨。

11）检验

用投影仪检验型孔，测量拼块内径、外径、后角，检验硬度。

以上是材料为合金钢的定子槽拼块的制造工艺过程，为了增加模具的使用寿命，大多数定子槽拼块都采用硬质合金，其制造工艺过程除取消了热处理工序外，其他与上述基本相同。

（3）等距槽型孔拼块的磨削工艺

如图 5-41 所示的等距槽型孔拼块，修整砂轮圆弧后，用平面磨床进行成型磨削的工艺如下：

1）坯料准备

根据等距槽型孔拼块的材料要求，对工件毛坯进行锻造、退火，然后进行粗加工，留适当加工余量，再进行淬火、回火处理，达到所要求的硬度。

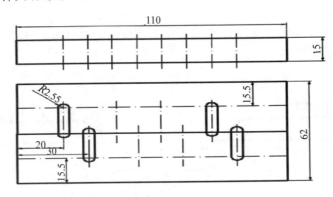

图 5-41　等距槽型孔拼块

2）磨削平面

用电磁吸盘及辅助固定块固定工件，对两拼块的 6 个平面进行粗磨、精磨，达到尺寸要求，并保证各平面相互间的垂直度及两拼块尺寸一致。

3）拼块装夹定位

将两拼块拼合在一起，使两平面对合，并用块规控制两拼块相差 10mm，如图 5-42 所示。

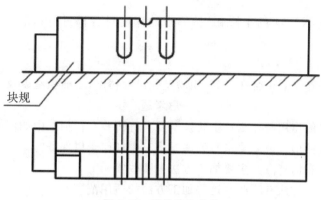

图 5-42　拼块装夹定位

4）粗磨第 1 型槽

将砂轮修整成 $R2.5$ 的半圆弧，对第 1 型槽进行粗磨，深度为 15.4mm。用块规控制砂轮中心距拼块端面为 20mm，图 5-43(a)所示。

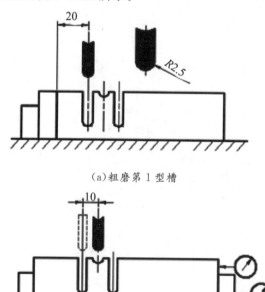

(a)粗磨第 1 型槽

(b)粗磨第 2 型槽

图 5-43　粗磨型槽

5）调整拼块位置

粗磨第 2 型槽，如图 5-43(b)所示，用百分表接触 C 面并调整为零位，在 C 面放 10mm 的块规。移动机床横拖板使百分表触头与块规侧面接触，使百分表指示数值为零。位置调整准确后粗磨第 2 型槽，其槽深度为 2.5mm。

6）调整拼块位置，磨削第 3 型槽至第 8 型槽，拼块的相互位置调整、装夹如前所述，粗磨第 3 型槽至第 8 型槽。

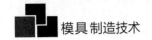

7）精磨型槽

将砂轮修整为 $R2.54$ 的平圆弧，按要求的深度对各槽进行精磨，并达到表面粗糙度要求。

8）检验

将两拼块按相互位置拼合在一起，检验型孔尺寸精度、表面粗糙度及硬度。

思考题

1.模具中导柱的作用是什么？主要技术要求有哪些？在加工中如何保证？

2.型芯固定板的形位公差要求有哪些？加工中如何予以保证？

3.型腔类零件有何特点？主要加工方法有哪些？

4.型芯的精加工方法有哪些？这些加工方法的适用范围？

第6章 模具装配工艺

模具的装配是整个模具制造过程中的最后一个阶段,它包括装配、调整、检验和试模等工作。模具的工作性能、使用效果和寿命等综合指标用来计定模具的质量,模具质量最终是通过装配来保证的。如装配不当,即使零件的制造质量合格,也不一定能装配出合格的模具;反之,当零件质量并不太好时,在装配中采用合适的装配工艺措施,也能使模具达到设计的要求。因此,研究装配工艺过程和装配精度,采用有效的装配方法和合理的装配工艺,对保证模具质量有着十分重要的意义。

6.1 模具装配概述

根据模具装配图和技术要求,将模具零部件按照一定工艺顺序进行配合、定位、连接与紧固,使之成为符合技术要求和使用要求的模具的过程,称为模具装配。模具装配是模具制造过程中非常重要的环节,装配质量直接影响到模具的精度及寿命。

模具装配图及验收技术条件是模具装配的依据,构成模具的所有零件,包括标准件、通用件及成型零件等复合技术是模具装配的基础。但是,并不是有了合格的零件,就一定能装配出符合设计要求的模具,合理的装配工艺及装配经验也很重要。

模具装配过程是模具制造工艺全过程中的关键工艺过程,包括装配、调试、检验和试模。

6.1.1 模具装配精度要求

模具装配精度一般由设计人员根据产品零件的技术要求、生产批量等因素确定,它概括为模架的装配精度、主要工作零件及其他零件的装配精度,主要从以下几个方面体现。

(1)相关零件的位置精度。相关零件的位置精度指冲压模的凸、凹的位置精度,注射模的定、动模型腔之间的位置精度等。

(2)相关零件的运动精度。相关零件的运动精度包括直线运动精度、圆周运动精度及传动精度等,例如模架中导柱和导套之间的配合状态、卸料装置运动的灵活可靠、进料装置的送料精度等。

(3)相关零件的配合精度。相关零件的配合精度是指相互配合零件间的间隙和过盈程度是否符合技术要求,例如凸模与固定板的配合精度、销钉与销钉孔的配合精度、导柱与导套的配合精度等。

(4)相关零件的接触精度。相关零件的接触精度指注射模具分型面的接触状态,弯曲模的上、下成型表面的吻合一致性及注射模滑块与锁紧块的斜面贴合情况等。

冲压模架的精度检查验收依据为《冲模模架技术条件》(GB/T 12447—1990),注射模模架及零件的精度检查验收依据为《中小型模架技术条件》(GB/T 12556—2006)。

6.1.2 模具装配工艺方法

模具装配的工艺方法有互换法、修配法和调整法等。由于模具制造属于单件小批量生

产,具有成套性和装配精度高等特点,所以目前模具装配常用修配法和调整法。今后,随着模具加工设备的现代化,零件制造精度逐渐满足互换法的要求,互换法的应用将会越来越广泛。

1. 互换法

互换法是通过严格控制零件制造加工误差来保证装配精度。该方法具有零件加工精度高、难度大等缺点,但由于具有装配简单、质量稳定、易于流水作业、效率高、对装配钳工技术要求低、模具维修方便等优点,适合于大批量生产的模具装配。

2. 修配法

修配法是指装配时修去指定零件的预留修配量,以达到装配精度要求的方法。这种方法广泛应用于单件小批量生产的模具装配。常用的修配方法有以下两种。

①指定零件修配法

指定零件修配法是在装配尺寸链的组成环中,预先指定一个零件作为修配件,并预留一定的加工余量,修配时再对该零件进行精密切削加工,以达到装配精度要求的加工方法。如图 6-1 所示为注射模具滑块和锁紧块的贴合面修配,通常将滑块斜面预留一定的余量,根据装配时分型面的间隙 a,可用公式 $b=(a-0.2)\sin\theta$ 来计算滑块斜面修磨量。

②合并加工修配法

合并加工修配法是将两个或两个以上的配合零件装配后,再进行机械加工,以达到装配精度要求的方法。如图 6-2 所示,当凸模 3 和凸模固定板 2 组合后,要求凸模 3 上端面和凸模固定板 2 的上平面为同一平面。采用合并加工修配法在单独加工凸模 3 和凸模固定板 2 时,对相关配合尺寸不用严格控制,而是将两者组合在一起后,进行配磨上平面,以保证装配要求。

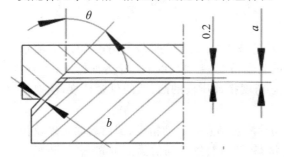

图 6-1　修配滑块和锁紧块贴合面

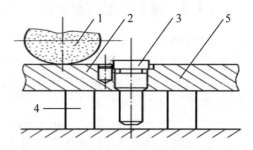

1—砂轮;2—凸模固定板;3—凸模;

4—等高平行垫铁;5—平面磨床工作台。

图 6-2　修配凸模和凸模固定板上平面

修配法的优点是放宽了模具零件的制造精度,可获得很高的装配精度;缺点是装配中增加了修配工作量,装配质量依赖于工人的技术水平。

3. 调整法

调整法是用改变模具中可调整零件的相对位置,或变化一组定尺寸零件(如垫片、垫圈)来达到装配精度要求的方法。如图 6-3 所示为冲压模具上顶出零件的弹性顶件装置,通过调整旋转螺母、压缩橡皮,使顶件力增大。

调整法可以放宽零件的制造公差,但装配时同样费工费时,并要求工人有较高的技术水平。

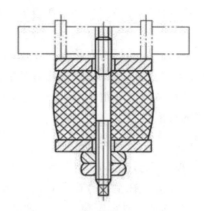

图 6-3　调整法调整顶件力

6.1.3　装配尺寸链

模具是由若干零、部件装配而成的。为了保证模具的质量,必须在保证各个零部件质量的同时,保证这些零、部件之间的尺寸精度、位置精度和装配技术要求。在进行模具设计、装配工艺的制定和解决装配质量问题时,都要应用装配尺寸链的知识。

在产品的装配关系中,由相关零件的尺寸(表面或轴线间的距离)或相互位置关系(同轴度、平行度、垂直度等)所组成的尺寸链,叫作装配尺寸链。装配尺寸链的封闭环就是装配后的精度和技术要求。这种要求是通过将零部件装配好以后才最后形成和保证的,是一个结果尺寸和位置关系。在装配关系中,与装配精度要求发生直接影响的那些零部件的尺寸和位置关系,是装配尺寸的组成环。组成环分为增环和减环。

装配尺寸链的基本定义、所用基本公式、计算方法,均与零件工艺尺寸链类似。应用装配尺寸链计算装配精度问题时,首先要正确地建立装配尺寸链;其次要做必要的分析计算,并确定装配方法;最后确定经济而可行的零件制造公差。

模具的装配精度要求,可根据各种标准或有关资料予以确定,当缺乏成熟资料时,常采用类比法并结合生产经验定出。确定装配方法后,把装配精度要求作为装配尺寸链的封闭环,通过装配尺寸链的分析计算,就可以在设计阶段合理地确定各组成零件的尺寸公差和技术条件。只有零件按规定的公差加工,装配按预定的方法进行,才能有效而又经济地达到规定的装配精度要求。

6.1.3.1　尺寸链建立

建立和解算装配尺寸链时应注意以下几点:

(1)当某组成环属于标准件(如销钉等)时,其尺寸公差大小和分布位置在相应的标准中已有规定,属已知值。

(2)当某组成环为公共环时,其公差大小及公差带位置应根据精度要求最高的装配尺寸链来决定。

(3)其他组成环的公差大小与分布应视各环加工的难易程度予以确定。对于尺寸相近、加工方法相同的组成环,可按等公差值分配;对于尺寸大小不同、加工方法不一样的组成环,可按等精度(公差等级相同)分配;加工精度不易保证时可取较大的公差值。

（4）一般公差带的分布可按"入体"原则确定,并应使组成环的尺寸公差符合国家公差与配合标准的规定。

（5）对于孔心距尺寸或某些长度尺寸,可按对称偏差予以确定。

（6）在产品结构既定的条件下建立装配尺寸链时,应遵循装配尺寸链组成的最短路线原则（即环数最少）,即应使每一个有关零件（或组件）仅以一个组成环来加入装配尺寸链中,因而组成环的数目应等于有关零部件的数目。

6.1.3.2 尺寸链分析计算

当装配尺寸链被确定后,就可以进行具体的分析与计算工作。图 6-4（a）所示为注射模中常用的斜楔锁紧结构的装配尺寸链。在空模合模后,滑块 2 沿定模 1 内斜面滑行,产生锁紧力,使两个半圆滑块严密拼合。为此,须在定模 1 内平面和滑块 2 分型面之间留有合理间隙。

1. 封闭环的确定

图 6-4（a）中的间隙是在装配后形成的,为尺寸链的封闭环,用 L_0 表示。按技术条件,间隙的极限值为 0.18～0.30mm,则为 $L_0{}^{+0.30}_{+0.18}$。

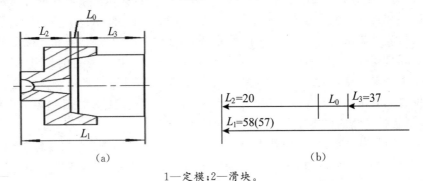

（a）　　　　　　　　　　　　　　　（b）

1—定模；2—滑块。

图 6-4　装配尺寸链

2. 查明组成环

将 $L_0 \sim L_3$ 依次相连,组成封闭的装配尺寸链。该尺寸链共由 4 个尺寸环组成,如图 6-4（a）所示。L_0 是封闭环,$L_1 \sim L_3$ 为组成环。绘出相应的尺寸链图,并将各环的基本尺寸标于尺寸链图上,如图 6-4（b）所示。

根据图 6-4（b）的尺寸链,可得其尺寸链方程式为：$L_0 = L_1 - (L_2 + L_3)$。当 L_1 增大或减小（其他尺寸不变）时,L_0 亦相应增大或减小,即 L_1 的变动导致 L_0 同向变动,故 L_1 为增环。其传递系数 $\xi_1 = +1$。当 L_2、L_3 增大时,L_0 减小；当 L_2、L_3 减小时,L_0 增大。所以 L_2、L_3 为减环,其传递系数 $\xi_2 = \xi_3 = -1$。

3. 校核组成环基本尺寸

将各组成环的基本尺寸代入尺寸链方程式得：

$L_0 = 58 - (20 + 37) = 1 \text{(mm)}$

但技术要求 $L_0 = 0$,若将 $L_1 - 1$,即 $(58-1)\text{mm} = 57\text{mm}$,则使封闭环基本尺寸符合要求。因此,各组成环基本尺寸确定为：$L_1 = 57\text{mm}$；$L_2 = 20\text{mm}$；$L_3 = 37\text{mm}$。

4. 公差计算

根据表 6-1 中的尺寸链计算公式可得：

封闭环上极限偏差为 $ES_0 = 0.30\text{mm}$；

封闭环下极限偏差为 $EI_0 = 0.18\text{mm}$；

封闭环中间偏差为 $\Delta_0 = \dfrac{1}{2}(0.30 + 0.18) = 0.24\,(\text{mm})$；

封闭环公差为 $T_0 = 0.30 - 0.18 = 0.12\,(\text{mm})$。

其中 ES_0、EI_0、Δ_0 和 T_0 的下标 0 表示封闭环。

尺寸链各环的其他尺寸与公差可按表 6-1 内的公式进行计算。

表 6-1　尺寸链计算公式

序号	计算内容		计算公式	说明
1	封闭环基本尺寸		$L_0 = \sum\limits_{i=1}^{n} \xi_i L_i$	下标 0 表示封闭环，i 表示组成环的序号，n 表示组成环的个数
2	封闭环中间偏差		$\Delta_0 = \sum\limits_{i=1}^{n} \xi_i \Delta_i$	Δ 表示偏差，其余同 1
3	封闭环公差	极值公差	$T_0 = \sum\limits_{i=1}^{n} T_i$	公差值最大，T 表示公差，其余同上
		平方公差	$T_0 = \sqrt{\sum\limits_{i=1}^{n} \xi^2 T_i^2}$	公差值最小，ξ 表示传递系数
4	封闭环极限偏差		$ES_0 = \Delta_0 + 1/2\,T_0$ $EI_0 = \Delta_0 - 1/2\,T_0$	ES 表示上偏差，EI 表示下偏差
5	封闭环极限尺寸		$L_{i\max} = L_0 + ES_0$ $L_{i\min} = L_0 + EI_0$	同上
6	组成环平均公差	平方公差	$T_{av} = T_0 / \sqrt{n}$	同上
7	组成环极限偏差		$ES_i = \Delta_i + 1/2\,T_i$ $EI_i = \Delta_i - 1/2\,T_i$	同上
8	组成环极限尺寸		$L_{i\max} = L_i + ES_i$ $L_{i\min} = L_i + EI_i$	同上

6.2　模具间隙的控制方法

6.2.1　冲压模具间隙的控制方法

冲压模具装配的关键是如何保证凸、凹模之间具有正确、合理、均匀的间隙。这既与模具零件的加工精度有关，也与装配工艺的合理与否有关。为保证凸、凹模间的位置正确和间隙均匀，装配时总是依据图纸要求先选择其中某一主要件（如凸模或凹模或凸凹模）作为装

配基准件,然后以该基准件位置为基准,用找正间隙的方法来确定其他零件的相对位置,以确保其相互位置的正确性和间隙的均匀性。

控制冲压模具间隙均匀性常用的方法有如下几种:

1. 垫片法

垫片法是根据凸、凹模配合间隙的大小,在凸、凹模配合间隙四周内垫入厚度均匀、相等的薄铜片来调整凸模和凹模的相对位置,保证配合间隙均匀,如图 6-5 所示。

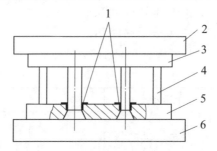

1—垫片;2—上模座;3—凸模固定板;4—等高垫块;5—凹模;6—下模座。

图 6-5　垫片法调整间隙

2. 测量法

测量法是将凸模组件、凹模 1 分别固定于上模座 9、下模座 3 的合适位置,然后将凸模 4 插入凹模 1 型孔内,用厚薄规(塞尺)6 分别检查凸、凹模不同部位的配合间隙,如图 6-6 所示,根据检查结果调整凸、凹模之间的相对位置,使间隙在水平四个方向上一致。该方法只适用于凸、凹模配合间隙(单边)在 0.02mm 以上,且四周间隙为直线形状的模具。

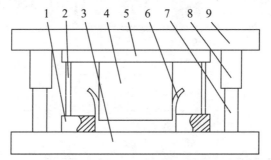

1—凹模;2—等高平行垫铁;3—下模座;4—凸模;5—凸模固定板;

6—塞尺;7—导柱;8—导套;9—上模座。

图 6-6　测量法

3. 透光法

透光法是将上、下模合模后,用手持电灯或电筒灯光照射,观察凸、凹模刃口四周的光隙大小来判断间隙是否均匀,若不均匀则进行调整。该方法适合于薄料冲裁模,对装配钳工技术水平要求高。

4. 镀铜法

镀铜法是在凸模的工作端刃口部位镀一层厚度等于凸、凹模单边配合间隙的铜层,使凸、凹模装配后获得均匀的配合间隙。镀铜层厚度用电流及电镀时间来控制,厚度一致,易保证模具冲裁间隙均匀。镀铜层在模具使用过程中可以自行脱落,在装配后不必去除。

5.涂层法

涂层法原理与镀铜法相同,是在凸模上涂一层涂料(如磁漆或氨基醇酸绝缘漆等),其厚度等于凸、凹模的单边配合间隙,再将凸模插入凹模型孔,以获得均匀的配合间隙,不同的只是涂层材料。该方法适用于小间隙冲模的调整。

6.工艺定位器法

工艺定位器法如图 6-7 所示,装配时用一个工艺定位器 3 来保证凸、凹模的相对位置,保证各部分的间隙均匀。其中,如图 6-7(a)所示的工艺定位器 d_1 与冲孔凸模滑配,d_2 与落料凹模滑配,d_3 与冲孔凹模滑配,d_1、d_2 和 d_3 尺寸应在一次装夹中加工成型,以保证三个直径的同轴度。

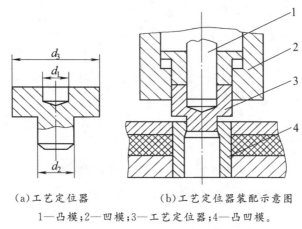

(a)工艺定位器　　　　(b)工艺定位器装配示意图

1—凸模;2—凹模;3—工艺定位器;4—凸凹模。

图 6-7　用工艺定位器调整间隙

7.工艺尺寸法

工艺尺寸法如图 6-8 所示,为调整圆形凸模 1 和凹模 2 的间隙均匀,可在制造凸模 1 时,将凸模工作部分加长 1~2mm,并使加长部分的直径尺寸按凹模内孔的实测尺寸按精密的滑动配合,以便装配时凸、凹模对中、同轴,并保证模具间隙均匀。待装配完后,再将凸模加长部分去除。

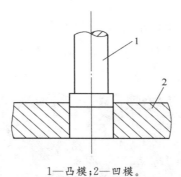

1—凸模;2—凹模。

图 6-8　用工艺尺寸调整间隙

8.工艺定位孔法

工艺定位孔法如图 6-9 所示,是在凹模和凸模固定板相同的位置上加工两个工艺孔,装配时,在定位孔内插入定位销以保证模具间隙的方法。该方法加工简单、方便(可将工艺孔与型腔用线切割方法一次装夹割出），间隙容易控制。

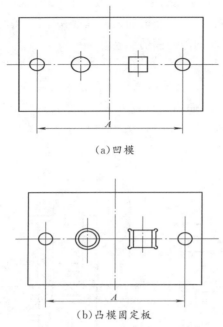

（a）凹模

（b）凸模固定板

图 6-9　用工艺定位孔法调整间隙

6.2.2　注射模具间隙的控制方法

1. 大型模具

①装配保证

大中型模具以模具中主要零件如定模、动模的型腔、型芯为装配基准。这种情况下，定模和动模的导柱和导套孔先不加工。先将型腔和型芯加工好，装入定模板和动模板内，将型腔和型芯之间以垫片法或工艺定位器法来调整模具间隙均匀，然后将动模部分和定模部分固定成一体，镗制导柱和导套孔。

②机床加工保证

大中型模具的动、定模板采用整体结构时，可以在加工中心机床上一次装夹、加工出成型部分和导柱导套的固定孔，依靠加工中心机床的精度来保证模具间隙的均匀一致，如图6-10所示。

图 6-10　大型、复杂整体模板的加工

2. 中、小型模具

中、小型模具常采用标准模架，动、定模固定板上已装配好导柱、导套。这种情况下，将已有导向机构的动模、定模板合模后，同时磨削模板的侧基准面，保证其垂直，然后以模板侧基准面为基准组合加工固定板中的内形方框，如图 6-11 所示。在加工动、定模镶块时，将动、定模镶块加工时的基准按合模状态进行统一，并严格控制固定板与镶块的配合精度。通过以上工艺可以保证模具间隙的均匀一致。

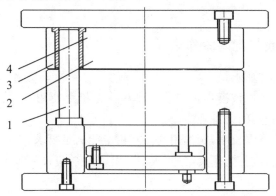

1—导柱；2—动模固定板；3—导套；4—定模固定板。

图 6-11　注射模动、定固定板内形方框的组合加工

思考题

1. 装配尺寸链的组成、作用是什么？

2. 确定凸、凹模间隙的方法有哪些？

3. 凸模与型芯的固定形式与方法有哪些？

4. 如何保证级进模、复合模及多冲头单工序模的位置精度？

第7章 塑料模具及冲压模具装配

7.1 塑料模具装配

7.1.1 塑料模具装配基本知识

1.注塑模的安装尺寸要求

①注塑模设计时要考虑该模具是安装在哪种注塑机上使用,安装在注塑机上的各配合部位的尺寸,应符合所选用的设备规格。

②注塑模的开合模行程长度,所选用的注塑机应能满足要求。

③装配后的注塑模,应打上模具编号;大、中型注塑模,应设有起吊孔。

2.注塑模总体装配精度要求

①注塑模的外露部分锐角应倒钝,安装面应光滑平整,螺钉、螺钉头部不能高出安装基面,并无明显毛刺、凹陷及变形现象。

②注塑模各零件的材料、形状、尺寸、精度、表面粗糙度及热处理要求等,均应符合图样要求,各零件的工作表面不允许有损伤。

③模具的所有活动部位,均应保证位置正确,配合间隙适当,动作可靠,运动平稳。

④模具上的所有紧固件,均应紧固可靠,不得有任何松动现象。

⑤注塑模所选用的模架规格,应能满足注塑制品所需的技术要求。

⑥模具在装配后,动模板沿导柱上、下移动时,应平稳无阻滞现象,导柱与导套的配合精度应符合规定标准要求,且间隙均匀。

⑦必须保证模具各零件间的相对位置精度,尤其是当有些尺寸与几个零件尺寸有联系时,如分型面的两个平面一定要保证相互平行。

⑧装配后的动模和定模,在合模时必须紧密接触,不得有任何间隙,符合图样要求。

⑨注塑模在合模时定位要准确、可靠,开模出塑件时应畅通无阻。

7.1.2 塑料模具装配工艺过程

7.1.2.1 型芯的装配

1.型芯的固定方式

由于塑料模的结构不同,型芯在固定板上的固定方式也不相同,常见的固定方式如图7-1所示。

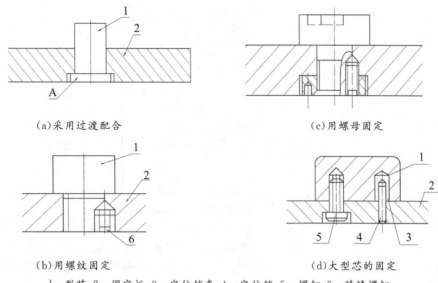

（a）采用过渡配合　　　　　　　　　　　　　（c）用螺母固定

（b）用螺纹固定　　　　　　　　　　　　　　（d）大型芯的固定

1—型芯；2—固定板；3—定位销套；4—定位销；5—螺钉；6—骑缝螺钉。

图 7-1　型芯的固定方式

（1）采用过渡配合

图 7-1（a）所示的固定方式其装配过程与装配带台肩的冷冲凸模相类似。为保证装配要求应注意下列几点：

①检查型芯高度及固定板厚度（装配后能否达到设计尺寸要求），型芯台肩平面应与型芯轴线垂直。

②固定板通孔与沉孔平面的相交处一般为 90°角，而型芯上与之相应的配合部位往往呈圆角（磨削时砂轮损耗形成），装配前应将固定板的上述部位修出圆角，使之不对装配产生不良影响。

（2）用螺纹固定

图 7-1（b）所示固定方式常用于热固性塑料压模。

（3）用螺母固定

图 7-1（c）所示螺母固定方式对于某些有方向要求的型芯，装配时只需按设计要求将型芯调整到正确位置后，用螺母固定，使装配过程简便。这种固定形式适合于固定外形为任何形状的型芯，以及在固定板上同时固定几个型芯的场合。

图 7-1（b）、（c）所示型芯固定方式，在型芯位置调好并紧固后要用骑缝螺钉定位。骑缝螺钉孔应安排在型芯洋火之前加工。

（4）大型芯的固定

如图 7-1（d）所示。装配时可按下列顺序进行：

①在加工好的型芯上压入实心的定位销套。

②根据型芯在固定板上的位置要求将定位块用平行夹头夹紧在固定板上，如图 7-2 所示。

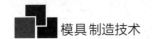
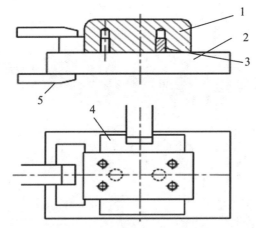

1—型芯;2—固定板;3—定位销套;4—定位块;5—平行夹头。

图 7-2　大型芯与固定板的装配

③在型芯螺孔口部抹红粉,把型芯和固定板合拢,将螺钉孔位置复印到固定板上取下型芯,在固定板上钻螺钉过孔及惚沉孔;用螺钉将型芯初步固定。

④通过导柱导套将卸料板、型芯和支承板装合在一起,将型芯调整到正确位置后拧紧固定螺钉。

⑤在固定板的背面画出销孔位置线。钻、铰销孔,打入销钉。

7.1.2.2　型腔的装配

1.整体式型腔

图 7-3 所示是圆形整体式型腔的镶嵌形式。型腔和动、定模板镶合后,其分型面上要求紧密无缝,因此,对于压入式配合的型腔,其压入端一般都不允许有斜度。

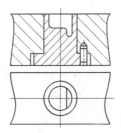

图 7-3　整体式型腔

2.拼块结构的型腔

图 7-4 所示是拼块结构的型腔。这种型腔的拼合面在热处理后要进行磨削加工。

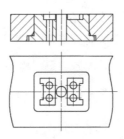

图 7-4　拼块结构的型腔

3. 拼块结构型腔的装配

为了不使拼块结构的型腔在压入模板的过程中,各拼块在压入方向上产生错位,应在拼块的压入端放一块平垫板,通过平垫板推动各拼块一起移动。如图 7-5 所示。

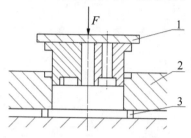

1—平垫板;2—模板;3—等高垫板。

图 7-5　拼块结构型腔的装配

4. 型芯端面与加料室底平面间间隙

图 7-6 所示是装配后在型芯端面与加料室底平面间出现了间隙,可采用下列方法消除:

①修磨固定板平面 A。修磨时需要拆下型芯,磨去的金属层厚度等于间隙值 Δ。

②修磨型腔上平面 B。修磨时不需要拆卸零件,比较方便。

③修磨型芯(或固定板)台肩 C。采用这种修磨法应在型芯装配合格后再将支承面 D 磨平。此法适用于多型芯模具。

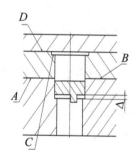

图 7-6　型芯端面与加料室底平面间出现间隙

5. 装配后型腔端面与型芯固定板间间隙

图 7-7a 所示是装配后型腔端面与型芯固定板间有间隙(Δ)。为了消除间隙可采用以下修配方法:

①修磨型芯工作面 A 只适用于型芯端面为平面的情况。

②在型芯台肩和固定板的沉孔底部垫入垫片,如图 7-7(b)所示。此方法只适用于小模具。

③在固定板和型腔的上平面之间设置垫块,如图 7-7(c)所示,垫块厚度不小于 2mm。

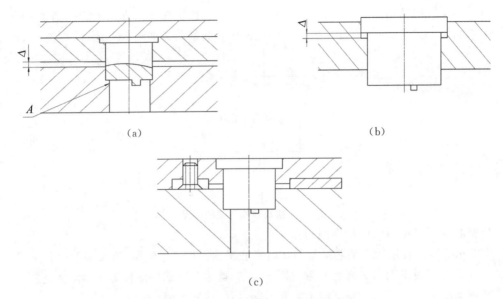

（a）　　　　　　　　　　　　（b）

（c）

图 7-7　型腔端面与型芯固定板间有间隙

7.1.2.3　浇口套的装配

浇口套与定模板的配合一般采用 H7/m6。它压入模板后,其台肩应和沉孔底面贴紧。装配的浇口套,其压入端与配合孔间应无缝隙。所以,浇口套的压入端不允许有导入斜度,应将导入斜度开在模板上浇口套配合孔的入口处。为了防止在压入时浇口套将配合孔壁切坏,常将浇口套的压入端倒成小圆角。在浇口套加工时应留有去除圆角的修磨余量 Z,压入后使圆角突出在模板之外,如图 7-8 所示。然后在平面磨床上磨平,如图 7-9 所示。最后再把修磨后的浇口套稍微退出,将固定板磨去 0.02mm,重新压入后成为图 7-10 所示的形式。台肩对定模板的高出量 0.02mm 亦可采用修磨来保证。

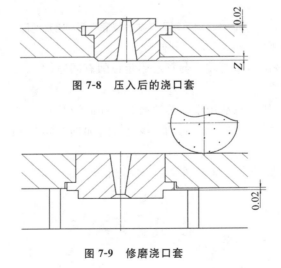

图 7-8　压入后的浇口套

图 7-9　修磨浇口套

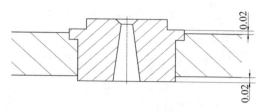

图 7-10 装配好的浇口套

7.1.2.4 导柱和导套的装配

导柱、导套分别安装在塑料模的动模和定模部分上,是模具合模和启模的导向装置。

导柱、导套采用压入方式装入模板的导柱和导套孔内。对于不同结构的导柱所采用的装配方法也不同。短导柱可以采用图 7-11 所示的方法压入。长导柱应在定模板上的导套装配完成之后,以导套导向将导柱压入动模板内,如图 7-12 所示。

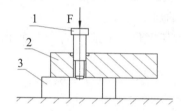

1—导柱;2—模板;3—平行垫铁。

图 7-11 短导柱的装配

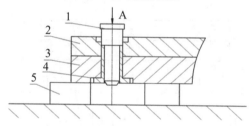

1—导柱;2—固定板;3—定模板;4—导套;5—平行垫铁。

图 7-12 长导柱的装配

导柱、导套装配后,应保证动模板在启模和合模时都能灵活滑动,无卡滞现象。因此,加工时除保证导柱、导套和模板等零件间的配合要求外,还应保证动、定模板上导柱和导套安装孔的中心距一致(其误差不大于 0.01mm)。压入前应对导柱、导套进行选配。压入模板后,导柱和导套孔应与模板的安装基面垂直。如果装配后启模和合模不灵活,有卡滞现象,可用红粉涂于导柱表面,往复拉动模板,观察卡滞部位,分析原因,然后将导柱退出,重新装配。在两根导柱装配合格后再装配第三、第四根导柱。每装入一根导柱均应做上述观察。最先装配的应是距离最远的两根导柱。

7.1.2.5 推杆的装配

注射模推出系统为推出制件所用,推出系统由推板、推杆固定板、推出元件、复位杆、小导柱、小导套等组成,导向装置(小导柱、小导套)对推出运动进行支承和导向,由复位杆对推出系统进行正确复位。塑料模具常用的推出机构是推杆推出机构,其装配的技术要求为:装配后运动灵活、无卡阻现象,推杆与推杆固定板、支承板和动模固定板等过孔每边应有0.5mm的间隙,推杆与动模镶块采用 H7/f8 配合,推杆工作端面应高出成型表面 0.05～0.1mm,复位杆在合模状态下应低于分型面 0.02～0.05mm,如图 7-13 所示。

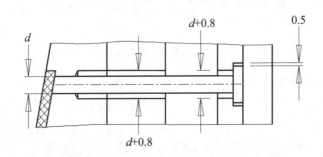

图 7-13 推杆的装配与修整

（1）推出系统中导向安装孔的加工

①单独加工法。采用坐标镗床单独加工推板、推杆固定板上的导套安装孔和动模垫板上的导柱安装孔。

②组合加工法。将推板、推杆固定板与动模垫板按图 7-14 所示叠合在一起,用压板压紧,在铣床上组合钻、镗出小导柱、小导套的安装孔。

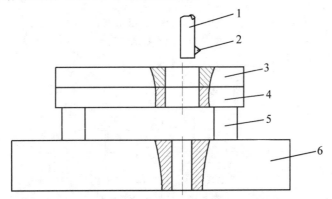

1—镗刀杆;2—镗刀头;3—推板;4—推杆固定板;5—等高平行垫铁;6—支承板。
图 7-14 推出系统中导向安装孔的组合加工

（2）推杆过孔的加工

①支承板中推杆过孔的加工

如图 7-15 所示,将支承板 3 与装入动模镶块 1 的动模固定板 2 重叠,以动模固定板 2 中复位杆孔为基准,配钻支承板 3 上的复位杆过孔;以动模镶块上已加工好的推杆孔为基准,配钻支承板 3 上的推杆过孔。配钻时以动模固定板 2 和支承板 3 的定位销和螺钉进行定位和紧固。

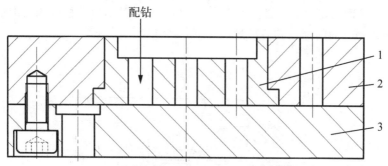

1—动模镶块；2—动模固定板；3—支承板。

图 7-15　动模垫板中推杆过孔的加工

②推杆固定板中推杆过孔的加工

如图 7-16 所示，用小导柱 5、小导套 4 将支承板 1、推杆固定板 3 配合，用平行夹板 2 夹紧，用钻头通过支承板 1 上的孔直接复钻推杆固定板 3 上的推杆过孔和复位杆过孔。拆开后根据推杆台阶高度加工推杆固定板 3 上推杆和位杆的沉孔。

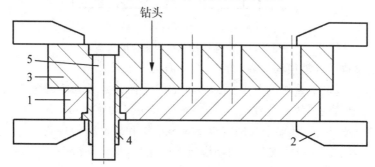

1—支承板；2—夹板；3—推杆固定板；4—小导套；5—小导柱

图 7-16　推杆固定板中推杆过孔的加工

③推板和推杆固定板的连接螺纹孔配制

将推板和推杆固定板叠合在一起，配钻连接螺纹孔底孔，拆开后，在推杆固定板上攻螺纹，在推板上钻螺钉过孔和沉孔。

(3)推出系统的装配顺序

根据图 7-16 所示，推出系统装配顺序如下。

①先将小导柱 5 垂直压入支承板 9，并将端面与支承板一起磨平。

②将装入小导套 4 的推杆固定板 7 套装在小导柱 5 上，并将推杆 8、复位杆 2 装入推杆固定板 7、支承板 9 和动模镶块 11 的配合孔中，盖上推板 6 用螺钉拧紧，并调整使其运动灵活。

③修磨推杆和复位杆的长度。如果推板 6 和垫圈 3 接触时，复位杆、推杆低于型面，则修磨小导柱的台肩；如果推杆、复位杆高于型面时，则修磨推板 6 的底面。一般推杆和复位杆在加工时留长一些，装配后将多余部分磨去。修磨后的复位杆应低于分型面 0.02～0.05mm，推杆则应高于成型表面 0.05～0.10mm。

7.1.2.6　滑块抽芯机构的装配

塑料模具常用的抽芯机构是斜导柱抽芯机构，如图 7-17 所示。其装配技术要求为：闭

211

模后,滑块的上平面与定模表面必须留有 $x=0.2\text{mm}$ 的间隙,斜导柱外侧与滑块斜导柱孔留有 $y=0.2\sim0.5\text{mm}$ 的间隙。其装配过程如下。

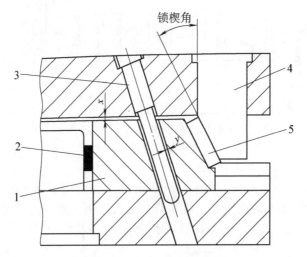

1—滑块;2—壁厚垫片;3—斜导柱;4—锁紧块;5—垫片。

图 7-17　斜导柱抽芯机构的合模状态

(1)将动模镶块压入动模固定板,磨上、下平面至要求尺寸。

滑块的安装是以动模镶块的分型面为基准的。动模固定板在零件加工时,分型面留有修正余量。因此要确定滑块的位置,必须先将动模镶块装入动模固定板。

(2)安装导滑槽,按设计要求在固定板上调整滑块和导滑槽的位置,待位置确定后,用平行夹板将其夹紧,钻导滑槽安装孔和动模板上的螺孔,安装导滑槽。

(3)锁紧块的装配。

侧型芯和定模镶块修配紧密接触后,便可确定锁紧块的位置。

①锁紧块装配技术要求

a. 模具闭合状态下,保证锁紧块和滑块之间具有足够的锁紧力。为此,在装配过程中要求在模具闭合状态下,使锁紧块和滑块的斜面接触时,分模面之间保留 0.2mm 的间隙,如图 7-18 所示,此间隙可用塞尺检查。

b. 在模具闭合时锁紧块斜面必须至少 3/4 和滑块斜面均匀接触。由于在零件加工中和装配中的误差在装配时必须加以修正,一般以修正滑块斜面较为方便,所以滑块斜面加工时,一定要留出修磨余量。装配时滑块斜面修磨量可按下列公式计算(如图 7-18 所示):

$$b=(a-0.2)\sin\theta$$

式中:b——滑块斜面修磨量,mm;

a——闭模后测得的实际间隙,mm;

θ——锁紧面斜度,(°)。

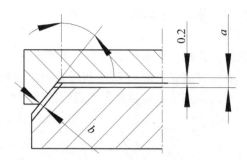

图 7-18　滑块斜面修磨量

c. 在模具使用过程中,锁紧块应保证滑块在受力状态下不向开模方向松动,因此对于分体式锁紧块要求装配后端面应与定模固定板端面处于同一平面上,如图 7-17 所示。

② 锁紧块的装配方法

根据上述锁紧块装配要求,锁紧块的装配方法如下(如图 7-19 所示)。

a. 将锁紧块 1 装入定模固定板后,将其端面与定模固定板一起磨平。

b. 修磨滑块 2 的斜面,使其与锁紧块 1 的斜面紧密接触,用红丹粉检查接触情况。

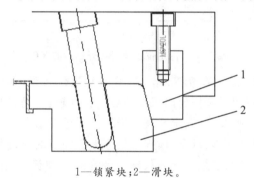

1—锁紧块;2—滑块。

图 7-19　锁紧块装配

(4)镗斜导柱孔。

将定模镶块、定模固定板、动模镶块、动模固定板、滑块和锁紧块装配、组合在一起,用平行夹板夹紧。此时锁紧块对滑块做了锁紧,分型面之间留有的 0.2mm 间隙用金属片垫实。

在卧式镗床上或立式铣床上进行配钻、配镗斜导柱孔。

(5)松开模具,修正滑块上的斜导柱孔口倒圆角,如图 7-20 所示。

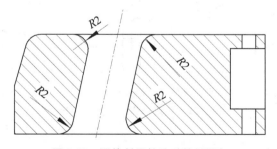

图 7-20　滑块斜导柱孔口的倒圆角

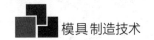

（6）将斜导柱压入定模固定板，一起磨平端面。

（7）滑块定位装置的加工、装配。

模具开模后，滑块在斜导柱作用下侧向抽出。为了保证合模时斜导柱能正确、顺利地进入滑块内孔，必须对滑块设置定位装置。如图 7-21 所示是用定位板作滑块开模后的定位装置，滑块开模后的正确位置可由修正定位板接触平面进行准确调整。

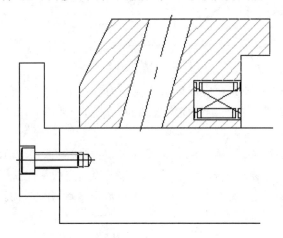

图 7-21　用定位板作滑块开模后的定位

如图 7-22 所示是用球头台阶销 2、弹簧 3 作滑块定位装置，其加工装配过程为：打开模具，当斜导柱脱离滑块内孔时，合模导向机构的导柱长度较长，仍未脱离导套，在斜导柱脱出滑块时在动模固定板 5 上画线，以确定开模后滑块 1 在导滑槽内的正确位置，然后用平行夹钳将滑块 1 和动模固定板 5 夹紧，以动模固定板 5 上已加工的弹簧孔引钻滑块锥孔。然后，拆开平行夹钳，依次在动模固定板 5 上装入球头台阶销 2、弹簧 3，用螺塞 4 进行固定。

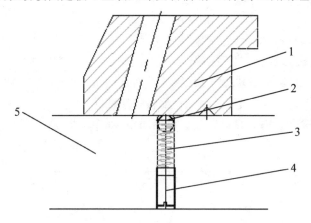

1—滑块；2—球头台阶销；3—弹簧；4—螺塞；5—动模固定板。
图 7-22　用滚珠作滑块定位装置

7.1.2.7　总装

由于塑料模结构比较复杂、种类多，故在装配前要根据其结构特点拟订具体装配工艺。一般塑料模的装配过程如下：

（1）确定装配基准。

（2）装配前要对零件进行测量，合格零件必须去磁并将零件擦拭干净。

（3）调整各零件组合后的累积尺寸误差，如各模板的平行度要校验修磨，以保证模板组装密合，分型面处吻合面积不得小于80%，防止产生飞边。

（4）装配中尽量保持原加工尺寸的基准面，以便总装合模调整时检查。

（5）组装导向机构，并保证开模、合模动作灵活，无松动和卡滞现象。

（6）组装调整推出机构，并调整好复位及推出位置等。

（7）组装调整型芯、镶件，保证配合面间隙达到要求。

（8）组装冷却或加热系统，保证管路畅通，不漏水、不漏电、阀门动作灵活。

（9）组装液压或气动系统，保证运行正常。

（10）紧固所有连接螺钉，装配定位销。

（11）试模，试模合格后打上模具标记，如模具编号、合模标记及组装基面等。

（12）最后检查各种配件、附件及起重吊环等零件，保证模具装备齐全。

7.1.2.8　试模

模具装配完成以后，在交付生产之前，应进行试模，试模的目的有二：其一是检查模具在制造上存在的缺陷，并查明原因加以排除；其二是可以对模具设计的合理性进行评定并对成型工艺条件进行探索，这将有益于模具设计和成型工艺水平的提高。试模应按下列顺序进行：

1.装模

在模具装上注射机之前，应按设计图样对模具进行检验，以便及时发现问题，进行修理，减少不必要的重复安装和拆卸。在对模具的固定部分和活动部分进行分开检查时，要注意方向记号，以免合拢时搞错。

模具尽可能整体安装，吊装时要注意安全，操作者要协调一致密切配合。当模具定位圈装入注射机上定模板的定位圈座后，可以极慢的速度合模，由动模板将模具轻轻压紧，然后装上压板。通过调节螺钉，将压板调整到与模具的安装基面基本平行后压紧，如图7-23所示。压板的数量，根据模具的大小进行选择，一般为4至8块。

在模具被紧固后可慢慢启模，直到动模部分停止后退，这时应调节机床的顶杆使模具上的推杆固定板和动模支承板之间的距离不小于5mm，以防止顶坏模具。

为了防止制件溢边，且保证型腔能适当排气，合模的松紧程度很重要。由于目前还没有锁模力的测量装置，因此对注射机的液压柱塞—肘节锁模机构，主要是凭目测和经验调节。即在合模时，肘节先快后慢，既不很自然、也不太勉强地伸直时，合模的松紧程度就正好合适。对于需要加热的模具，应在模具达到规定温度后再校正合模的松紧程度。

最后，接通冷却水管或加热线路。对于采用液压或电动机分型模具的也应分别进行接通和检验。

2.试模

经过以上的调整、检查，做好试模准备后选用合格原料，根据推荐的工艺参数将料筒和喷嘴加热。由于制件大小、形状和壁厚的不同，以及设备上热电偶位置的深度和温度表的误差也各有差异，因此资料上介绍的加工某一塑料的料筒和喷嘴温度只是一个大致范围，还应根据具体条件调试。判断料筒和喷嘴温度是否合适的最好办法是将喷嘴和主流道脱开,用较低的注射压力,使塑料自喷嘴中缓慢流出,观察料流。如果没有硬头、气泡、银丝、变色,料流光滑明亮,即说明料筒和喷嘴温度是比较合适的,可以开机试模。

图 7-23　模具的紧固

在开始注射时,原则上选择在低压、低温和较长的时间条件下成型。如果制件未充满,通常是先增加注射压力。当大幅度提高注射压力仍无效果时,才考虑变动时间和温度。延长时间实质上是使塑料在料筒内的受热时间增长,注射几次后若仍然未充满,最后才提高料筒温度。但料筒温度的上升以及它与塑料温度达到平衡需要一定的时间(一般约 15min 左右),需要耐心等待,不要过快地把料筒温度升得太高,以免塑料过热甚至发生降解。

注射成型时可选用高速和低速两种工艺。一般在制件壁薄而面积大时,采用高速注射,而壁厚面积小的塑件采用低速注射,在高速和低速都能充满型腔的情况下,除玻璃纤维增强塑料外,均宜采用低速注射。

对黏度高和热稳定性差的塑料,采用较慢的螺杆转速和略低的背压加料及预塑,而黏度低和热稳定性好的塑料可采用较快的螺杆转速和略高的背压。在喷嘴温度合适的情况下,采用喷嘴固定形式可提高生产率。但是,当喷嘴温度太低或太高时,需要采用每次注射后向后移动喷嘴的形式(喷嘴温度低时,由于后加料时喷嘴离开模具,减少了散热,故可使喷嘴温度升高;而喷嘴温度太高时,后加料时可挤出一些过热的塑料)。

在试模过程中应详细记录,并将结果填入试模记录卡,注明模具是否合格。如需返修,应提出返修意见。在记录卡中应摘录成型工艺条件及操作注意要点,最好能附上注射成型的制件,以供参考。

对试模后合格的模具,应清理干净,涂上防锈油后入库。

3. 试模鉴定

模具检验是保证模具质量的一个重要环节,一般分为零件检验、部件检验和整模检验,并以试生产出合格塑件为最终检验条件。塑料模具具体验收的技术要求内容参见表 7-2。

模具在交付使用前,应进行试模鉴定,必要时还需要做小批试生产鉴定。试模鉴定的内容包括:模具是否能顺利地成型出塑件,成型塑件的质量是否符合要求,模具结构设计和模具制造质量是否合理,模具采用的标准是否合理,塑件成型工艺是否合理等。试模时应由模具设计、工艺编制、模具装配、设备操作及模具用户等有关人员一同进行。

表 7-2　塑料模具验收的技术要求

序号	验收项目		说明
1	塑件技术要求	几何形状、尺寸与尺寸精度、形状公差	主要根据产品图上标注和注明的尺寸与尺寸公差、形状位置及其他技术要求
		表面粗糙度	
		表面装饰性	
2	模具零件技术要求	凸模与凹模质量标准、零部件质量、其他辅助零件质量	塑料注塑模零件及技术条件（GB 4169—2006）；塑料注塑模模架（GB/T 12556—2006）
3	模具装配与试模技术要求	模具整体尺寸和形状位置精度	1. 塑料注射模技术条件（GB/T 12554—2006） 2. 检查塑件是对模具质量的综合检验，即塑件必须符合用户产品零件图样上的所有要求 3. 模具外观须符合用户和标准规定
		模具导向精度	
		间隙及其均匀性	
		使用性能和寿命	
		塑件检查	
		模具外观检查	
4	标记、包装、运输		

注射模试模过程中容易产生的缺陷及原因见表 7-3。

表 7-3　注射模试模中容易产生的缺陷及原因

原因	注不满	溢料	缩痕	银丝	熔接痕	气泡	裂纹	翘曲变形
料筒温度太高		✓	✓	✓		✓		✓
料筒温度太低	✓				✓		✓	
模具温度太高			✓					✓
模具温度太低	✓		✓		✓	✓	✓	
注射压力太大		✓					✓	✓
注射压力太小	✓		✓		✓	✓		
注射时间太长				✓	✓		✓	
注射时间太短	✓		✓					
原料含水量过多				✓		✓		
浇口太小	✓		✓	✓	✓			
排气不好	✓			✓		✓		
制件太薄	✓							
制件太厚			✓			✓		✓
注塑机注射能力不足	✓		✓	✓				
锁模力不足		✓						

试模合格的模具,应清理干净,涂油防锈后入库。

7.1.2.9 注射模具装配案例

下面以图 7-24 所示的注射模具为例,说明塑料模具装配的过程。

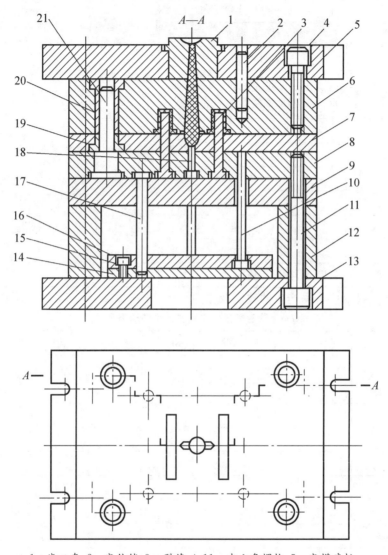

1—浇口套;2—定位销;3—型芯;4,11—内六角螺栓;5—定模座板;
6—定模板;7—推件板;8—型芯固定板;9—支承板;10—推杆;12—动模垫块;
13—动模座板;14—推板;15—螺钉;16—推杆固定板;17,21—导柱;18—拉料杆;19,20—导套。

图 7-24　热塑性塑料注射模具

1.装配动模部分

(1)装配型芯固定板、动模垫块、支承板和动模座板。装配前,型芯 3、导柱 17 及 21、拉料杆 18 已压入型芯固定板 8 和支承板 9 并已检验合格。装配时,将型芯固定板 8、支承板 9、动模垫块 12 和动模座板 13 按其工作位置合拢、找正并用平行夹板夹紧。以型芯固定板 8 上的螺孔、推杆孔定位,在支承板 9、动模垫块 12 和动模座板 13 上钻出螺孔、推杆孔的锥窝,然后,拆下型芯固定板 8,以锥窝为定位基准钻出螺钉过孔、推杆过孔和锪出推杆螺钉沉孔,最后用螺钉拧紧固定。

（2）装配推件板。推件板 7 在总装前已压入导套 19 并检验合格。总装前应对推件板 7 的型孔先进行修光，并且与型芯做配合检查，要求滑动灵活、间隙均匀并达到配合要求。将推件板 7 套装在导柱和型芯上，以推件板平面为基准测量型芯高度尺寸，如果型芯高度尺寸大于设计要求，则进行修磨或调整型芯，使其达到要求；如果型芯高度尺寸小于设计要求，则需将推件板平面在平面磨床上磨去相应的厚度，保证型芯高度尺寸。

（3）装配推出机构。将推杆 10 套装在推杆固定板 16 上的推杆孔内并穿入型芯固定板 8 的推杆孔，再套装在推板导柱上，使推板 14 和推杆固定板 16 重合。在推杆固定板 16 螺孔内涂红粉，将螺钉孔位复印到推板 14 上，然后取下推杆固定板 16，在推板 14 上钻孔并攻丝后，重新合拢并拧紧螺钉固定。装配后，进行滑动配合检查，经调整使其滑动灵活、无卡阻现象。最后，将推件板 7 拆下，把推板 14 放到最大极限位置，检查推杆 10 在型芯固定板 8 上平面露出的长度，将其修磨到和型芯固定板 8 上平面平齐或低 0.02mm。

2. 装定模部分

总装前浇口套 1、导套 20 都已装配结束并检验合格。装配时，将定模板 6 套装在导柱 21 上并与已装浇口套 1 的定模座板 5 合拢，找正位置，用平行夹板夹紧。以定模座板 5 上的螺钉孔定位，对定模板 6 钻锥窝，然后拆开，在定模板 6 上钻孔、攻丝后重新合拢，用螺钉拧紧固定，最后钻、铰定位销孔并打入定位销。

经以上装配后，要检查定模板 6 和浇口套 1 的锥孔是否对正，如果在接缝处有错位，需进行铰削修整，使其光滑一致。

7.2　冷冲模具装配

模具质量取决于模具零件质量和装配质量,装配质量又与零件质量有关,也与装配工艺有关。装配工艺根据模具结构以及零件加工工艺不同而有所不同。

以图 7-25 所示冲裁模为例,说明冲裁模的装配方法。

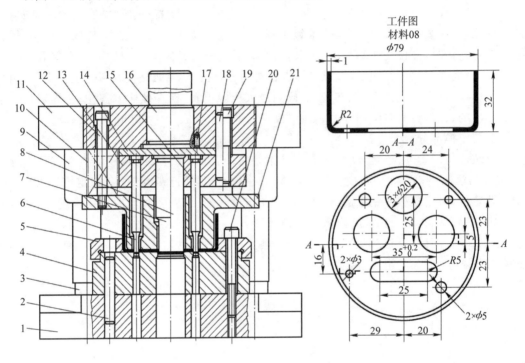

1—下模座;2、18—圆柱销;3—导柱;4—凹模;5—定位圈;6、7、8、15—凸模;9—导套;10—弹簧;11—上模座;12—卸料螺钉;13—凸模固定板;14—垫板;16—模柄;17—止动销;19、20—内六角螺钉;21—卸料板。

图 7-25　冲裁模

7.2.1　冲压模具装配基本知识

7.2.1.1　冲压模装配的技术要求

①装配好的冲模,其闭合高度应符合设计要求。

②模柄装入上模座后,其轴心线对上模座上平面的垂直度误差,在全长范围内不大于 0.05mm。

③导柱和导套装配后,其轴心线应分别垂直于下模座的底平面和上模座的上平面。

④上模座的上平面应和下模座的底平面平行。

⑤装入模架的每对导柱和导套的配合间隙值应符合规定要求。

⑥装配好的模架,其上模座沿导柱上、下移动应平稳,无阻滞现象。

⑦装配后的导柱,其固定端面与下模座下平面应保留 1～2mm 距离,选用 B 型导套时,

装配后其固定端面低于上模座上平面 1～2mm。

⑧凸模和凹模的配合间隙应符合设计要求,沿整个刃口轮廓应均匀一致。

⑨定位装置要保证定位正确可靠。

⑩卸料及顶件装置灵活、正确,出料孔畅通无阻,保证制件及废料不卡在冲模内。

⑪模具应在生产的条件下进行试验,冲出的制件应符合设计要求。

7.2.1.2　模架的装配

1.模柄的装配

以压入式模柄装配为例。压入式模柄与上模座的配合为 H7/m6,在总装配凸模固定板和垫板之前,应先将模柄压入模座内。如图 7-26(a)所示,装配时,将上模座 2 放在等高平行垫铁 3 上,利用压力机将模柄 1 慢慢压入(或用铜棒垂直敲入)上模座 2,要边压边检查模柄 1 的垂直度,直至模柄 1 台阶面与上模座 2 安装孔台阶面接触为止。检查模柄 1 和上模座 2 上平面的垂直度,要求模柄 1 轴心线对上模座 2 上平面的垂直度误差在模柄长度内不大于 0.05mm。检查合格后配钻防转销孔,安装防转销,然后在平面磨床上与上模座一起磨平端面,如图 7-26(b)所示。

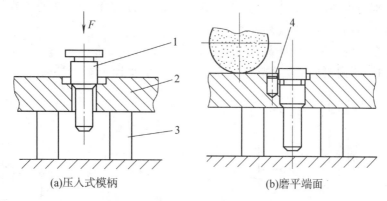

(a)压入式模柄　　　　　　　　　　(b)磨平端面

1—模柄;2—上模座;3—平行等高垫块;4—骑缝销。

图 7-26　压入式模柄的装配

2.导柱和导套的装配

以压入式模架装配为例。压入式模架的导柱和导套与上、下模座采用 H7/r6 配合。按照导柱、导套的安装顺序,有以下两种装配方法。

(1)先压入导柱的装配方法

①选配导柱和导套。按模架精度等级要求,选配导柱和导套,使其配合间隙符合技术要求。

②压入导柱。如图 7-27 所示,将下模座 4 平放在压力机工作台上,将导柱 2 置于下模座 4 孔内,将压块 1 顶在导柱 2 中心孔上。在压前和压入过程中,在两个垂直方向上用千分表 3 检验和校正导柱 2 的垂直度。最后将导柱 2 慢慢压入下模座 4,检测导柱 2 与下模座 4 基准平面的垂直度,不合格时退出重新压入。

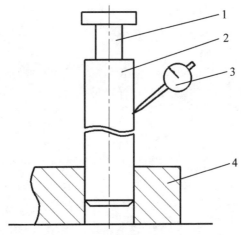

1—压块;2—导柱;3—千分表;4—下模座。

图 7-27　压入导柱

③装导套。如图 7-28 所示,将下模座 4 反置套在导柱 2 上,然后套上导套 1,用千分表检测导套压配部分内外圆的同心度,并将其最大偏差 Δ_{max} 放在两导套中心连线的垂直位置,这样可减少由于不同心而引起的中心距变化。

④压入导套。将帽形垫块 1 放在导套 2 上,用压力机将导套 2 压入上模座 3 一部分,取走下模座及导柱,仍用帽形垫块将导套全部压入上模座,如图 7-29 所示。

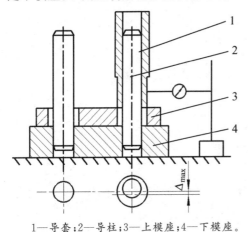

1—导套;2—导柱;3—上模座;4—下模座。

图 7-28　安装导套

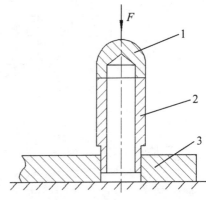

1—帽形垫块;2—导套;3—上模座。

图 7-29　压入导套

⑤检验模架平行度精度。将下模座底面放置在平板上,使上模座与下模座对合,中间垫上球形垫块,如图 7-30 所示。用千分表检测上模座的上平面,在被测表面内取千分表的最大与最小读数之差,即为被测模架的平行度误差。

(2)先压入导套的装配方法

①选配导柱和导套。

②压入导套。如图 7-31 所示,将上模座 3 放在专用工具 4 的平板上,专用工具 4 上有两个与底面垂直、与导柱直径相等的圆柱,将导套 2 分别套在两个圆柱上,垫上等高平行垫块 1,在压力机上将导套 2 压入上模座 3 中。

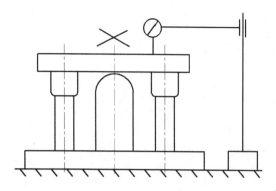

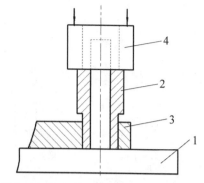

1—等高平行垫块；2—导套；3—上模座；4—专用工具。

图 7-30　模架平行度检查

图 7-31　压入导套

③压入导柱。如图 7-32 所示，在上模座 1 和下模座 5 间垫入等高垫块 3，将导柱 4 插入导套 2 内。在压力机上将导柱 4 压入下模座 5 内约 5～6mm，然后将上模座 1 提升至导套 2 不脱离导柱 4 的最高位置，如图 7-32 中双点画线所示位置，然后再轻轻放下，检验上模座 1 与等高平行垫块 3 接触的松紧是否均匀；如果松紧不均匀，则调整导柱 4 至接触均匀为止。然后将导柱 4 压入下模座 5 中。

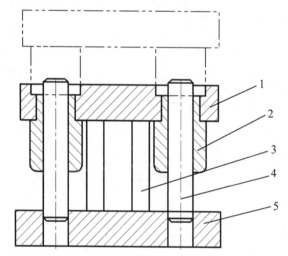

1—上模座；2—导套；3—等高平行垫块；4—导柱；5—下模座。

图 7-32　压入导柱

④检验模架平行度精度。

7.2.2　冷冲模具凹凸模的装配

7.2.2.1　凹模和凸模的装配

凹模与固定板的配合常采用 H7/n6 或 H7/m6。

凸模与固定板的配合常采用 H7/n6 或 H7/m6。

1.凸模的装配

如图 7-33 所示。

在平面磨床上将凸模的上端面和固定板一起磨平。如图 7-34 所示。

223

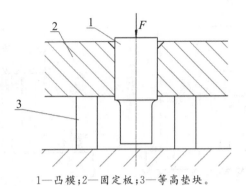

1—凸模；2—固定板；3—等高垫块。

图 7-33　凸模装配

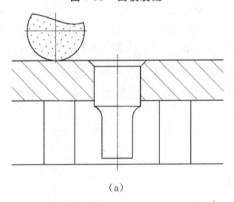

（a）

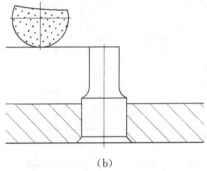

（b）

图 7-34　磨支撑面

固定端带台肩的凸模装配如图 7-35 所示。

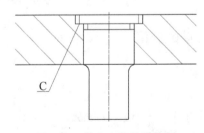

图 7-35　带凸肩的凸模装配

2.凹模的装配

凹模的装配与凸模比较相似,通常采用压入法进行装配。凹模与固定板之间的配合常采用 H7/n6 或者 H7/m6。装配前应先将凹模压入固定板内,在平面磨床上将上、下面平面磨平。

7.2.2.2　低熔点合金和黏结技术的应用

1. 低熔点合金固定法

浇注时,以凹模的型孔作定位基准安装凸模,用螺钉和平行夹头将凸模、固定板和托板固定,如图 7-36 所示。

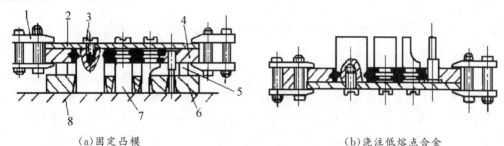

（a）固定凸模　　　　　　　　　　　　（b）浇注低熔点合金

1—平行夹头;2—托板;3—螺钉;4—固定板;5—等高垫铁;6—凹模;7—凸模;8—平板。

图 7-36　浇注低熔点合金

2. 环氧树脂固定法

（1）结构形式

图 7-37 所示是用环氧树脂黏结法固定凸模的几种结构形式。

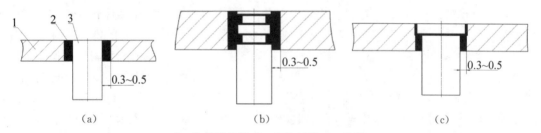

（a）　　　　　　　　　（b）　　　　　　　　　（c）

1—凸模固定板;2—环氧树脂;3—凸模。

图 7-37　用环氧树脂黏结法固定凸模的形式

（2）环氧树脂黏结剂的主要成分

环氧树脂、增塑剂、硬化剂、稀释剂及各种填料。

（3）浇注

如图 7-38 所示。

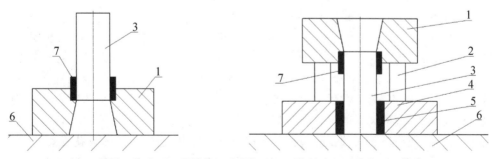

1—凹模;2—垫块;3—凸模;4—固定板;5—环氧树脂;6—平台;7—垫片。

图 7-38　用环氧树脂黏结剂浇注固定凸模

3.无机黏结法

(1)与环氧树脂黏结法相类似,但采用氢氧化铝的磷酸溶液与氧化铜粉末混合作为黏结剂。

(2)无机黏结工艺:

清洗—安装定位—调黏结剂—黏结剂固定。

(3)特点:

操作简便,黏结部位耐高温、抗剪强度高,但抗冲击的能力差,不耐酸、碱腐蚀。

7.2.2.3　总装

冲模在使用时,下模座部分被压紧在压力机的工作台上,是模具的固定部分。上模座部分通过模柄和压力机的滑块连为一体,是模具的活动部分。模具工作时安装在活动部分和固定部分上的模具工作零件,必须保持正确的相对位置,能使模具获得正常的工作状态。装配模具时为了方便地将上、下两部分的工作零件调整到正确位置,使凸模、凹模具有均匀的冲裁间隙,应正确安排上、下模的装配顺序。否则,在装配中可能出现困难,甚至出现无法装配的情况。

上、下模的装配顺序应根据模具的结构来决定。对于无导柱的模具,凸、凹模的配合间隙是在模具安装到压力机上时才进行调整,上、下模的装配先后对装配过程不会产生影响,可以分别进行。

装配有模架的模具时,一般总是先将模架装配好,再进行模具工作零件和其他结构零件的装配。是先装配上模部分还是下模部分,应根据上模和下模上所安装的模具零件在装配和调整过程中所受限制的情况来决定。如果上模部分的模具零件在装配和调整时所受的限制最大,应先装上模部分,并以它为基准调整下模上的模具零件,保证凸、凹模配合间隙均匀。反之,则先装模具的固定部分,并以它为基准调整模具活动部分的零件。

图 7-25 所示冲模在完成模架和凸、凹模装配后可进行总装,该模具宜先装下模。

1.装配顺序

(1)把凹模安放在下模座上,按中心线找凹模 4 的位置,用平行夹头夹紧,通过螺钉孔在下模座上钻出锥窝。拆去凹模,在下模座上按锥窝钻螺纹底孔并攻丝。再重新将凹模置于下模座上找正,用螺钉紧固。钻铰销孔,打入销钉定位。

(2)在凹模 4 上安装定位圈 5。

(3)配钻卸料螺钉孔。将卸料板 21 套在已装入固定板的凸模 6、7、8、15 上,在凸模固定板 13 上钻出锥窝,拆开后按锥窝钻固定板上的螺钉过孔。

(4)将已装入固定板的凸模 6、7、8、15 插入凹模的型孔中。在凹模 4 与凸模固定板 13 之间垫入适当高度的等高垫铁,将垫板 14 放在凸模固定板 13 上。再以导柱导套定位安装上模座 11,用平行夹头将上模座 11 和凸模固定板 13 夹紧。通过凸模固定板孔在上模座上钻锥窝,拆开后按锥窝钻孔,然后用螺钉将上模座、垫板、凸模固定板稍加紧固。

(5)调整凸、凹模的配合间隙。将装好的上模部分套在导柱上,用手锤轻轻敲击凸模固定板 13 的侧面,使凸模插入凹模的型孔。再将模具翻转,从下模板的漏料孔观察凸、凹模的配合间隙,用手锤敲击凸模固定板 13 的侧面进行调整,使配合间隙均匀。这种调整方法称为透光法。为便于观察可用手灯从侧面进行照射。

经上述调整后,以纸作冲压材料,用锤子敲击模柄,进行试冲。如果冲出的纸样轮廓齐整,没有毛刺或毛刺均匀,说明凸、凹模间隙是均匀的,如果只有局部毛刺,则说明间隙是不均匀的,应重新进行调整直到间隙均匀为止。

(6)调好间隙后,将凸模固定板的紧固螺钉拧紧。钻铰定位销孔,装入定位销钉。装入定位销钉将卸料板 21 套在凸模上,装上弹簧和卸料螺钉,检查卸料板运动是否灵活。在弹簧作用下卸料板处于最低位置时,凸模的下端面应缩在卸料板 4 的孔内约 0.5～1mm。

装配好的模具经试冲、检验合格后即可使用。

2.调整冲裁间隙的方法

在模具装配时,保证凸、凹模之间的配合间隙均匀十分重要。凸、凹模的配合间隙是否均匀,不仅影响冲模的使用寿命,而且对于保证冲件质量也十分重要。

(1)透光法。

如前所述。

(2)测量法。

这种方法是将凸模插入凹模型孔内,用塞尺检查凸、凹模不同部位的配合间隙,根据检查结果调整凸、凹模之间的相对位置,使两者在各部分的间隙一致。测量法只适用于凸、凹模配合间隙(单边)在 0.02mm 以上的模具。

(3)垫片法。

这种方法是根据凸、凹模配合间隙的大小,在凸、凹模的配合间隙内垫入厚度均匀的纸条(易碎不可靠)或金属片,使凸、凹模配合间隙均匀。如图 7-39 所示。

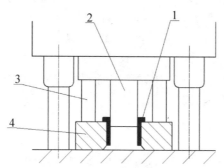

1—垫片;2—凸模;3—等高垫铁;4—凹模。

图 7-39　用垫片法调整凸、凹模配合间隙

(4)涂层法。

在凸模上涂一层涂料(如磁漆或氨基醇酸绝缘漆等),其厚度等于凸、凹模的配合间隙(单边),再将凸模插入凹模型孔,获得均匀的冲裁间隙。此法简便,对于不能用垫片法(小间隙)进行调整的冲模很适用。

(5)镀铜法。

镀铜法和涂层法相似,在凸模的工作端镀一层厚度等于凸、凹模单边配合间隙的铜层代替涂料层,使凸、凹模获得均匀的配合间隙。镀层厚度用电流及电镀时间来控制,厚度均匀,易保证模具冲裁间隙均匀。镀层在模具使用过程中可以自行剥落而在装配后不必去除。

3.冲裁模具装配案例

(1)单工序冲裁模装配

如图 7-40 所示为单工序冲裁模,其装配基准件为凹模,应先装配下模部分,再以下模凹模为基准装配、调整上模中凸模和其他零件。

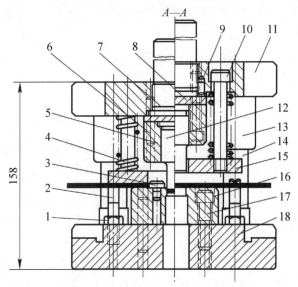

1—螺帽;2—导料螺钉;3—挡料销;4—弹簧;5—凸模固定板;6—销钉;7—模柄;8—垫板;9—止动销;
10—卸料螺钉;11—上模座;12—凸模;13—导套;14—导柱;15—卸料板;16—凹模;
17—内六角螺钉;18—下模座。

图 7-40 单工序冲裁模

1)组件装配。

①将凸模 12 装入凸模固定板 5 内,磨平端面,作为凸模组件。

②将模柄 7 压入上模座内,磨平端面。

2)总装。

①装配下模部分。

将凹模 16 放置于下模座 18 的中心位置,用平行夹板将凹模 16 和下模座 18 夹紧,以凹模 16 中销钉孔、螺纹孔为基准,在下模座 18 上预钻螺纹孔锥窝、钻铰销钉孔。拆下凹模 16,按预钻的锥窝钻下模座 18 中的螺纹过孔及沉孔。再重新将凹模 16 放置于下模座 18 上,找正位置,装入定位销,并用螺钉 17 紧固。

②装配上模部分。

a.配钻卸料螺纹孔。将卸料板 15 套在凸模组件上,在凸模固定板 5 与卸料板 15 之间垫入适当高度的等高平行垫铁,目测调整凸模 12 与卸料板 15 之间的间隙均匀,并用平行夹板将其夹紧。按卸料板 15 上的螺纹孔在凸模固定板 5 上钻出锥窝,拆开平行夹板后按锥窝钻凸模固定板 5 上的螺纹过孔。

b.将凸模组件装在上模座上。将装好的下模部分平放在平板上,在凹模 16 上放上等高平行垫块,将凸模 12 装入凹模 16 内。以导柱 14、导套 13 定位安装上模座 11,用平行夹板将上模座 11 和凸模固定板 5 夹紧。通过凸模固定板 5 上螺纹孔在上模座 11 上钻锥窝,拆开后按锥窝钻孔,然后用螺钉将上模座 11 和凸模固定板 5 稍加紧固。

c.调整凸、凹模间隙。将装好的上模部分通过导套装在下模的导柱上,用手锤轻轻敲击凸模固定板 5 的侧面,使凸模 12 插入凹模 16 的型孔。再将模具翻转,用透光调整法从下模座 1 的漏料孔观察及调整凸、凹模的配合间隙,使间隙均匀。然后用硬纸片进行试冲。如果纸样轮廓整齐、无毛刺或周边毛刺均匀,说明四周间隙一致;如果局部有毛刺或周边毛刺不均匀,说明四周间隙不一致,需要重新调整间隙至一致为止。

d.上模配制销钉孔。调好间隙后,将凸模固定板 5 的紧固螺钉拧紧,然后在钻床上配钻、配铰凸模固定板 5 与上模座 11 的定位销孔,最后装入销钉。

e.装卸料板。将弹簧 4、卸料板 15 套在凸模 12 上,装上卸料螺钉 10,调整弹簧预压紧量大约 10%,保证当卸料板 15 处于最低位置时,凸模 12 的下端面低于卸料板平面约 0.5～1mm。检查卸料板运动是否灵活。

③检验。按冲模技术条件(GB/T 14662—2006)进行检验。

(2)复合冲裁模装配

复合模结构紧凑,内、外型表面相对位置精度要求高,冲压生产效率高,对装配精度的要求也高。现以图 7-41 所示的冲裁复合模为例说明复合模的装配过程。

1)组件装配。

①将冲孔凸模 14、16 装入凸模固定板 8 内,磨平端面,这一过程为凸模组件装配。

②将凸凹模 18 装入凸凹模固定板 19 内,磨平端面,这一过程为凸凹模组件装配。

③待上模部分配钻螺纹孔、销钉孔后,将模柄 13 装入上模座 7 内,配打销孔,装入销钉。

2)总装。

①确定装配基准件。冲裁复合模以凸凹模 18 作为装配基准件。

②安装下模部分。

a.确定凸凹模组件在下模座 1 上的位置。将凸凹模组件放置于下模座 1 的中心位置,用平行夹板将凸凹模组件与下模座 1 夹紧,通过凸凹模组件螺纹孔在下模座上钻锥窝,并在下模座 1 上画出漏料孔线。

b.拆开平行夹板,按锥窝加工下模座 1 漏料孔和螺钉过孔及沉孔。注意:下模座 1 漏料孔尺寸应比凸凹模漏料孔尺寸单边大 0.5～1mm。

c.安装凸凹模组件。将凸凹模组件与下模座 1 用螺钉固定在一起,配钻、配铰销钉孔,装入定位销。

③安装上模部分。

a.检查上模各个零件尺寸是否满足装配技术条件要求。如推件块 9 放入落料凹模 17,使台阶面相互接触时,推件块 9 端面应高出落料凹模 17 端面 0.5～1mm;打料系统各零件是否合适,动作是否灵活等。

b.安装上模、调整冲裁间隙。将安装好凸凹模组件的下模部分放在平板上,用平行夹板将凹模 17、凸模组件、上垫板 15、上模座 7 轻轻夹紧,然后用工艺尺寸法调整凸模组件、凹模 17 和凸凹模 18 的冲裁间隙。用硬纸片进行手动试冲,当内、外形冲裁间隙均匀时,用平行夹板将上模部分夹紧。

c.配钻、配铰上模各销孔和螺孔。将用平行夹板夹紧的上模部分在钻床上以凹模 17 上的销孔和螺钉孔作为引钻孔,配钻螺纹过孔,配钻、配铰销钉孔。拆掉平行夹板,钻上模座 7 中的螺纹沉孔。

　　d.将模柄 13 装入上模座 7 内,配打销孔,装入销钉。

　　e.装入销钉和螺钉,将上模部分安装好。

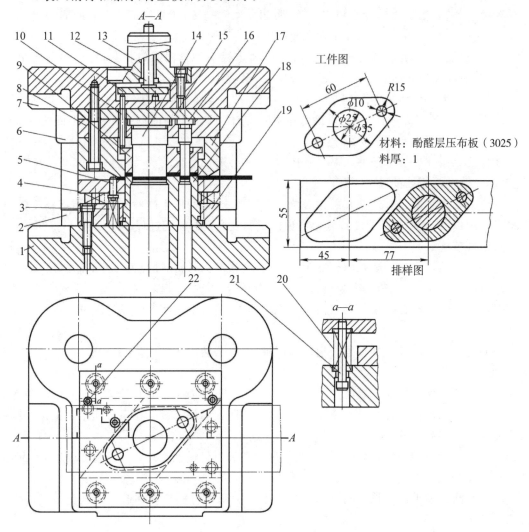

1—下模座;2—导柱;3、20—弹簧;4—卸料板;5—活动挡料销;6—导套;7—上模座;8—凸模固定板;
9—推件块;10—连接推杆;11—推板;12—打杆;13—模柄;14、16—冲孔凸模;15—垫板;
17—落料凹模;18—凸凹模;19—凸凹模固定板;21—卸料螺钉;22—导料销。

图 7-41　冲裁复合模

　　④安装弹压卸料部分。

　　a.将卸料板 4 套在凸凹模 18 上,在卸料板 4 与凸凹模组件端面间垫上等高平行垫块, 保证卸料板 4 上端面与凸凹模 18 上平面的装配位置尺寸;用平行夹板将卸料板 4 与下模夹紧,然后在钻床上同钻卸料螺钉孔。拆掉平行夹板,将下模各板的卸料螺钉孔加工到规定尺寸。

b.在凸凹模组件上安装弹簧,在卸料板上 4 安装挡料销,拧紧卸料螺钉 21,使弹簧预压紧量约为 10%,并使凸凹模 18 的上端面低于卸料板 4 的端面约 1mm。

3)检验。

按冲模技术条件(GB/T 14662—2006)进行总装配检验。

4.试模(试冲)

试冲是模具装配的重要环节,按照图样加工和装配好的冲模,必须经过试模、调整后,才能作为成品交付生产使用。

成品的冲模,应该达到下列要求。

①能顺利地将冲模安装到指定的压力机上;

②能稳定地冲出合格的冲压零件;

③能安全地进行操作使用。

通常,仅仅按照图样加工和装配好的冲模,还不能完全达到上述要求,因为冲压件设计、冲压工艺、冲模设计直到冲模制造,任何一个环节的缺陷,都将在冲模调整中得到反映,都会影响冲模达到上述要求。所以,冲模试冲的目的和任务就是在正常生产条件下,通过试冲发现模具设计和制造缺陷,找出原因,对模具进行适当的调整和修理后再试冲,直到冲出合格制件,并能安全、稳定地投入生产使用,模具的装配过程即宣告结束。

因此,冲模试冲包括下列内容。

①将冲压模正确安装到指定的压力机上。

②用图样上规定的材料在模具上进行试冲。

③根据试冲出制件的质量缺陷,分析原因,找出解决办法,然后进行修理、调整,再试模,直至稳定冲出一批合格制件。

④排除影响安全生产、质量稳定和操作方便等因素。如卸料、顶件力量是否足够,卸料、顶件行程是否合适,漏料孔和出料槽是否畅通无阻等。

等上述内容全部完成后,冲模即可作为成品入库,交付生产使用。

冲模在每次生产使用之前,还要进行生产调整。但是,这种调整工作,比起前面所述内容,要简单和容易得多。

思考题

1.塑料模小型芯和大型芯装配的区别?

2.浇口套装配工艺注意点?

3.滑块装配工艺的注意点是哪些?

4.塑料模具的总装工艺有哪些?

5.塑料模具试模鉴定有哪些注意事项?

6.冲压模的装配技术要求有哪些?

第8章 现代模具制造技术

8.1 数控机床加工

数字控制机床简称为数控机床,在模具加工中占有重要的地位。目前应用的数控机床有数控车床、数控铣床、数控磨床、数控镗床和数控电火花机床等。在形状复杂和高精度的模具成型表面加工中,数控机床对提高加工精度和保证产品质量等方面发挥了重要的作用。

8.1.1 数控机床的组成和工作原理

1.数控机床加工系统的组成

数控机床加工系统一般由四部分组成:输入介质、数控装置、伺服系统和机床本体,如图8-1所示。

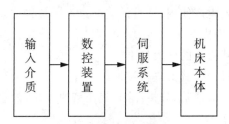

图 8-1 数控机床的组成

输入介质也称为信息载体,它是贮存和运载信息的工具。数控加工的各种信息以数字和符号的形式,按一定的程序形式编制,并按规定格式和代码记录在输入介质上,加工时将输入介质送入数控装置。常用的输入介质有穿孔纸带、穿孔卡、磁带、软磁盘等。

数控装置是机床运算和控制的系统。它阅读输入介质传来的信息,经运算系统计算后发出程序控制、功能控制和坐标控制指令,并将这些指令传送给机床伺服系统。根据对机床的控制方式不同,数控装置分为三种:点位控制系统、点位/直线控制系统和连续控制系统。

伺服系统包括伺服驱动机构和机床的移动部件。它将数控装置的指令信息放大后,通过传动元件将控制指令传给机床的操纵和执行机构,带动移动部件做精密定位或按规定轨迹和速度运动。伺服系统按被调量有无检测及反馈可分为三种:开环伺服系统、闭环伺服系统和半闭环伺服系统。

数控机床是高精度和高生产率的自动化机床,与普通机床相比应有更好的刚度、强度、抗振性、精度并要求传动副中相对运动面的摩擦系数要小。

2.数控机床的工作原理

数控机床的加工过程如图8-2所示。加工时,首先根据被加工零件的形状、尺寸、工艺方案等信息,用规定的代码和程序格式编写程序单,并将程序单上的信息记录在输入介质上,然后通过阅读装置将输入介质的信息输入机床的数控装置内,数控装置对输入的各种信息进行译码、寄存和计算后,将计算结果向伺服系统的各个坐标分配进给脉冲,并发出动作信号,伺服系统将这些脉冲和动作信号进行转换与放大,驱动数控机床的工作台或刀架进行定位或按照某种轨迹移动,并控制其他必要的辅助操作,机床按照预先要求的形状和尺寸对模具成型表面进行加工。

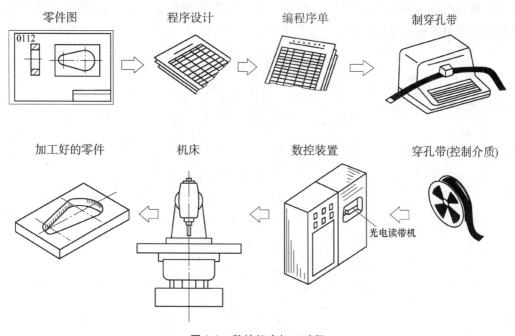

零件图　　　　　程序设计　　　　　编程序单　　　　　制穿孔带

加工好的零件　　　　机床　　　　　数控装置　　　　　穿孔带(控制介质)

光电读带机

图 8-2　数控机床加工过程

8.1.2　数控加工的特点

1.加工精度和加工质量高

数控机床本体的精度和刚度较好,对于中小型数控机床,其定位精度普遍可达0.03mm,重复定位精度可达0.01mm。数控机床按照程序自动加工,消除了生产者的人为操作误差,产品尺寸一致,大大提高了加工质量,尤其在复杂成型表面的加工中显示出优越性。

2.生产效率高

数控机床可自动实现加工零件的尺寸精度和位置精度,省去了画线工作和对零件的多次测量、检测时间,当变换加工零件时,只需更换输入介质,省去了工艺装备的准备和调整时间,这些都有效地提高了生产效率。

3.自动化程度高

数控机床加工使用数字信号和标准代码输入,与计算机连接,可以实现计算机控制与管理。加工时按事先编好的程序自动完成,能准确计划零件加工工时,简化检验工作,减少工夹具管理,操作者不必进行繁重的手工操作,自动化程度高。

4.模具生产周期短

用传统方法加工模具,由于加工精度低,在模具装配中需要较多的时间反复进行修正和调整。数控加工提高了零件的加工质量,大大缩短了模具生产周期和试模后的调整时间。

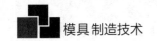

在数控加工中可以省去或减少样板和模型的制作,节省了辅助生产时间,模具生产周期短。

8.1.3　数控加工程序编制

所谓程序编制是指从零件图到制成输入介质的全过程(见图 8-3)。程序编制时,先由操作人员根据图纸判断加工尺寸、加工顺序、工具移动量和进给速度等,然后按规定的代码和程序格式进行编程。程序编制过程主要包括以下几个阶段:

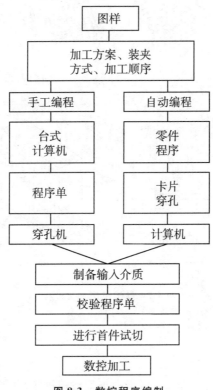

图 8-3　数控程序编制

(1)制定工艺方案

根据图纸对工件的形状、技术条件、毛坯及工艺要求等进行工艺分析,确定加工方案和工件、刀具的定位、装夹方式,合理选择机床、刀具,确定走刀路线及切削用量等参数。

(2)计算运动轨迹的坐标

常用零件图的尺寸标注不一定符合数控加工的要求,所以必须用符合指令信息的书写方法修改图纸,即在图纸上确定坐标系,将铣削加工零件的轮廓分割成若干直线段和圆弧段,或近似直线段和圆弧段,计算粗、精加工时各运动轨迹的坐标值,诸如运动轨迹的始点和终点、圆弧的圆心等坐标尺寸。

(3)编写数控程序单

根据计算出的运动轨迹的坐标值和已确定的加工顺序、刀号、切削参数等,按照数控装置规定的代码及程序段格式,逐段编写加工程序单。数控程序编制有两种方法,即手工编程和利用计算机及相应软件编程。一般手工编程用于加工几何形状简单的零件,如一般点位控制的零件、由直线和圆弧构成的轮廓零件;对于非圆弧曲线或立体型面需要用计算机自动编程。

(4)制备输入介质

数控程序单的内容只是程序设计完成后的文字记录,还必须制成数控装置能够识别的穿孔带等输入介质。

(5)校验程序单

在进行正式加工前,必须对程序单和输入介质进行校验。一般的方法是在机床上用笔代替刀具、坐标纸代替工件进行空转画图,检查机床运动轨迹的正确性。

(6)进行首件试切

对于程序单的校验只能判断机床运动轨迹的正确性,不能查出由于刀具调整不当等外界因素而造成的工件误差的大小,所以必须用首件试切的方法进行实际切削检查。

8.1.4 常用数控加工机床

1. 数控加工中心机床

数控加工中心机床用于完成较大铣削量的加工。模具制造中常用的加工中心有铣镗加工中心机床和车磨加工中心机床。铣镗加工中心机床实际上就是将数控铣床、数控镗床、数控钻床的功能组合起来,再附上一个刀具库和一个自动换刀装置的综合数控机床。它有多个坐标控制系统,可实现点位控制的钻削、镗削、铰削或连续控制的铣削。在加工中心机床上加工时,工件经一次装夹后,通过机床自动更换刀具可依次对工件各表面(除底面外)进行钻削、扩孔、铰孔、镗削、铣削和螺纹孔的加工。有的加工中心机床还能自动更换主轴箱或工作台。加工中心机床按照主轴所处的方位分为立式加工中心机床和卧式加工中心机床。

采用加工中心机床加工的优点有:

(1)工艺范围广。在加工中心机床上,对于复杂的、高精度的、有凹凸不平底面轮廓或复杂沟槽形的二维或三维曲面,可用数控加工或仿形加工或数控与仿形联合加工,工艺范围广。

(2)可进行多孔自动加工。对于多面的多孔加工,可以在一次装夹中自动连续进行加工(底面除外)。

(3)可进行无人自动操作。当输出加工程序后,加工中心机床可以按照程序自动操作,中途不需人工操作。

(4)加工速度快。加工中心机床刚度大,主轴能承受较大转矩,可进行强力切削,使加工效率提高。

2. 高速切削机床

高速切削机床是用于完成中等铣削量,并且把铣削后的打磨量降为最低的加工设备。

高速切削机床主轴转速可达 $40000 \sim 100000 r/min$,快速进给速度可达到 $30 \sim 40\ m/min$,换刀时间可达 $1 \sim 2s$,其生产效率比普通加工提高 $2 \sim 5$ 倍;高速数控铣削加工时模具的硬度可达 60HRC,表面粗糙度可达 $R_a < 1\mu m$;而且加工工件温升低(只升高 3℃)、热变形小。

高速铣削加工技术的发展,给汽车、家电行业中大型型腔模具制造注入了新的活力。目前它已向更高的敏捷化、智能化、集成化方向发展。

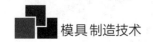

3. 数控雕铣机

数控雕铣机近年才在国内有较大的发展。数控雕铣机用于完成较小铣削量或软金属的加工（例如电火花成型电极、模具型腔表面精细的饰纹）。数控雕铣机的转速较高，可达 3000~30000r/min，机床的精度较高，强度较好。

采用数控雕铣机可进行比较复杂、精细的加工，加工精度较高。对于软金属可进行高速加工，但是由于刚性差不能进行重切削。

8.2 模具 CAD/CAM

8.2.1 CAD/CAM 技术概述

1. CAD/CAM 技术的定义

计算机辅助设计（Computer Aided Design）与计算机辅助制造（Computer Aided Manufacturing）简称 CAD/CAM，是指利用计算机帮助人们处理各种信息，进行产品从设计到制造全过程的信息集成和信息流自动化。它能够将传统的设计与制造彼此相对独立的工作作为一个整体来考虑，实现信息处理的高度一体化。

计算机辅助设计（CAD）是指工程技术人员在人和计算机组成的系统中以计算机为辅助工具，完成产品的数值计算、产品性能分析、实验数据处理、计算机辅助绘图、仿真及动态模拟等工作，从而提高产品的设计质量、缩短产品的开发周期、降低产品的成本。

计算机辅助制造（CAM）有广义和狭义两种定义。广义 CAM 是指利用计算机辅助完成制造信息处理的全过程。它包括工艺过程设计、工装设计、数控编程、生产作业计划、生产过程控制和质量监控等。狭义 CAM 是指数控程序编制，包括刀具路径规划、刀位文件的生成、刀具轨迹仿真及数控代码的生成。

2. CAD/CAM 的基本内容

产品是市场竞争的核心，它从需求分析开始，经过设计过程、制造过程最后变成可供用户使用的成品。

传统的生产流程如图 8-4(a)所示。依据用户的要求，在经验、实验数据以及有关产品的标准规范的基础上进行产品设计，编制技术文件，绘出产品图样，根据产品图样和技术文件进行生产准备工作，编制工艺规程，设计工、夹、量具，制订计划，安排生产，生产过程中需对产品进行质量控制，产品出厂后根据用户的要求对产品进行改进，上述方法称为顺序法。在设计过程中计算机可以大量地存储数据，快速地检索和处理数据，并且具有很强的构造模型和图形处理能力、高速运算和逻辑分析能力，可完成复杂的工程分析计算；在制造过程中计算机可以有效地辅助设计人员进行产品的构思和模型的构造（概念设计），对设计的产品性能进行模拟仿真，计算机辅助绘制工程图样和文档编辑，辅助工艺人员和管理人员编制工艺规程，制订生产计划和作业调度计划，控制工作机械（机床、机器人等）工作，并在加工过程中进行质量控制等。

随着 CAD/CAM 技术的发展，人们提出了一种新的系统工程方法，称为并行法，如图 8-4(b)所示。它的思路就是并行的、集成的设计产品及其开发的过程。它要求产品开发人员在设计的阶段就考虑产品整个生命周期的所有要求,包括质量、成本、进度、用户要求等,以便最大限度地提高产品开发效率及一次成功率。由图可见,在顺序法中信息流是单向的,在并行法中,信息流是双向的。

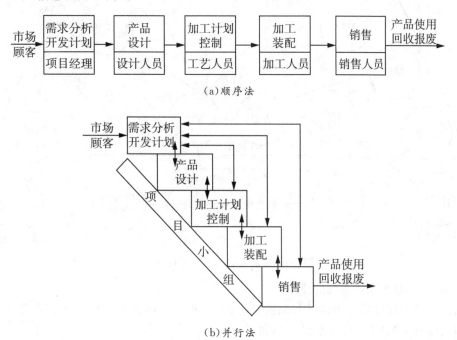

（a）顺序法

（b）并行法

图 8-4　两种开发方法示意图

8.2.2　模具 CAD/CAM 系统的组成及应用

1.模具 CAD/CAM 系统的组成

模具 CAD/CAM 系统所包含的内容没有统一的定义。狭义地说,它可以是计算机辅助某种类型模具的设计、计算、分析和绘图,以及数控加工自动编程等的有机集成。广义地说,它可以包括成组技术(GT)、计算机辅助设计(CAD)、计算机辅助工程(CAE)、计算机辅助工艺过程设计(CAPP)、计算机辅助检测(CAT)、数控技术(NC、CNC、DNC)、柔性制造技术(FMS)、物料资源规划(MRP)、管理信息系统(MIS)、办公室自动化(OA)、自动化工厂(FA)等多种计算机技术在模具生产过程中的综合。图 8-5 所示为模具 CAD/CAM 系统组成的框图。

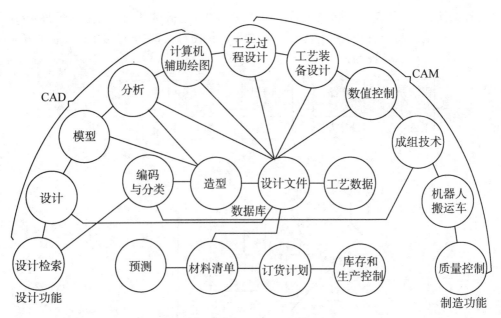

图 8-5　模具 CAD/CAM 系统组成

2. 模具 CAD/CAM 系统的作用

新产品的开发过程分为设计与制造两大部分,模具生产也不例外。在产品设计制造过程中引入模具 CAD/CAM 系统的作用如下:

(1)缩短了模具设计与制造周期

模具属单件、小批量生产的产品,传统的模具设计采用手工设计方法,工作烦琐,模具设计所占工时约为模具总工时的 20% 左右,模具设计工作量大、周期长、任务急,引入模具 CAD 技术后,模具设计可借助计算机完成传统手工设计中的各个环节,并自动绘制模具装配图和零件图,大大缩短了模具制造周期。

(2)提高了模具精度和设计质量

模具 CAM 可完成复杂形状模具型腔的自动加工、计算机辅助编程、工艺准备和生产准备过程等工作,减少了人为主观因素的影响,提高了模具精度和设计质量。

(3)可以积累模具设计与制造的经验及便于检索资料

使用模具 CAD/CAM 后,可将每一种模具设计的图纸、数控数据、设计数据等资料自动存储起来,以备再次进行类似模具设计时使用。

(4)降低了模具成本

引入模具 CAD/CAM 可大大降低人力、物力的投入,降低了模具成本,同时也增强了企业竞争能力及应变能力。

8.3　快速模具制造技术

8.3.1　快速原型制造技术

快速原型制造（Rapid Prototyping/Parts Manufacturing,RPM）技术是 20 世纪 80 年代后期兴起并迅速发展起来的一项先进制造技术,堪称最近几十年来制造技术最重大进展之一,它是一种典型的材料累加法加工工艺。RPM 技术利用计算机及 CAD 软件对产品进行三维实体造型设计或利用工业 CT 照射实体模型,得到 STL 数据文件,然后利用分层软件对零件进行切片处理,得到一组平行的环切数据,之后利用激光器产生激光,通过激光扫描,形成极薄的一层固化层,如此反复,最终形成固态的产品原型。它集机械制造、CAD、数控技术以及材料科学等多项技术于一体,在没有任何刀具、模具及工装夹具的情况下,自动迅速地将设计思想物化为具有一定结构和功能的零件或原型,并可及时对产品设计进行快速反应,不断评价、现场修改,以最快的速度响应市场,从而提高企业的竞争能力。

8.3.2　快速原型制造技术在模具制造中的应用

RPM 技术应用最重要的方向之一是模具的快速制造,它在汽车、航空航天、家电等诸多领域得到应用。

传统模具制造方法是几何造型系统生成模具 CAD 模型,然后对模具所有成型面进行数控编程,得到它们的 CAM 数据,利用信息载体控制数控机床加工出模具毛坯,再经电火花精加工得到精密模具。此方法需要人工编程,加工的周期较长,加工成本相对较高。传统的快速模具制造是依据产品图样,把木材、石膏、钢板甚至水泥、石蜡等材料采用拼接、雕塑成型等方法制作原型,这种方法不仅耗时,加工精度也不高,尤其碰到一些复杂结构的零件显得无能为力。RPM 技术能够更快、更好、更方便地设计并制造出各种复杂的零件和原型,一般可使模具制造的周期和制造成本降低 2/3～4/5,而且模具的几何复杂程度越高,效益越明显。

目前,快速原型制造技术在模具制造中的应用大体可以分为两类:

（1）用快速原型直接制造模具。利用 RP 技术直接制造模具是将模具 CAD 的结果由 RP 系统直接制造成型。该方法适用于工作温度低、受力小的注塑模具,实践中可以直接使用光敏树脂固化成型法生产的固化树脂原型作为模具,这种方法不需要 RP 原型作样件,也不依赖传统的模具制造工艺。

（2）用快速原型间接制造模具。用快速原型间接制造模具是利用 RPM 技术首先制作模芯,然后利用此模芯复制硬模具（如铸造模具或采用喷涂金属法获得轮廓形状）或制作加工硬模具的工具或制作母模复制软模具等。

在模具的设计和加工过程中,样件（RP 原型）的设计和加工是非常重要的环节之一。随着 RPM 精度的提高,这种间接制模工艺已趋于成熟,其方法则根据零件生产批量大小而不同。

8.3.3 快速成型工艺方法简介

1. 物体分层制造法

物体分层制造法(Laminated Object Manufacturing,LOM)是用纸片、塑料薄膜或复合材料等片材,利用 CO_2 激光束切割出相应的横截面轮廓,得到连续的层片材料构成三维实体的模型图,如图 8-6 所示,然后由热压机对切片材料加以高压,使黏合剂熔化,层片之间粘贴成型。采用 LOM 法制造实体时,激光只需扫描每个切片的轮廓而非整个切片的面积,生产效率较高,使用的材料广泛,成本较低。

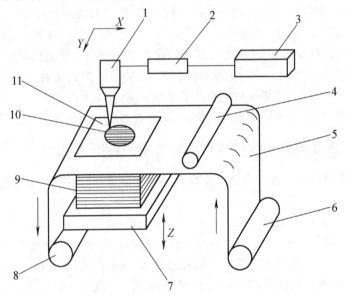

1—X-Y 扫描系统;2—光路系统;3—激光器;4—加热棍;5—薄层材料;6—供料滚筒;

7—工作平台;8—回收滚筒;9—制成件;10—制成层;11—边角料。

图 8-6 物体分层制造法示意

2. 选择性激光烧结法(SLS)

选择性激光烧结法(Selective Laser Sintering,SLS)是将金属粉末(含热熔性结合剂)作为原材料,利用高功率的 CO_2 激光器(由计算机控制)对其层层加热熔化堆积成型。如图 8-7 所示。采用 SLS 法在烧结过程结束后,应先去除松散粉末,将得到的坯件进行烘干等后处理。SLS 法原料广泛,现已研制成功的就达十几种,范围覆盖了高分子、陶瓷、金属粉末和它们的复合粉。

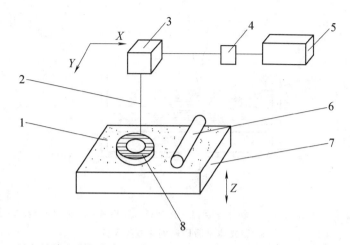

1—粉末材料;2—激光束;3—X-Y 扫描系统;4—透镜;5—激光器;6—刮平器;

7—工作台;8—制成件。

图 8-7 选择性激光烧结法示意

3. 熔化堆积造型法

熔化堆积造型法(Fused Deposit Manufacturing,FDM)是采用熔丝材料经加热后将半熔状的熔丝材料在计算机控制下喷涂到预定位置,逐点逐层喷涂成型。FDM 法制造污染小,材料可以回收。如图 8-8 所示。

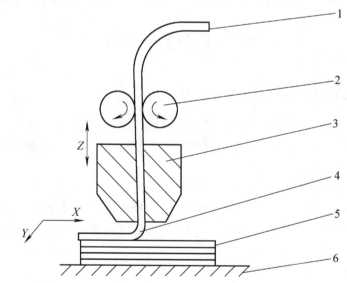

1—熔丝材料;2—滚轮;3—加热喷嘴;4—半熔状丝材;5—制成件;6—工作台。

图 8-8 熔丝沉积制造法

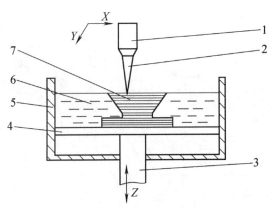

1—激光发生器；2—激光束；3—Z轴升降台；4—托盘；5—树脂槽；6—光敏树脂；7—制成件。

图 8-9　立体平版印刷固化成型示意

4.立体平板印刷法

立体平板印刷法（Stereo Lithography Apparatus, SLA）工作原理如图 8-9 所示。通过计算机软件对立体模型进行平面分层，得到每一层截面的形状数据，由计算机控制的氦-镉激光发生器 1 发出的激光束 2，按照获得的平面形状数据，从零件基层形状开始逐点扫描。当激光束照射到液态树脂后，被照射的液态树脂发生聚合反应而固化。然后由 Z 轴升降台 3 下降一个分层厚度（一般为 0.01～0.02mm），进行第二层的形状扫描，新固化层黏在前一层上。就这样逐层地进行照射、固化、黏结和下沉，堆积成三维模型实体，得到预定的零件。

8.4　逆向工程技术

8.4.1　逆向工程及其应用

传统的设计和工艺过程从产品的设计开始，根据两维图纸或设计规范，借助 CAD 软件建立产品的三维模型，然后编制数控加工程序，并最终生产出产品。这种开发工程称为顺向工程。逆向工程则正好相反。

逆向工程是指应用计算机技术由实物零件反求其设计的概念和数据并复制出零件的整个过程（Reverse Engineering, RE，也称为反向工程、反求工程）。即把实物零件经过高效准确的测量，并借助计算机将模拟量转换成数字量，从而建立起数学模型，通过数学模型生成图样和 NC 信息，最终获得零件。

逆向工程的应用主要包括以下三个方面：

（1）产品的仿制

即制作单位接受委托单位的样品或实物，并按照实物样品复制出来。传统的复制方法是用立体的雕刻技术或者仿形铣床制作出 1∶1 等比例的模具，再进行生产。这种方法属于模拟型复制，它的缺点是无法建立工件尺寸图档，因而无法用现有的 CAD 软件对其进行修改、改进。采用逆向工程则能较好地解决这些问题，所以其已渐渐地取代了传统的复制方法。

（2）新产品的设计

随着工业技术的发展以及经济环境的成长，消费者对产品的要求越来越高。为赢得市场竞争，不仅要求产品在功能上要先进，而且在产品外观上也要美观。而在造型中针对产品外形的美观化设计，已不是传统训练下的机械工程师所能胜任。一些具有美工背景的设计师们也利用 CAD 技术构想创新的美观外形，再以手工方式制造出样件，如木材样件、石膏样件、黏土样件、橡胶样件、塑料样件、玻璃纤维样件等，然后再以三维尺寸测量的方式测量样件，建立曲面模型。

（3）旧产品的改进（改型）

在工业设计中，很多新产品的设计都是从对旧产品改进开始的。为了用通常的 CAD 软件对原设计进行改进，首先要有原产品的 CAD 模型，然后在原产品的基础上进行改进设计。

综上所述，通过逆向工程复制实物的 CAD 模型，使得那些以实物为制造基础的产品有可能在设计和制造的过程中充分利用 CAD、CAM、RPM、PDM 及 CIMS 等先进制造及管理技术。同时，逆向工程的实施能在很短的时间内复制实体样件，因此它也是推行并行工程的重要基础和支撑技术。

8.4.2　逆向工程技术在模具制造中的应用

模具制造过程中，运用逆向工程技术不仅能够得到精确的复制品，而且可以生成完整的数学模型和产品图样，为产品更改及数控加工带来方便，对提高模具质量、缩短模具制造周期具有特别重要的意义。逆向工程技术在模具制造中的应用主要包括以下两个方面。

1. 以样本模具为对象进行复制

即对原有的模具（如报废的模具或者二手的模具）进行复制。

2. 以实物零件为对象

设计制造模具并通过模具进行复制，即对用户提供的实物（如主模型、产品样件、检具）进行检测，然后通过制造模具复制零件。

前者是一种相对比较简单的复制，只要能测绘出样本模具的各种参数，就能着手进行复制；后者一方面由于样本零件本身由模具成型获得，在成型时因为热或压力等因素的影响零件已发生了变形，另一方面则由于对样本零件的生产工艺过程不甚了解，在复制时对数据的获取和处理带来了相当大的困难，特别是对这些变形的补偿。以上这两个方面的困难在复杂零件的复制过程中尤为突出。

8.4.3　模具逆向工程的工作过程

模具逆向工程的具体实施过程与传统的复制步骤是一样的，即在对实物测绘并进行再设计后，获得模具或零件的数学模型，然后进行复制。图 8-10 所示是模具逆向工程的工作过程。

图 8-10　逆向工程工作过程

8.4.4　数据采集的方法

目前模具行业使用的数据采集方法有 4 种,各有优缺点,应根据实物和企业的具体情况进行分析、选取。

(1)点位测量,在三坐标测量机上安装三向电感测量头进行测量。

(2)在数控铣床上安装三向电感式扫描头进行测量。

(3)激光扫描。随着科学技术的发展,激光的出现使非接触测量成为可能,传统测量方法由于测头与工件之间存在接触压力,产生了许多问题,激光测量则较好地解决了这些问题,而且还可以实现测头半径的三维补偿。

(4)光学扫描。光学扫描和激光扫描都是基于立体观察法,根据三角形测量原理,利用对应点的视差计算视野范围内的立体信息。

8.4.5　逆向工程在模具制造中的应用实例

由样本模具复制的主要步骤如下:

(1)样本模具几何型面原始数据的获取。

运用三坐标测量机以平行截面法直接从模具中获取数据,从而避免了对成型零件收缩与变形的估算(这是一件很困难的事)。

(2)对所测得的数据进行修正。

修正测量过程中由于各种因素及样本模具表面缺陷所造成的误差,从而获得样本模具原始几何模型的数据。

(3)对所测得的数据进行必要的数学拟合,为造型提供依据。

(4)运用 CAD 技术进行还原,建立生成样本模具的原始模型。

(5)由于样本模具的使用年限已较长,型腔的形状已发生了某些变化,因此应在对零件应用功能充分理解的基础上,通过再设计对样本模具的原始模型做必要的修正,从而产生一个新的模具几何模型。

(6)对复制模具进行工艺设计,编制复制模具的数控加工工艺,并加工复制模具。

(7)在对复制的模具进行试模后,对其生产的零件进行几何形状与应用功能的检验。

8.5　现代模具的先进制造方法

8.5.1　模具行业发展现状及今后趋势

1.模具和模具行业

模具是用来成型物品的工具,不同的模具由不同的零件构成。它主要通过所成型材料物理状态的改变来实现物品外形的加工。在冲裁、成型冲压、模锻、冷镦、挤压、粉末冶金件压制、压力铸造,以工程塑料、橡胶、陶瓷等制品的压塑或注塑的成型加工中,用以在外力作用下使坯料成为有特定形状和尺寸的制件的工具。

在现代化工业生产中,60%～90%的工业产品需要使用模具加工,模具工业已成为工业发展的基础,许多新产品的开发和生产在很大程度上依赖模具的生产,特别是汽车、轻工、电子、航空等行业尤为突出。

模具工业发展的关键是模具技术的进步,模具技术涉及许多学科的交叉。模具作为一种高附加值和技术密集型产品,其技术水平的高低已经成为衡量一个国家制造水平的重要标志之一。世界上许多国家,特别是一些工业发达的国家都十分重视模具技术的开发,大力发展模具工业,积极采用先进技术和设备,提高模具制造水平,已经取得了显著的经济效益。美国是世界超级经济大国,也是世界模具工业领先的国家,早在 20 世纪 80 年代末,美国模具行业就有一万两千多个企业,从业人员有十七万之多,模具总产值达到 64.47 亿美元。日本模具工业是从 1957 年开始发展起来的,当年模具总产值仅有 106 亿日元,到 1998 年总产值已经超过 4.88 万亿日元,在短短的 40 余年内增加了 460 多倍,这也是日本经济能飞速发展并在国际市场上占有一定优势的重要原因之一。

纵观世界经济的发展,模具工业在经济繁荣和经济萧条时代都不可或缺。经济发展较快时,产品畅销,自然要求模具能跟上;而经济发展滞缓时期,产品不畅销,企业必然千方百计开发新产品,这同样会给模具带来强劲的需求。因此,模具行业是一个经久不衰的工业。

2.我国模具技术的现状及发展趋势

我国模具工业起步晚,底子薄,与工业发达国家相比有很大差距,但在国家产业政策和与之配套的一系列国家经济政策的支持和引导下,我国模具工业发展迅速。据统计,我国现有模具生产厂家超过 3 万家,从业人员超过 100 万人。但总体上看,自产自用占主导地位,商品化模具仅为 1/3 左右,国内模具生产仍供不应求,特别是精密、大型、复杂、长寿命模具,仍主要依赖进口。目前,就整个模具市场来看,进口模具约占总量的 20%左右,其中,中高档模具进口比例达到 40%以上,因此我国模具产业任重而道远。可喜的是近年来我国的模具技术和水平也取得了长足的进步,主要表现在以下方面:

①研究开发模具新钢种及硬质合金、钢结硬质合金等新材料,一些新的热处理工艺,延长了模具的使用寿命。

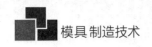

②开发了一些多工位级进模和硬质合金模等新产品,并根据国内生产需要研制了一批精密塑料注射模。

③研究开发一些模具加工新技术和新工艺,如三维曲面数控、仿形加工,模具钢的超塑性成型技术和各种快速制模技术等。

④模具加工设备已得到较大发展,国内已能批量生产精密坐标磨床、计算机数字控制铣床、CNC 电火花线切割机床和高精度电火花成型机床等。

⑤模具计算机辅助设计和制造已在国内开发和应用。

我国的模具技术虽然得到了较大的发展,但仍然还需花费大量资金向国外进口模具,其原因是:

①专业化生产和标准化程度低。

②模具品种少,生产效率低、经济效益较差。

③模具生产制造周期长、精度不高,制造技术落后。

④模具寿命短,新材料使用量少。

⑤模具生产力量分散、管理落后。

根据我国模具技术发展的现状及存在问题,今后的发展方向为:

①开发和发展精密、复杂、大型、长寿命的模具,以满足国内、外市场的需要。

②加速模具的标准化和商品化,以提高模具质量,缩短模具生产周期。

③大力开发和推广应用模具 CAD/CAM 技术,提高模具制造过程的自动化程度。

④积极开发模具新品种、新工艺、新技术和新材料。

⑤发展模具加工成套设备,以满足高速发展模具工业的需要。

8.5.2 模具制造的基本要求和特点

1. 模具制造的要求

(1)制造精度高

为了生产合格的产品和发挥模具的效能,设计、制造的模具必须具有较高的精度。模具的精度主要是由模具零件精度和模具结构的要求来决定的。为了保证制品精度,模具工作部分的精度通常要比制品精度高 2~4 级;模具结构对上、下模之间的配合有较高要求,因此组成模具的零件都必须有足够的制造精度。

(2)使用寿命长

(3)制造周期短

模具制造周期的长短主要取决于制模技术和生产管理水平的高低。为了满足生产需要,提高产品竞争能力,必须在保证质量的前提下尽量缩短模具制造周期。

(4)模具成本低

模具成本与模具结构的复杂程度、模具材料、制造精度要求及加工方法等有关,必须根据制品要求合理设计模具和制定其加工工艺。

2. 模具制造的特点

模具制造属于机械制造范畴,但与一般机械制造相比,它具有许多特点:

（1）单件生产

用模具成型制品时,每种模具一般只生产 1～2 副,所以模具制造属于单件生产。每制造一副模具,都必须从设计开始,制造周期比较长。

（2）制造质量要求高

（3）形状复杂

模具的工作部分一般都是二维或三维复杂曲面,而不是一般机械的简单几何体。

（4）材料硬度高

模具实际上相当于一种机械加工工具,硬度要求高,一般用淬火工具钢或硬质合金等材料,采用传统的机械加工方法制造有时十分困难。

8.5.3　模具先进制造技术

1.先进制造技术的范畴

一般认为先进制造技术由以下四部分组成,但它是动态的、变化的。

（1）现代设计技术

合理的设计是决定产品品质、环境相容性、经济性和满足需求的基础,设计的水平、质量和效率是决定产品开发能力和市场竞争能力的重要环节。

在新的技术环境下,现代设计技术以计算机辅助工具和包含丰富的数据库、知识库支撑体系的智能技术为基础,将设计、制造和生产过程有机结合在一起,形成一些新的理论和方法。主要包括:计算机辅助设计（CAD）、计算机辅助工程（CAE）、反求工程（RE）、并行工程（CE）、协同设计技术（CSCW）、稳健设计技术（Robust Design）与质量功能配置、再生工程、绿色产品设计等。

（2）先进制造工艺技术

先进制造工艺是先进制造系统的基础,是实现优质、高效、低耗、清洁生产和保证产品质量与市场竞争力的前提。例如金属超塑性的发现、金属紧密铸锻冲压工艺的进步已经可以实现不经切削加工或极少加工余量即可成型,使得成型制造技术正在从制造工件毛坯或接近零件形状向直接制成工件或净成型的方向发展;用于汽车、飞机、精密机械的精密加工精度已达微米级,用于磁盘、磁鼓制造的精密加工精度已达到亚微米级（$0.01\mu m$）,用于超精密电子器件的精密加工精度已经达到毫微米级（$0.001\mu m$）,而超精密加工的精度也已经达到纳米级（$0.1～100nm$）的阶段,这些都是实现高效清洁生产的关键技术。主要包括:计算机辅助制造（CAM）、少无切削制造技术、精密加工和超精密加工技术、非机械加工制造技术、快速原型制造（RPM）、仿生制造、虚拟制造技术（VMT）等。

（3）综合自动化技术

综合自动化技术事实上是一个包含计算机技术、网络技术、自动化技术的运作系统,通过现代系统管理思想贯穿在一起,以实现从信息、功能、过程直至企业的集成和优化技术的物化环节,能够将制造企业的人、技术、管理和资源以及物流、信息流与价值流有机结合在一起。主要包括:分布式数控技术（DNC）、柔性制造技术（FMT）、集成制造技术（CIMT）、智能制造技术（IMT）。

（4）现代系统管理技术

现代系统管理技术是一项富有哲学意味的系统理论和方法，它在信息集成、功能集成、过程集成和企业集成的基础上，着重讨论如何最大限度地发挥已有技术、设备、资源和人员的作用和最大限度地提高企业经济效益和竞争能力的组织与经营管理策略。主要包括：制造资源计划（MRPII）、准时制造（JIT）和精益生产（LP）、敏捷制造（AM）、全球化制造（GM）和星系管理系统（IMS）、可持续发展战略及相关技术等。

2.传统加工与特种加工的比较

（1）传统的模具加工制造方法

也就是机械加工，即用传统的切削与磨削加工与现代数控机床加工，机械加工也常作为零件粗加工和半精加工的主要方法。机械加工的主要特点是加工精度高、生产效率高，而且用相同的设备和工具可以加工出各种形状和尺寸的工件。但是，用机械加工方法加工形状复杂的工件时，其加工速度很慢，高硬度材料难以加工。

（2）特种加工

特种加工是有别于传统机械加工的加工方法，例如电加工。从广义上讲，特种加工是指那些不需要用比工件更硬的工具，也不需要在加工过程中施加明显的机械力，而是直接利用电能、声能、光能、化学能等来除去工件上的多余部分，以达到一定形状、尺寸和表面粗糙度要求的加工方法。

3.几种先进制造技术方法

（1）高速切削技术

它是一项高新技术，以高效率、高精度和高表面质量为基本特征，在模具制造行业中获得了愈来愈广泛的应用，并已取得了重大的技术经济效益，是当代先进制造技术的重要组成部分。

①高速刀具技术模具。制造业中将普遍应用高速（超高速）干式切削技术。

超硬刀具材料的应用、复合（组合）式各类高速切削刀具（工具）的结构设计与制造技术，是刀具（工具）品种发展的主导技术。其中无屑加工工艺的搓、挤滚压成型类刀具（工具）应用会更加广泛；超硬刀具材料将在各类刀具的涂层材料、SiN 陶瓷及 Ti 基陶瓷领域发展更快、应用更加广泛。

②高速机床技术。我国高速机床技术重点一是研发机床关键功能部件，如转速 20000 r/mim 以上的大功率高刚度主轴、无刷环形扭矩电机、直线电机、快速响应数控系统等；二是多功能复合机床设计、制造网络、通信网络技术的应用等。数控系统、关键功能部件、网络通信技术的进步与完善，将促使多轴联动、多面高速加工中心，铣、车功能为一体的复合加工中心技术达到实用化，如图 8-11 所示；相应出现各类数控专用高效率加工机床；将激光技术更加广泛应用于机械成型加工、切割加工领域；机床数控系统的功能将可实施网络化通信与生产，进一步提升数控机床的利用率。

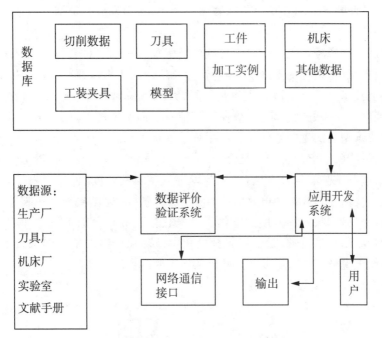

图 8-11　复合加工中心技术结构图

　　③零件毛坯制造技术。快速成型技术的实用化,将进一步提升目前的精铸、精锻及其他成型制造技术,使其几何尺寸精度能满足少无切屑加工的要求,其材料的选择将适应绿色制造工程的技术要求,零件材料的可加工性能将适应高速切削技术要求,图 8-12 所示为各类金属的加工性能。

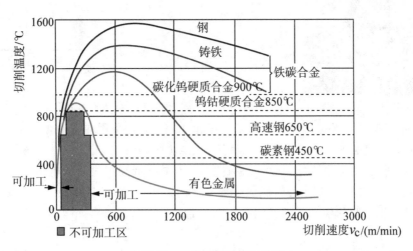

图 8-12　各类材料的加工性能

　　④其他技术。自动生产线技术:将以各类高速加工中心组成,大力发展柔性、敏捷制造工程技术。测量技术:随着高速加工系统工程技术的广泛应用,数字化 CCD、激光图形处理测量技术和随机在线高速测量技术将广泛应用于柔性数控生产线及数控专用高效率加工机

床上。网络技术:将在不断进步的计算机技术支持下,大力发展宽带网及网络安全技术。

(2)特种加工技术

面向快速制造的特种加工技术是在传统的特种加工技术与材料技术、控制技术、微电子技术和计算机技术紧密结合的基础上,随着快速响应市场需求而逐步发展起来的。

①分层制造技术。为有效地简化问题的复杂性,将采用类似快速成型的分层制造加工模式,并严格控制每一层的加工余量,确保工具只有底面实现加工,而侧面不参与加工,从而使复杂的模具三维型面加工问题转化为一系列平面加工问题。

②基于电场控制、溶解与切削相结合的复合加工技术。以钝性工作液为纽带,结合电场控制策略,探索这些工艺的复合方法,以充分发挥其各自的长处,可发展出复杂曲面形状和光整一体化加工技术。具体包括电化学机械复合加工技术,化学机械加工技术,超声放电复合加工技术,时变场控制、磁场辅助的电化学及电化学机械复合加工技术,时变场控制的电解在线修整砂轮磨削加工技术,时变场控制电化学及磁粒研磨的复合加工技术等。图 8-13 所示为电化学加工现场,图 8-14 所示为电化学加工原理。

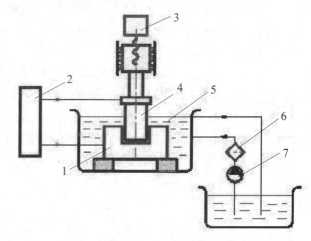

1—工件;2—脉冲电源;3—自动进给调节装置;4—工具电极;
5—工作液;6—过滤器;7—工作液泵。

图 8-13 电化学加工现场　　**图 8-14 电化学加工原理**

维型腔的精密成型及镜面电火花加工一体化技术。通过采用在普通煤油工作液中添加固体微细粉末的方法,来增大精加工的极间距离、减小电容效应、增大放电通道的分散性,从而可使该工艺排屑好、放电稳定、加工效率提高,并有效降低加工表面的粗糙度。同时,混粉工作液的使用还可在模具工件表面形成硬度较高的镀层,提高模具型腔表面的硬度和耐磨性,实现模具三维型腔的精密成型及镜面电火花加工一体化。

④面向 RP 技术的特种加工工艺组合技术

a.直接利用 RP 工艺,结合相应的后处理工艺或快速精密铸造工艺制造模具的方法,利用金属粉末烧结(SLS)制成的原型件,直接进行金属熔渗处理,形成金属模具零件。利用SLA、FDM 或 LOM 方法,直接制造树脂、ABS 塑料模具零件。用 SLS 方法直接制造铸造用的消失蜡模,实现零件的快速精密铸造。

b.基于 RP 原型件,结合相应的特种加工工艺,间接制造模具的方法。基于 RP 原型,与电铸工艺、金属喷涂、陶瓷涂覆工艺相结合,快速制造金属或陶瓷模具的工艺技术;浇注硅橡胶、环氧树脂或聚氨酯等软材料,直接制造软模具。

c.基于 RP 原型,结合相应的特种加工工艺,快速制造电加工的电极,实现复杂模具零件的快速电火花成型加工。在原型或原型制作的母模上刷涂导电层,再电铸或电镀形成金属电极。直接在原型上进行金属冷喷涂形成金属电极。利用原型制造母模,充实粉末,再压实烧结形成电极。在原型制作的母模内充入石墨粉与黏结剂的混合物,固化形成石墨电极。在原型制作的母模内充入环氧树脂与碳化硅粉的混合物,首先形成研磨模,再在专用振动研磨机上研磨出石墨电极。

（3）虚拟现实技术

①虚拟现实技术的特征

虚拟现实是利用计算机生成一种模拟环境(如飞机驾驶舱、操作现场等),通过多种传感设备使用户"投入"到该环境中,实现用户与该环境直接进行自然交互的技术。因此,具有以下四个重要特征:多感知性、存在感、交互性、自主性。

②虚拟现实系统的构成

虚拟现实系统主要由以下模块构成:a.检测模块。检测用户的操作命令,并通过传感器模块作用于虚拟环境。b.反馈模块。接受来自传感器模块信息,为用户提供实时反馈。c.传感器模块。一方面接受来自用户的操作命令,并将其作用于虚拟环境;另一方面将操作后产生的结果以各种反馈的形式提供给用户。d.控制模块。对传感器进行控制,使其对用户、虚拟环境和现实世界产生作用。e.建模模块。获取现实世界组成部分的三维表示,并由此构成对应的虚拟环境。

③虚拟现实系统的关键技术

动态环境建模技术。虚拟环境的建立是虚拟现实技术的核心内容。动态环境建模技术的目的是获取实际环境的三维数据,并根据应用的需要,利用获取的三维数据建立相应的虚拟环境模型。三维数据的获取可以采用 CAD 技术(有规则的环境),而更多的环境则需要采用非接触式的视觉建模技术,两者的有机结合可以有效地提高数据获取的效率。

实时三维图形生成技术。三维图形的生成技术关键是如何实现"实时"生成。为了达到实时的目的,至少要保证图形的刷新率不低于 15 帧/秒,最好是高于 30 帧/秒。在不降低图形的质量和复杂度的前提下,如何提高刷新频率将是该技术的研究内容。

立体显示和传感器技术。虚拟现实的交互能力依赖于立体显示和传感器技术的发展。现有的虚拟现实还远远不能满足系统的需要,需要开发新的三维显示技术。

系统集成技术。由于虚拟现实中包括大量的感知信息和模型,因此系统的集成技术起着至关重要作用。集成技术包括信息的同步技术、模型的标定技术、数据转换技术、数据管理模型、识别和合成技术,等等。

（4）表面工程技术

①稀土表面工程技术

表面工程技术中加入稀土元素通常采用化学热处理、喷涂喷焊、气相沉积、激光涂覆、电沉积等方法。

稀土元素对化学热处理的影响主要表现为有显著的催渗作用,大大优化工艺过程;加入少量稀土化合物,渗层深度可以明显增加,改善渗层组织和性能,从而提高模具型腔表面的耐磨性、抗高温氧化性的抗冲击磨损性。

利用热喷涂和喷焊技术,将稀土元素加入涂层,可取得良好的组织与性能,使模具型腔表面具有更高的硬度和耐磨性。

物理气相沉积膜层性能的优劣和膜与基体结合强度大小密切相关,稀土元素的加入有利于改善膜与基体的结合强度,膜层表面致密度明显增大。同时,加入稀土元素可以使膜层耐磨性能也得到明显改善,例如应用于模具表现的超硬 TiN 膜(加入稀土元素),使模具型腔表面呈现出高硬度、低摩擦系数和良好的化学稳定性,提高了模具的使用寿命。

含稀土化合物的涂覆层,可大幅度提高模具金属材料表面对激光辐照能量的吸收率,对降低能耗和生产成本,以及推广激光表面工程技术都有重要意义。稀土涂覆层经激光处理后,组织和性能发生明显改善,涂覆层的硬度和耐磨性显著提高。对加入 CeO_2 的热喷涂层进行激光重熔,研究发现合金化层的显微组织明显改变,晶粒得到细化。激光重熔加入稀土后的喷焊合金,稀土化合物质点在其中弥散强化,降低晶界能量,提高晶界的抗腐蚀性能,模具型腔表面的耐磨性也大大增强,有的文献报道稀土元素提高了耐磨性达 1~4 倍。

把稀土元素加入镀层可采用电刷镀、电镀等电沉积方法。稀土甘氨酸配合物的加入使镀层防氧钝化寿命明显提高;稀土元素有催化还原 SO_2 的作用,可以抑制 Ni、Cu、P、MoS_2 电刷镀镀层中 MoS_2 的氧化,明显改善了镀层的减摩性能,提高了抗腐蚀的能力,使模具型腔表面的耐磨寿命延长近 5 倍。

②纳米表面工程技术

纳米表面工程是以纳米材料和其他低维非平衡材料为基础,通过特定的加工技术、加工手段,对固体表面进行强化、改性、超精细加工,或赋予表面新功能的系统工程。

制作纳米复合镀层:

在传统的电镀液中加入零维或一维纳米质点粉体材料可形成纳米复合镀层。用于模具的 Cr-DNP 纳米复合镀层,可使模具寿命延长、精度持久不变,长时间使用镀层光滑无裂纹。纳米材料还可用于耐高温的耐磨复合镀层。如将 $n\text{-}ZrO_2$ 纳米粉体材料加入 Ni-W-B 非晶态复合镀层,可提高镀层在 550~850℃ 的高温抗氧化性能使镀层的耐蚀性提高 2~3 倍,耐磨性和硬度也都明显提高。在传统的电刷镀溶液中,加入纳米粉体材料,也可制备出性能优异的纳米复合镀层。

制作纳米结构涂层:

热喷涂技术是制作纳米结构涂层的一种极有竞争力的方法。其优越性在于:工艺简单、涂层和基体选择范围广,涂层厚度变化范围大、沉积速率快,容易形成复合涂层等等。与传统热喷涂涂层相比,纳米结构涂层在强度、韧性、抗蚀、耐磨、热障、抗热疲劳等方面都有显著改善,且一种涂层可同时具有上述多种性能。

(5)模具并行工程

①并行工程的定义

1988 年美国国家防御分析研究所(Institute of Defense Analyze,IDA)完整地提出了并行工程(Concurrent Engineering,CE)的概念,即并行工程是集成地、并行地设计产品及其相关过程(包括制造过程和支持过程)的系统方法。这种方法要求产品开发人员在一开始就考虑产品整个生命周期中从概念形成到产品报废的所有因素,包括质量、成本、进度计划和用户要求。并行工程的目标为提高质量、降低成本、缩短产品开发周期和产品上市时间。并行工程的具体做法是:在产品开发初期,组织多种职能协同工作的项目组,使有关人员从一开始就获得对新产品需求的要求和信息,积极研究涉及本部门的工作业务,并将所需要求提供给设计人员,使许多问题在开发早期就得到解决,从而保证了设计的质量,避免了大量的返工浪费。

②并行工程本质特点

a. 并行工程强调面向过程(process-oriented)和面向对象(object-oriented)

一个新产品从概念构思到生产出来是一个完整的过程(process)。传统的串行工程方法是基于两百多年前英国政治经济学家亚当·斯密的劳动分工理论。该理论认为分工越细,工作效率越高。因此,串行方法是把整个产品开发全过程细分为很多步骤,每个部门和个人都只做其中的一部分工作,而且是相对独立进行的,工作做完以后把结果交给下一部门。西方把这种方式称为"抛过墙法"(throw over the wall),他们的工作是以职能和分工任务为中心的,不一定存在完整的、统一的产品概念。而并行工程则强调设计要面向整个过程或产品对象,因此它特别强调设计人员在设计时不仅要考虑设计,还要考虑这种设计的工艺性、可制造性、可生产性、可维修性,等等,工艺部门的人也要同样考虑其他过程,设计某个部件时要考虑与其他部件之间的配合。所以整个开发工作都是要着眼于整个过程(process)和产品目标(product object)。从串行到并行,是观念上的很大转变。

b. 并行工程强调系统集成与整体优化

在传统串行工程中,对各部门工作的评价往往是看交给它的那一份工作任务完成是否出色。就设计而言,主要是看设计工作是否新颖,是否有创造性,产品是否有优良的性能。对其他部门也是看它的那一份工作是否完成出色。而并行工程则强调系统集成与整体优化,它并不完全追求单个部门、局部过程和单个部件的最优,而是追求全局优化,追求产品整体的竞争能力。对产品而言,这种竞争能力就是由产品的 TQCS 综合指标——交货期(time)、质量(quality)、价格(cost)和服务(service)。在不同情况下,侧重点不同。在现阶段,交货期可能是关键因素,有时是质量,有时是价格,有时是它们中的几个综合指标。对每一个产品而言,企业都对它有一个竞争目标的合理定位,因此并行工程应围绕这个目标来进行整个产品开发活动。只要达到整体优化和全局目标,并不追求每个部门的工作最优。因此对整个工作的评价是根据整体优化结果来评价的。

③并行工程在先进制造技术中的地位与作用

并行工程在先进制造技术中具有承上启下的作用,这主要体现在两个方面:

第一方面:并行工程是在 CAD、CAM、CAPP 等技术支持下,将原来分别进行的工作在时间和空间上交叉、重叠,充分利用了原有技术,并吸收了当前迅速发展的计算机技术、信息技术的优秀成果,使其成为先进制造技术中的基础。

第二方面:在并行工程中为了达到并行的目的,必须建立高度集成的主模型,通过它来实现不同部门人员的协同工作;为了达到产品的一次设计成功,减少反复,它在许多部分应用了仿真技术;主模型的建立、局部仿真的应用等都包含在虚拟制造技术中,可以说并行工程的发展为虚拟制造技术的诞生创造了条件,虚拟制造技术将是以并行工程为基础的,并行

工程的进一步发展方向是虚拟制造（Virtual Manufacturing，VM）。所谓虚拟制造又叫拟实制造，它利用信息技术、仿真技术、计算机技术对现实制造活动中的人、物、信息及制造过程进行全面的仿真，以发现制造中可能出现的问题，在产品实际生产前就采取预防措施，从而达到产品一次性制造成功，实现降低成本、缩短产品开发周期、增强产品竞争力的目标。

（6）模具 CAD/CAE/CAM 技术

①定义

CAD（Computer Aided Design）指利用计算机及其图形设备帮助设计人员进行设计工作。在工程和产品设计中，计算机可以帮助设计人员担负计算、信息存储和制图等项工作。在设计中通常要用计算机对不同方案进行大量的计算、分析和比较，以决定最优方案；各种设计信息，不论是数字的、文字的或图形的，都能存放在计算机的内存或外存里，并能快速地检索；设计人员通常用草图开始设计，将草图变为工作图的繁重工作可以交给计算机完成；由计算机自动产生的设计结果，可以快速做出图形显示出来，使设计人员及时对设计作出判断和修改；利用计算机可以进行与图形的编辑、放大、缩小、平移和旋转等有关的图形数据加工工作。CAD 能够减轻设计人员的劳动，缩短设计周期和提高设计质量。

CAE（Computer Aided Engineering）是用计算机辅助求解复杂工程和产品结构强度、刚度、屈曲稳定性、动力响应、热传导、三维多体接触、弹塑性等力学性能的分析计算以及结构性能的优化设计等问题的一种近似数值分析方法。其基本思想是将一个形状复杂的连续体的求解区域分解为有限的形状简单的子区域，即将一个连续体简化为由有限个单元组合的等效组合体；通过将连续体离散化，把求解连续体的场变量（应力、位移、压力和温度等）问题简化为求解有限的单元节点上的场变量值。此时求解的基本方程将是一个代数方程组，而不是原来描述真实连续体场变量的微分方程组，得到的是近似的数值解，求解的近似程度取决于所采用的单元类型、数量以及对单元的插值函数。

CAM（Computer Aided Manufacturing）是工程师大量使用产品生命周期管理计算机软件的产品元件制造过程。计算机辅助设计中生成的元件三维模型用于生成驱动数字控制机床的计算机数控代码。这包括工程师选择工具的类型、加工过程以及加工路径。

②CAD/CAE/CAM 在模具设计制造中的应用

a.图形设计：

直接通过 CAD/CAM 进行图形设计。随着科学技术的发展，模具的开发和生产，将大量采用计算机技术和数控技术，CAD/CAM 技术在模具的生产中，将普遍采用。经过市场调查及其周密的研究，进行生产决策，下达生产计划及实施措施，紧接着进行模具的开发。设计者使用模具 CAD 工作站，完成模具设计中的造型、计算、分析以及绘制工程图，而且可在设计阶段对产品性能进行评价，可使设计者从繁重的绘图中解放出来，能有更多的时间做创造性的工作，从而设计出优质模具。在我们职业技术学院中，模具和数控专业的学生就需在这一环节下苦功，熟悉模具 CAD 工作站，能熟练设计和绘制出所需模具图形。

利用现有客户提供的 CAD 数据模型，转换成所需图形。模具企业有的客户提供绘制好的图形。客户方和模具企业制造方若使用不同的软件，就会出现图纸数据交流的困难。这需要解决数据接口问题。因为大多数 CAD 程序有其各自不同的数据库形式而不能和其他程序共用几何数据。因此客户方的 CAD 的几何体必须翻译成模具企业制造方的接受程序能读取的东西。通常的办法是使用通用几何体转换标准如"IGES"或"STEP"以及一些专用的转化器。图纸交流也通过转换成普遍能读的文件如 DXF、TIF、PDF 等,等。不过,到现在为止,还没有一种方法能涵盖所有几何转换问题。市场上也有专门转换并修理的软件如 CADfix 能解决一定程度的问题。以下为一转换实例:如客户使用的软件为 CATIA 软件,提供的文件类型为 ＊.Model,要转变为可供 Pro/E 与 DELCAM 使用的文件类型,可采用 DELCAM 软件提供的专用 CATIA 接口,避免了使用 IGES 转换造成曲面错误。这样转换后的模型圆滑光顺,只有少量的变形,可以进行下一步的设计与制造。

b. CAE 分析:

模具 CAE 技术经过短暂的发展时间,已用在注塑模、压铸模、锻模、挤压模、冲压模等模具的优化,并在实际中指导生产。注塑模 CAE 主要包括模具结构分析、运动分析、装配及干涉检查、成型过程分析等。压铸模 CAE 目前主要以压铸件充型的流场数值模拟、压铸模/压铸件温度场模拟、压铸模/压铸件应力场数值模拟为主。挤压模 CAE 主要对生产过程中模具的变形过程、应力场和温度场分布及变化、摩擦与润滑等问题,进行了大量的分析和实验,实现模具的优化设计。下面再以注射成型为例,说明 CAE 的应用。其充模流动过程是一个相当复杂的物理过程,高温塑料熔体在压力的驱动下通过流道、浇口向型腔内充填,将型腔内的气体排出,这需要确定排气的位置;多股流料在某处汇合会形成熔接痕,这需要确定熔接痕的位置,等等,这些以前需要经过多次试模之后才能够得到圆满解决,浪费了资源,延长了模具生产周期。现在这些可以通过计算机辅助工程来解决,在计算机上进行塑料熔体的液态流动性分析,确定浇口的位置、大小,排气的位置,熔接痕的位置,以及可能产生充模不满的位置,这样在模具设计时就可以采取有效手段来避免这些问题的产生。

c. 分割与装配模具,产生模具的二维图纸

确定分型面就可以生成动、定模镶块以及滑块,并且在计算机上进行合模试验,检查是否有合模干涉现象。同时进行脱模角的检查,以确认是否有由于产品的放置位置不合理而产生倒拔模角的现象,防止在注塑成型结束后塑件从模具中取不出。另外设计者还要根据零件的寿命、强度、更换性等因素确定镶块、拼块等方案。装配模具的目的是在装配的过程中修改各模具元件,如滑块的大小、斜导柱和斜楔孔的位置等,定出最终的模具元件图。再将之产生二维图纸。至此,模具的设计已告一段落。

d. 模具的制造

最后就是模具的制造过程了。向模具 CAM 工作站传送模具的数据资料。使用模具 CAM 工作站,对模具进行工艺分析和工艺处理,出工序图、工序卡,编制数控程序,向三坐标测量机发送质量监控指令信息资料。生产过程控制计算机对整个生产过程进行指挥、调节和控制,使模具的生产有条不紊地进行。例如,将模具的简单零部件分配给与之相适应的普通机床加工,复杂零部件分配给数控机床加工中心制作,难制作的异形沟、槽等零部件的工序由电加工机床完成,以及有特殊要求的零部件热处理的安排,质量控制三坐标测量机对生产过程的各环节进行质量监控。在得到合格模具零部件的前提下,进行模具总装,完成模具的开发生产。采用这种开发制作技术,可以缩短模具的生产周期,并且使其综合质量至少提高一个数量级。这在不少公司的复杂模具开发生产中已得到验证。

(7)快速原型制造技术

①快速原型制造技术的提出

快速原型制造技术(Rapid Protoyping Manufacturing,RPM)是机械工程、计算机技术、数控技术以及材料科学等技术的集成,它能将已具数学几何模型的设计迅速、自动地物化为具有一定结构和功能的原型或零件。

分层制造技术(Layered Manufacturing Technique,LMT)、实体自由形状制造(Solid Freeform Fabrication,SEF)、直接CAD制造(Direct CAD Manufacturing,DCM)、桌面制造(Desktop Manufacturing,DTM)、即时制造(Instant Manufacturing,IM)与RPM具有相似的内涵。

RPM技术获得零件的途径不同于传统的材料去除或材料变形方法,而是在计算机控制下,基于离散/堆积原理采用不同方法堆积材料最终完成零件的成型与制造的技术。从成型角度看,零件可视为由点、线或面的叠加而成,即从CAD模型中离散得到点、面的几何信息,再与成型工艺参数信息结合,控制材料有规律、精确地由点到面,由面到体地堆积零件。从制造角度看,它根据CAD造型生成零件三维几何信息,转化为相应的指令传输给数控系统,通过激光束或其他方法使材料逐层堆积而形成原型或零件,无须经过模具设计制作环节,极大地提高了生产效率,大大降低生产成本,特别是极大地缩短生产周期,被誉为制造业中的一次革命。

②RPM技术的特征

a.高度柔性

快速原型技术的最突出特点就是柔性好,它取消了专用工具,在计算机管理和控制下可以制造出任意复杂形状的零件,它将不同的生产装备用信息方式集成到一个制造系统中。

b.技术的高度集成

快速原型技术是计算机技术、数控技术、激光技术与材料技术的综合集成。在成型概念上,它以离散/堆积为指导,在控制上以计算机和数控为基础,以最大的柔性为目标。因此只有在计算机技术、数控技术高度发展的今天,快速原型技术才有可能进入实用阶段。

c.设计制作一体化

快速原型技术的另一个显著特点就是CAD/CAM一体化。在传统的CAD/CAM技术中,由于成型思想的局限性,致使设计制造一体化很难实现。而对于快速原型技术来说,由于采用离散/堆积分层制作工艺,能够很好地将CAD/CAM结合起来。

d.快速性

快速原型技术的一个重要特点就是其快速性。这一特点适合于新产品的开发与管理。

e.自由形状制造

快速原型技术的这一特点是基于自由形状制造的思想。

f.材料的广泛性

在快速原型领域中,由于各种快速原型工艺的成型方式不同,因而材料的使用也各不相同。

③快速原型制造的优点

a.从设计和工程的角度出发,可以设计更加复杂的零件。

b. 从制造角度出发,减少设计、加工、检查的工作。

c. 从市场和用户角度出发,减少风险,可实时地根据市场需求低成本地改变产品。

(8)敏捷制造

①敏捷制造的概念

敏捷制造是在具有创新精神的组织和管理结构、先进制造技术(以信息技术和柔性智能技术为主导)、有技术有知识的管理人员三大类资源支柱支撑下得以实施的,也就是将柔性生产技术、有技术有知识的劳动力与能够促进企业内部和企业之间合作的灵活管理集中在一起,通过所建立的共同基础结构,对迅速改变的市场需求和市场进度做出快速响应。敏捷制造相比其他制造方式具有更灵敏、更快捷的反应能力。

②敏捷制造的优缺点

优点:生产更快,成本更低,劳动生产率更高,机器生产率加快,质量提高,生产系统可靠性提高,库存减少,适用于 CAD/CAM 操作。

缺点:实施起来费用高。

③敏捷制造的生产技术

敏捷性是通过将技术、管理和人员三种资源集成为一个协调的、相互关联的系统来实现的。首先,具有高度柔性的生产设备是创建敏捷制造企业的必要条件(但不是充分条件)。所必需的生产技术在设备上的具体体现是:由可改变结构、可量测的模块化制造单元构成的可编程的柔性机床组;“智能”制造过程控制装置;用传感器、采样器、分析仪与智能诊断软件相配合,对制造过程进行闭环监视,等等。

其次,在产品开发和制造过程中,能运用计算机能力和制造过程的知识基础,用数字计算方法设计复杂产品;可靠地模拟产品的特性和状态,精确地模拟产品制造过程。各项工作是同时进行的,而不是按顺序进行的。同时开发新产品,编制生产工艺规程,进行产品销售。设计工作不仅属于工程领域,也不只是工程与制造的结合。从用材料制造成品到产品最终报废的整个产品生命周期内,每一个阶段的代表都要参加产品设计。技术在缩短新产品的开发与生产周期上可充分发挥作用。

再次,敏捷制造企业是一种高度集成的组织。信息在制造、工程、市场研究、采购、财务、仓储、销售、研究等部门之间连续地流动,而且还要在敏捷制造企业与其供应厂家之间连续流动。在敏捷制造系统中,用户和供应厂家在产品设计和开发中都应起到积极作用。每一个产品都可能要使用具有高度交互性的网络。同一家公司的、在实际上分散、在组织上分离的人员可以彼此合作,并且可以与其他公司的人员合作。

最后,把企业中分散的各个部门集中在一起,靠的是严密的通用数据交换标准、坚固的“组件”(许多人能够同时使用同一文件的软件)、宽带通信信道(传递需要交换的大量信息)。把所有这些技术综合到现有的企业集成软件和硬件中去,这标志着敏捷制造时代的开始。敏捷制造企业将普遍使用可靠的集成技术,进行可靠的、不中断系统运行的大规模软件的更换,这些都将成为正常现象。

④敏捷制造的管理技术

首先,敏捷制造在管理上所提出的最创新思想之一是“虚拟公司”。敏捷制造认为,新产品投放市场的速度是当今最重要的竞争优势。推出新产品最快的办法是利用不同公司的资源,使分布在不同公司内的人力资源和物资资源能随意互换,然后把它们综合成单一的靠电子手段联系的经营实体——虚拟公司,以完成特定的任务。也就是说,虚拟公司就像专门完成特定计划的一家公司一样,只要市场机会存在,虚拟公司就存在;该计划完成了,市场机会消失了,虚拟公司就解体。能够经常形成虚拟公司的能力将成为企业一种强有力的竞争武器。

只要能把分布在不同地方的企业资源集中起来,敏捷制造企业就能随时构成虚拟公司。在美国,虚拟公司将运用国家工业网络——全美工厂网络,把综合性工业数据库与服务结合起来,以便能够使公司集团创建并运作虚拟公司,排除多企业合作和建立标准合法模型的法律障碍。这样,组建虚拟公司就像成立一个公司那样简单。

有些公司总觉得独立生产比合作要好,这种观念必须要破除。应当把克服与其他公司合作的组织障碍作为首要任务,而不是作为最后任务。此外,需要解决因为合作而产生的知识产权问题,需要开发管理公司、调动人员工作主动性的技术,寻找建立与管理项目组的方法,以及建立衡量项目组绩效的标准,这些都是艰巨任务。

其次,敏捷制造企业应具有组织上的柔性。因为,先进工业产品及服务的激烈竞争环境已经开始形成,越来越多的产品要投入瞬息万变的世界市场上去参与竞争。产品的设计、制造、分配、服务将用分布在世界各地的资源(公司、人才、设备、物料等)来完成。制造公司日益需要满足各个地区的客观条件。这些客观条件不仅反映社会、政治和经济价值,而且还反映人们对环境安全、能源供应能力等问题的关心。在这种环境中,采用传统的纵向集成型式,企图"关起门来"什么都自己做,是注定要失败的,必须采用具有高度柔性的动态组织结构。根据工作任务的不同,有时可以采取内部多功能团队形式,请供应者和用户参加团队;有时可以采用与其他公司合作的形式;有时可以采取虚拟公司形式。有效地运用这些手段,就能充分利用公司的资源。

思考题

1.什么是数控加工? 数控加工有什么特点?

2.数控加工程序编制的过程是怎样的?

3.什么是模具 CAD/CAM 技术? 模具 CAD/CAM 技术有何作用?

4.什么是快速原型制造技术? 怎样应用该技术来制造模具?

5.常用的快速成型工艺方法有哪些?

6.什么是逆向工程技术? 怎样应用该技术来制造模具?

参考文献

1. 傅建军. 模具制造工艺. 北京:机械工业出版社,2017.

2. 许发樾. 模具制造工艺与装备. 北京:机械工业出版社,2015.

3. 祁红志. 模具制造工艺. 北京:化学工业出版社,2015.

4. 吴裕农. 模具制造工艺. 广州:华南理工大学出版社,2005.

5. 许发樾. 实用模具设计与制造手册. 北京:机械工业出版社,2001.

6. 屈华昌. 塑料成型工艺与模具设计. 北京:高等教育出版社,2001.

7. 高锦张. 塑性成型工艺与模具设计. 北京:机械工业出版社,2001.

8. 孙凤勤. 模具制造工艺与设备. 北京:机械工业出版社,2002.

9. 王隆太. 现代制造技术. 北京:机械工业出版社,2001.

10. 许鹤峰,闫光荣. 数字化模具制造技术. 北京:化学工业出版社,2001.

11. 屈华昌,伍建国. 塑料模设计. 北京:机械工业出版社,1993.

12. 孙镇和. 兵器冷冲工艺与模具设计. 北京:兵器工业出版社,1993.

13. 孙凤勤. 冲压与塑压设备. 北京:机械工业出版社,1997.

14. 屈华昌. 塑料成型工艺与模具设计. 北京:机械工业出版社,1995.

15. 金涤尘,宋放之. 现代模具制造技术. 北京:机械工业出版社,2001.

16. 《冲模设计手册》编写组. 冲模设计手册. 北京:机械工业出版社,1988.

17. 王树勋. 注塑模具设计与制造实用技术. 广州:华南理工大学出版社,1996.

18. 汪大年. 金属塑性成型原理. 北京:机械工业出版社,1986.

19. 王孝培. 冲压手册. 北京:机械工业出版社,1990.

20. 宁汝新,徐弘山. 机械制造中的 CAD/CAM 技术. 北京:北京理工大学出版社,1991.

21. 黄毅宏. 模具制造工艺. 北京:机械工业出版社,1989.

22. 朱晓春. 数控技术. 北京:机械工业出版社,2001.

23. 史翔. 模具 CAD/CAM 技术及应用. 北京:机械工业出版社,1998.

24. 《冲压工艺及冲模设计》编写委员会. 冲压工艺及冲模设计. 北京:国防工业出版社,1993.

25. 张钧. 冷冲压模具设计与制造. 西安:西北工业大学出版社,1993.

26. 杜东福. 冷冲压工艺及模具设计. 长沙:湖南科学技术出版社,1999.

27. 中国模具工业协会. 中国模具制造技术与装备精选集. 北京:机械工业出版社,2001.

28. 李秦蕊. 塑料模设计. 西安:西北工业大学出版社,1995.

29. 申树义,高济. 塑料模具设计. 北京:机械工业出版社,1993.

30. 高佩福. 实用模具制造技术. 北京:中国轻工业出版社,1999.

31. 胡石玉. 模具制造技术. 南京:东南大学出版社,1997.